水泥浆体多级结构与智能表征

Intelligent Characterization and Hierarchical Structures of Cement Paste

蒋金洋 耿国庆 许文祥 林均霖 著

科学出版社

北京

内 容 简 介

本书围绕水泥浆体典型的多尺度、多物相特点，聚焦核心元素——水化产物和孔隙结构，系统开展各级结构特征与性能研究，深入挖掘水泥浆体从分子尺度到宏观性能的传递本质。本书在介绍传统测试技术和现有模型的基础上，整理了目前水泥基材料纳微观尺度结构表征与模拟的热点和前沿问题，并结合分子动力学模拟方法、纳微观尺度先进表征手段和数据驱动的智能分析方法，构建了一套完整的水泥浆体多级结构与表征体系。本书能够在一定程度上填补水泥浆体在纳微观尺度的结构与性能表征空白，为水泥基材料性能高效提升提供重要的理论和技术支撑。

本书适合从事水泥结构各尺度表征研究的科研工作者、教师以及行业人士参考。

图书在版编目(CIP)数据

水泥浆体多级结构与智能表征 / 蒋金洋等著. -- 北京：科学出版社，2023.12.

ISBN 978-7-03-077705-8

I. ①水⋯ Ⅱ. ①蒋⋯ Ⅲ. ①水泥砂浆-研究 Ⅳ. ①TQ177.6

中国国家版本馆 CIP 数据核字(2023)第 252851 号

责任编辑：刘信力 赵 颖 / 责任校对：彭珍珍
责任印制：张 伟 / 封面设计：无极书装

科学出版社 出版
北京东黄城根北街 16 号
邮政编码：100717
http://www.sciencep.com
北京建宏印刷有限公司印刷
科学出版社发行 各地新华书店经销
*
2023 年 12 月第 一 版 开本：720×1000 1/16
2023 年 12 月第一次印刷 印张：13 3/4
字数：273 000
定价：148.00 元
(如有印装质量问题，我社负责调换)

前　言

水泥是一种广泛应用于建筑和基础设施领域的土木工程材料，具有重要的地位和影响。随着对水泥材料认识的深入，人们认识到水泥基材料是一种典型的多尺度、多物相复合材料，它的内部结构在不同尺度上具有特定的性质和规律，共同决定了水泥宏观力学性能和耐久性。近年来，随着实验设备的不断更新和计算机技术的迅猛发展，水泥材料的相关研究工作逐渐聚焦于其浆体多级结构的本质特性。研究人员通过不断尝试新的实验方法和理论模型，开展多角度深入探究水泥浆体多级结构，加深对水泥材料性能的理解，为未来的水泥材料研究提供了重要指导和支持。

在水泥浆体中，水化硅酸钙 (C-S-H) 凝胶是水泥的最主要水化产物，同时也是纳微观结构的基因。研究 C-S-H 凝胶的形成和演化过程，理解其空间构型和微观结构对水泥浆体的宏观性能的影响，对于提高材料的性能和应用效果至关重要。此外，水泥浆体的孔隙结构也是其重要的组成部分，孔隙结构的性质和特征对水泥浆体的宏观力学和耐久性能具有十分重要的影响。

本书作者蒋金洋教授团队在"海工混凝土超材料"等多个国家和省部级项目的支持下，围绕水泥浆体多级结构展开了系统研究。本书按照主题的逻辑顺序进行组织，从水泥材料基因——C-S-H 凝胶展开介绍，深度剖析 C-S-H 凝胶在分子尺度和纳微观尺度的结构与性能特性，阐述水泥浆体微结构与性能先进表征方法。本书框架体系基于第一性原理、借助分子动力学模拟方法和纳微观尺度先进表征手段、结合数据驱动的分析方法搭建而成。主要内容有：C-S-H 分子结构与水泥浆体微结构的研究现状，围绕 C-S-H 凝胶纳微结构和胶凝力的先进模拟和表征方法，水泥浆体微结构先进表征技术、分析理论和性能模拟，以及人工智能技术在水泥纳微结构与表征的应用。真诚感谢参与本书撰写的各位老师：耿国庆 (第 1、3 章)、张宇 (第 2、4 章)、许文祥和冯滔滔 (第 5、6 章)、林均霖 (第 7、8 章)。

本书从水泥浆体基本单元开始，由浅入深，语言通俗易懂，涉及观点全面前沿。通过这些章节的内容，读者将能够更好地理解 C-S-H 凝胶在水泥基材料中的重要作用，并掌握相关的研究方法和技术手段，熟悉孔隙结构的特征，了解人工智能方法的原理和应用。本书将有助于读者掌握水泥基材料多级结构和性能变化的基本规律，为材料学科、工程学科和建筑领域的学生和研究人员提供一个完整的介绍水泥基材料纳微观结构和智能表征的资料。同时，本书也将作为水泥基材料行业人士的参考书，在建筑实践中提供有用的指导和帮助。最后，感谢大家阅读本书，希望它能够帮助大家认识水泥浆体多级结构以及掌握表征技术的实战技能，为学术和产业的发展做出新的贡献。

目　　录

第1章 绪 论

1.1 研 究 背 景

随着人们对水泥基材料认识的加深和应用的普及,现已形成的各种规范和实验方法虽然已经能够满足日常生产和研究的需要,但是近年来工程实践致力于适应恶劣的外部环境、美观独特的设计需求,以及满足人们舒适的使用和日益提高的安全等级要求,为了响应我国倡导已久的环境保护和节约资源的可持续发展战略,对水泥基混凝土材料蕴含的信息解读和相应的性能改善提出了更高的要求。多年以来,相关学者对水泥基混凝土材料的研究偏向宏观尺度层次,特别是在揭示混凝土结构变形、开裂、疲劳损伤等破坏机制时,缺少相关的水泥基混凝土材料微观结构的研究认识,无法解释材料破坏的本质原因,难免囿于经验性的束缚。特别在当前进入高强、高性能混凝土时代之际,水泥基材料的研究工作越来越趋向于其本质微结构,逐步研究到不同尺度的水泥基材料,建立各尺度上的数学模型,明确各个模型中参数的意义,再通过一定的方法将各个尺度逐级联系起来,就可以系统地掌握材料的本质,并有效地改善材料的性能,同时,测量水泥基材料的微观尺度上的力学性能代替大尺度大规模的宏观实验,可以避免随着尺度的增加可能引入的不确定性,同时节约成本、缩短周期,对提高现代工程质量和推动混凝土科学的进步具有重大的意义。另一方面,当今世界已经迎来材料主动设计的时代潮流,即根据使用性能来设计材料的组成,然而要达到这些要求的先决条件就是我们对材料微观结构和复合机理之间关系的深入解析,而水泥基混凝土材料作为工程领域被最广泛使用的复合材料之一,其中水泥浆体是混凝土的主要结合相,因此,其力学性能对这种复合材料的性能有着重要的影响。因此,混凝土性能的预测在很大程度上取决于对水泥浆体性能的良好理解。为了预测其力学性能,常用的是微力学模型模拟方法。与实验相比,数值水泥水化模型虽然极大地简化了研究过程和降低研究成本,但在这些模型中,水泥熟料通常被模拟为球体,与实际颗粒形状的水泥水化存在一定的差异,与实际情况不相符,因此,需要利用传统微观测试技术和有限元模拟相结合的方法,构建真实颗粒形状下的水泥水化结构,建立细观力学模型来表征水泥浆体的结构和性能特征,使水泥基材料的模拟越来越接近实际。

水泥基材料作为一种典型的多尺度、多物相的复合材料,其内部多为不均匀的分散体系，但在每一尺度上都有特定的性质和规律，且每一尺度上的物质可以通过不同的结构和成分组成方式构成更大尺度上物质的形式；而孔隙作为水泥基材料的重要组成部分，其特征参数，如孔隙率、孔隙尺寸、孔径分布以及孔隙空间排列情况等，对水泥基材料的宏观性能有着十分重要的影响，著名的学者吴中伟[1]院士就曾经指出，材料的性能主要取决于其细观和微观尺度上的特征，要想深入理解材料的宏观性能，就必须解析其微观层次的规律。水泥基材料的力学性能和耐久性直接或间接地与其内部孔结构相关，尽管有可用的实验技术，孔结构的表征对于水泥基材料而言仍然是一个复杂的难题。水泥基材料内部充斥着许多大小不一、数量不等的孔隙 (包括残留气泡、毛细孔、凝胶孔以及因其他耦合因素产生的微裂纹等)，也正是因为这些孔隙缺陷分布的随机无序性和孔形貌的多样性，导致水泥基材料内部结构的复杂和难以预测，采用传统欧氏几何的点线面和立体组成的规则形体理论无法对其进行精确的认知和解释，如何准确有效地描述水泥基材料的内部孔隙结构系统特征一直是现阶段科学家深入开展的研究重点。孔隙的总孔隙率、形状、大小和连通性决定了水和离子的迁移，从而控制水泥基材料的渗透性和耐久性，因此，建立水泥基材料细观及微观结构内部各种水化产物、孔隙组成的不均匀体系和宏观力学性能之间的准确关系，从本质上认知水泥基材料的工作机制和规律具有重要的理论意义和工程应用价值。

孔结构和孔特征是混凝土科学领域中在微细观层次上的研究热点，已经有很多的研究结果表明，水泥基材料的孔隙结构特征强烈地影响着其抗渗性、抗冻性、气密性、抗腐蚀性等耐久性能以及强度、刚度、韧性等物理力学性能。

水泥基材料中的孔隙结构主要包括：孔体积、孔隙率、孔级配、分形维数以及孔形貌和连通性等，而孔的大小又有几 Å 到几十 μm 不等 [2-4]，其中包括振捣不密实产生的气泡，以及水泥浆体本身水化反应演变产生的毛细孔和凝胶孔体系，加上一些干燥收缩和温度变化引起的微裂纹等，每一类孔隙在形貌特征和组成分布各方面都存在明显的差异，其中在第六届国际水泥化学会议上提出的四类孔分布的描述被广泛接受，即凝胶微晶内孔 (孔半径 < 0.6 nm)、凝胶微晶间孔 (孔半径近似为 $0.6 \sim 1.6$ nm)、凝胶粒子间孔或者过度孔 (孔半径近似为 $1.6 \sim 200$ nm) 以及毛细孔等大孔 (孔半径 > 200 nm)[5]。

孔隙是水泥基材料的固有组成部分，并且与其宏观力学行为和耐久性能密切相关，近年来，水泥基材料中孔结构的微细观分析也受到了广泛的关注，其演变规律和硬化水泥浆体的损伤劣化与交互作用密切相关，亟需对不同孔径和不同类型的孔隙进行定量描述和多尺度研究。目前孔隙率、孔形貌、孔径分布及其测试与评价标准已成为混凝土科学研究的重要内容，在水泥基材料的耐久性研究中，孔结构对渗透性的影响也成为研究的重点。Bensted[6] 最先在研究报告中指出混凝土的渗透性随着孔隙率的增加而增加，当孔隙率大于 25% 时增幅较大，而当孔隙小于 20% 时渗透系数则非常小。Bensted[7] 在之前工作的基础上发现混凝土的渗透系数和孔隙率不是简单的线性关系，而主要由孔结构特征决定。Black 等 [8] 也得到了孔径分布会影响水泥基材料渗透性的结论。为了研究材料内部孔结构的信息，常用的测试技术有光学显微镜法、氮气吸附法、X 射线小角度衍射仪法以及压汞孔隙测试法 (MIP)，这些现有的研究手段往往只能描述孔隙宏观参数的普通变量，如总孔隙率、孔隙尺寸以及相应的孔径分布等 [9,10]，无法揭示孔隙结构在微观层次更深的分布规律。

1.2 C-S-H 化学组成和分子结构

1.2.1 C-S-H 结构表征

了解材料的分子结构是研究和改善材料性能的基础。因此，研究水化硅酸钙 (C-S-H) 的分子结构对提高水泥混凝土材料的力学和耐久性能具有深远的指导意义。由于无法观察到清晰的晶体结构，C-S-H 在微宏观上呈现出明显的非晶特征，难以获得 C-S-H 的具体分子结构信息。然而，早期的一些研究表明，当尺度降低到纳米甚至原子尺度时，仍然可以观察到高结晶度的 C-S-H 凝胶 [11,12]。

目前，对 C-S-H 分子结构的分析得益于先进检测技术的迅速发展以及第一性原理、分子动力学模拟方法的进步，通过各种实验检测技术获得 C-S-H 的结构信息也是其分子结构建模的基础。电子显微镜 (简称电镜) 在 20 世纪 50 年代的迅速发展导致 C-S-H 形貌的广泛报道，如通过扫描电镜 (SEM) 可以观察到硅酸盐水泥浆体中的 C-S-H 物相存在四种形貌 [13]，其中，第一类为纤维状，长度在 $0.5 \sim 2$ μm，在早期水泥浆体中大量存在；第二类为网状；第三类是相互黏结团聚的类胶团状 (以上三种形貌的 C-S-H 相均为外部水化产物)；第四类为内部水化产物 C-S-H 相。He 等 [14] 制备了 Ca/Si 比为 $1.0 \sim 1.7$ 的 C-S-H 凝胶，研究了 Ca/Si 比对 C-S-H 形貌和结构的影响，扫描电镜检测结果表明，随着 Ca/Si 比的增加，C-S-H 分子中硅链的聚合度降低，C-S-H 的形貌由片状变为网状、纤维状。

化学组成的确定是建立分子结构模型的关键。20 世纪 70 年代初，Diamond 将扫描电镜和能谱仪 (EDS) 结合使用，研究结果表明，硬化水泥浆体的 C-S-H 相的 Ca/Si 比在 $2 \sim 3$ 范围内 [15]。除此之外，也有其他学者对此进行报道，设置水泥浆体的水灰比为 $0.4 \sim 0.7$，水化环境温度为 $20 \sim 25$℃，测试得到的 C-S-H 相的 Ca/Si 比在 $1.6 \sim 2.0$ 的范围，平均值约为 1.74[16,17]。Garbev 等通过 X 射线衍射和热重分析表征了纳米晶体 C-S-H 相中钙的掺入极限 [18]。一般认为，C-S-H 分子构型可以用带有缺陷的托贝莫来石模型很好地描述。

C-S-H 凝胶具有多尺度孔结构，水和离子在 C-S-H 凝胶中的扩散和迁移一定程度影响了 C-S-H 胶凝的强度、蠕变、收缩等化学和物理特性 [19]，各种实验技术已经被用来研究存在于凝胶孔或 C-S-H 表面的水的性质。1H 固态核磁测试结果表明，C-S-H 凝胶中的水可分为三种类型：① 与 C-S-H 结构结合较强的化学结合水，② 在 C-S-H 表面附近吸附的物理结合水，③ 在毛细管孔隙中自由扩散的毛细水 [20,21]。Bordallo 等通过准弹性中子散射技术，利用扩散系数定量以区分 C-S-H 凝胶中不同的水分类型 [22]，结果表明，毛细孔中的自由水分子具有较高的运动性 ($\sim 10^{-9}$ m^2/s)，而存在封闭孔隙或被吸附的水分子运动相比缓慢 ($\sim 10^{-10}$ m^2/s)。

C-S-H 凝胶中含水量的变化会影响其分子结构和性能。此外，C-S-H 凝胶的水/硅比 (H_2O/Si) 对环境相对湿度敏感，饱和条件下水/硅比为 4；当相对湿度为 11% 时，水/硅比为 2.1；在干燥条件下，水/硅比仅为 1.4[23]。

密度是提出 C-S-H 模型时需要考虑的另一个重要参数，而 C-S-H 凝胶的密度与凝胶孔隙中的含水量密切相关。Jennings 研究了不同含水状态下的 C-S-H 密度，发现不含水分的单层 C-S-H 密度为 2.88 g/cm^3，表面无水吸附的饱和 C-S-H 密度降至 2.602 g/cm^3[24]。Brunauer 等用比重计测量干 C-S-H 的密度为 2.85 g/cm^3[25]。Allen 等利用小角中子散射和小角 X 射线散射技术测量了 C-S-H 的 Ca/Si 比约为 1.7，其统计分子式为 $(CaO)_{1.7}(SiO_2)(H_2O)_{1.8}$，统计平均密度约为 2.604 g/cm^3[26]，其测试方法不依赖于干燥的方法，因此其得到的密度值可能相对接近硬化水泥浆体中 C-S-H 凝胶密度的真实值。在不干燥的情况下，1H 固态核磁可以表征 C-S-H 凝胶的多尺度孔结构，核磁共振结果表明，硬化水泥浆体中 C-S-H 的密度随水化程度和水灰比的变化而变化。当水化程度从 0.4 增加到 0.9 时，不含孔隙水的 C-S-H 密度从 2.73 g/cm^3 降低到 2.65 g/cm^3，含孔隙水的 C-S-H 密度从约 1.8 g/cm^3 增加到 2.1 g/cm^3[19]。

硅氧四面体是 C-S-H 凝胶的基本组成单元。在硅氧四面体单元结构中，通过共享氧原子形成 Si—O—Si 键，使之连接在一起形成硅酸盐链状结构。了解硅氧四面体的配位情况对 C-S-H 模型的建立具有重要意义。核磁共振是一种强有力的表征方法，为硅氧四面体的分子构型分析提供了有价值的信息。Zanni 等应用核磁共振对 C-S-H 分子结构进行了表征，^{29}Si 谱核磁给出了 C-S-H 分子的硅氧四面体结构信息，通过 1H 谱核磁区分了连接硅原子或钙原子的氢元素，^{43}Ca 谱核磁确定了钙原子在结构中的位置 [27]。^{29}Si 谱核磁被广泛地用于表征 C-S-H 分子结构的聚合度 (Qn)，其描述了硅氧四面体单元中桥接氧的数量占比，反映了硅链的构型，其可分为单体构型 Q0 (−70 ppm)、二体构型 Q1 (−80 ppm)、长链构型 Q2 (−88 ppm)、分叉构型 Q3 (−98 ppm) 和网络构型 Q4 (−110 ppm)[28]。对于 C-S-H 分子，Gautham 和 Sasmal 通过 ^{29}Si 谱核磁获得了 C-S-H 中聚合度的具体数据，Q0 ≈ 10%，Q1 ≈ 67%，Q2 ≈ 23%，可见硅链以二聚体和长链构型为主，其中的 Q0 归因于未水化熟料 [29]。

由于硅氧四面体与钙离子的相互作用，Ca/Si 比的变化会导致硅链结构的显著变化。X 射线光电子能谱[9] 和 ^{29}Si 谱核磁[30] 对多种 Ca/Si 比的 C-S-H 样品的分析结果表明，当 Ca/Si 比不变时，平均链长随水化时间的增加而增加。此外，Ca/Si 比的增加会导致硅链聚合度的降低。可见，钙含量是研究 C-S-H 分子硅链结构的一个重要参数。

1.2.2 托贝莫来石和六水硅钙石分子模型

托贝莫来石 (Tobermorite) 和六水硅钙石 (Jennite) 晶体是天然的硅酸盐晶体矿物，C-S-H 分子结构与之相似。图 1.1 展示了托贝莫来石的分子结构，托贝莫来石硅链的顶部和底部与钙相连，硅链的基本重复单元由 3 个硅氧四面体组成，其中 2 个硅氧四面体位于对接位点 (pair site)，1 个位于桥接位点 (bridging site)。托贝莫来石晶体根据层间距的不同也分不同种类，有 9 Å 托贝莫来石、11 Å 托贝莫来石和 14 Å 托贝莫来石[31]，托贝莫来石矿物的层间区域通常含有水分子和钙离子 (或其他少量阳离子)[32]。11 Å 托贝莫来石和 14 Å 托贝莫来石为单斜晶体，9 Å 托贝莫来石和六水硅钙石皆属于三斜晶体[33]。六水硅钙石 (图 1.2) 是另一种与 C-S-H 分子结构高度相似的晶体矿物，六水硅钙石的 Ca/Si 比相比托贝莫来石晶体高，且主层有 Ca—OH 基团。

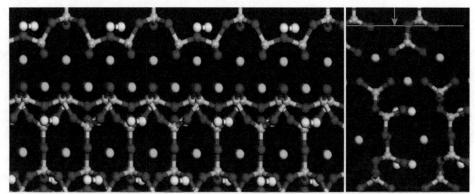

图 1.1 11 Å 托贝莫来石的分子结构[34]。左图显示 bc 平面，右图显示 ac 平面。黄-红棒代表 Si—O 键，绿球代表钙离子，红-白棍为 O—H 键

Taylor 通过 Ca/Si 和 C-S-H 密度等实验参数将 C-S-H 分为两类：C-S-H (I) 和 C-S-H (II)。当 Ca/Si < 1.5 时，C-S-H (I) 分子结构接近 14 Å 托贝莫来石；当 Ca/Si > 1.5 时，C-S-H (II) 分子结构可能接近六水硅钙石，Taylor 提出的托贝莫来石/六水硅钙石模型认为 C-S-H 是无序的层状结构，大部分层状结构类似于 14 Å 托贝莫里石，少数层状结构类似于带有缺陷的六水硅钙石[36]。

近年来，大量研究表明托贝莫来石与 C-S-H 在结构上具有高度的相似性[35-37]。因此，提出了许多基于托贝莫来石的 C-S-H 模型。Skinner 等在水化 C$_3$S 浆体中

制备了 C-S-H (I) 晶体，同步 X 射线散射测量结果显示，C-S-H (I) 的纳米晶粒尺寸为 3.5 nm，类似于尺寸放大后的 11 Å 托贝莫来石晶体结构 [35]。Bonaccorsi 等则认为 C-S-H (II) 物相与六水硅钙石在分子结构上具有高度的相似性 [31,33]。

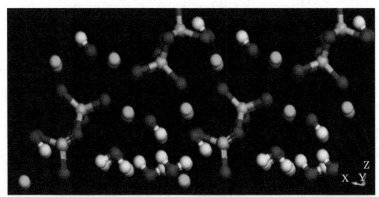

图 1.2　六水硅钙石分子结构 [35]。黄-红棒代表 Si—O 键，绿球代表钙离子，
红-白棍为 O—H 键

14 Å 托贝莫来石和六水硅钙石的结构一定程度推测了 C-S-H 分子模型中的元素组成及比例 [38]。Richardson 等提出了托贝莫来石/六水硅钙石模型和托贝莫来石/氢氧化钙模型，其中考虑了氢氧化钙和质子化作用的影响，该模型与通过 X 射线微观分析的实验结果高度一致 [38–40]。Grutzeck 研究了 C-S-H 凝胶的形成首先是一个快速热力学平衡的过程，然后是一个缓慢的扩散相变过程，如果钙浓度低于稳定相所需的水平，C-S-H 会发生相变，形成类似于托贝莫来石和六水硅钙石的 C-S-H 分子结构 [41]。

近年来，基于计算科学的发展，一些研究人员利用分子动力学模拟的方法建立了 C-S-H 模型。分子模拟模型系统地考虑了一些实验结果得到的 C-S-H 结构信息，模型结构与真实 C-S-H 结构的相似性大大提高。与理论模型相比，分子模拟模型可以在原子层面上施加力场，以模拟其真实环境下的动力学特性，从而获得 C-S-H 的各种基本性质。这些计算模型大都是基于托贝莫来石或六水硅钙石晶体进行的。Gmira 等基于托贝莫来石的晶体结构建立了模型，采用原子势能最小化和量子化学模拟的方法研究了 C-S-H 中的离子键 [42]。Pellenq 等利用分子动力学进行能量最小化弛豫，模拟计算了 C-S-H 分子结构，结果表明 C-S-H 的层间黏结是由离子共价键引起的，其所计算的弹性模量与原子力显微镜的测试数据吻合较好 [43]；随后，该团队基于 11 Å 托贝莫来石建立了 Ca/Si 比为 1.7 的 C-S-H 分子模型，其分子结构是以单体、二聚体为主的短硅链构型，分析表明，C-S-H 凝胶仅具有低结晶特征的短程空间有序性 [44]。在 Dolado 等的分子动力学研究中，当 Ca/Si 比为 0.9~1.3 时，C-S-H 分子模型与 14 Å 托贝莫来石晶体的结构相似，当 Ca/Si 比为 1.5~2.3 时，模型将结构近似为六水硅钙石[45]。Hou 等[46] 基于 11 Å 托贝莫来石晶体作为初始结构，基于实验所表征的聚合度而制造晶体缺陷，进而使用蒙特卡罗法使干燥的 C-S-H 结构充分吸收水分，然后在反应力场下激发水解反应，最终得到了较为真实的 C-S-H 分子模型，如图 1.3 所示。

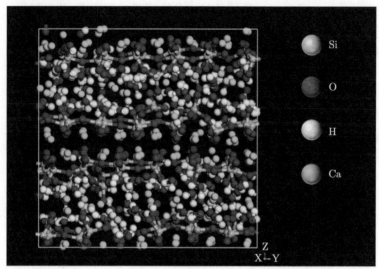

图 1.3　分子动力学模拟的 C-S-H 分子结构[46]

1.3　C-S-H 凝胶纳介观结构模型

在过去的几十年里，人们提出了多种 C-S-H 凝胶纳介观结构模型，用以描述 C-S-H 凝胶从分子结构到介观堆积和孔隙形成的过渡，本节介绍了几种应用较为广泛的模型。

1.3.1　Powers-Brownyard 模型

Powers 和 Brownyard 基于硬化水泥浆体的孔隙测试和水蒸气吸附测试，提出了类似托贝莫里石的 C-S-H 结构模型[47]。在该模型中，C-S-H 凝胶由内部具有层状结构的颗粒组成，颗粒由两层或三层钙硅层构成，钙硅层可堆叠成层状结构。随机分布的 C-S-H 通过具有离子–共价键的表面力与相邻 C-S-H 黏结。在这个模型中，C-S-H 凝胶中的水分子可分为结合水、凝胶水和毛细管水三大类。该模型的 C-S-H 孔结构在干燥过程中会发生坍塌，不允许水分重新进入，因此，水的吸附等温线被认为是不可逆的。该模型也存在缺点，不能很好地解释蠕变和收缩。

1.3.2 Feldman-Sereda 模型

因为 C-S-H 的结构与托贝莫来石的层状晶体的结构相似，在 Feldman 和 Sereda 提出的模型中，C-S-H 凝胶的层状结构是由 2~4 个钙硅层不规则层状排列而成，这些薄片可以随机聚在一起形成层间空间，如图 1.4 所示。水分在较低的湿度下能够进入和离开 C-S-H 层间空间；C-S-H 结构上的物理吸附水会影响材料的蠕变和收缩。分子层间的黏结是基于范德瓦耳斯和离子-共价键的连接。随着高分辨率透射电镜 (TEM) 的发展，大量长条状的晶格构型被报道，与该模型所提出的结构构型相似，因此相比于胶粒模型，该类模型的认可度越来越高。

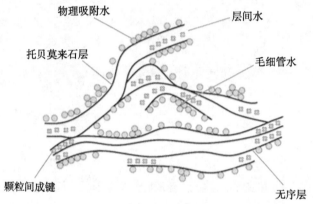

图 1.4　Feldman-Sereda 水化硅酸钙介观模型 [48]

1.3.3 Munich 模型

在 Munich 模型中 (图 1.5)，C-S-H 凝胶是由非晶态凝胶胶粒组成的三维网

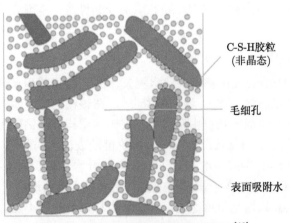

图 1.5　Munich 水化硅酸钙介观模型 [49]

络[49]，该模型基于一系列吸附测量的结果，强调了水在胶粒间的重要作用，其较好地解释了水泥浆体在不同湿度条件下的特性。该模型也属于胶粒类模型。

1.3.4　胶粒模型 I

从 2000 年到 2011 年，Jennings 和他的团队对 C-S-H 凝胶结构进行了进一步的研究，Dolado 等[50]、Chen 等[51] 和 Plassard 等[52] 也做了一系列重要的工作，这些工作表明了如下结果。最初，Jennings[53] 通过一系列小角中子散射 (SANS) 和小角 X 射线散射 (SAXS) 分析了水泥净浆 1~100 nm 的尺度范围，认为 C-S-H 凝胶属颗粒材料，相应地建立了颗粒材料特征的模型，本节称其为胶粒模型 I (CM-I)，如图 1.6 所示。该观点与 Allen 等[26] 的观点相近，其认为 C-S-H 凝胶内部分子结构致密，而微结构是由直径约为 5 nm 的类球状 C-S-H 组成 (图 1.7)。

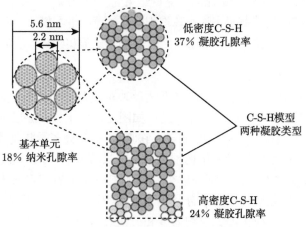

图 1.6　CM-I 模型：C-S-H 凝胶介观模型[53]

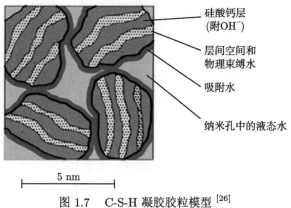

图 1.7　C-S-H 凝胶胶粒模型[26]

如图 1.6 所示，基本单元是直径约为 2.2 nm 的凝胶小球体，然后这些球体絮凝团聚形成更大的球状物，直径约为 5.6 nm。这些最小的球形基本单元的内部分子结构类似于托贝莫来石或六水硅钙石，其小球的尺寸 (直径 2.2 nm) 恰好对应于托贝莫来石单元胞的最大晶格尺寸 [54]。基于 CM-I 模型，可粗略地计算密度、孔隙率和比表面积。

在水泥基体系中，存在两种不同体积堆积分数的 C-S-H 凝胶：低密度 (LD) C-S-H 凝胶相和高密度 (HD) C-S-H 凝胶相。HD C-S-H 被认为是在水泥颗粒界面内形成的，也被称作内部水化产物；LD C-S-H 在水泥颗粒界面外形成，被称作外部水化产物。随着堆积密度的增加，胶粒间彼此接触点也随之增加，因此，HD C-S-H 的力学性能被认为高于 LD C-S-H，如弹性模量和硬度 [55]。该模型中存在大量微孔被球体密实地包裹，该类孔隙在该模型中被认为无法被氮吸附、MIP 等方法检测，也就是说，LD C-S-H 被认为是比面积测量结果的主要贡献者，HD C-S-H 对比表面积的贡献可以忽略 [56]。基于上述小球堆积排布的蒙特卡罗模拟，可预测体模量、剪切模量、弹性模量以及泊松比和压痕模量，与纳米压痕实验结果基本一致 [55,57−59]。

1.3.5　胶粒模型 II

CM-I 没有描述分子层间水，也无法反映可逆和不可逆的吸附行为，因此提出了胶粒模型 II (CM-II) 对其进行改进，如图 1.8 所示。Jennings[24] 提出的模型是 F-S 模型与 CM-I 在形态上的结合，它将 C-S-H 分子层状结构引入了 CM-II，其基本胶粒单元内部的层状分子构型类似于托贝莫来石和六水硅钙石晶体，以实现对 C-S-H 胶粒内部结构的深入解析。该模型所表达的 C-S-H 体系依然是颗粒材料特征，其目的是解释不同水分环境下的水吸附等温线，其基本胶粒单元类似于颗粒、圆盘或砖状粒子，长度约为 4 nm，彼此堆叠在一起形成孔隙。

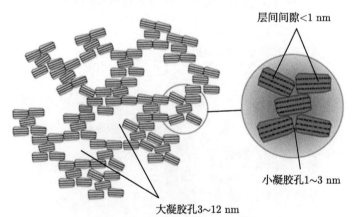

层间间隙<1 nm

小凝胶孔1~3 nm

大凝胶孔3~12 nm

图 1.8　CM-II：C-S-H 凝胶介观模型 [24]

CM-II 中新引入了层间间隙, 其尺寸小于 1 nm, 另外两种类型的孔隙是由胶粒的堆叠产生的: 直径 1~3 nm 的小凝胶孔 (SGP) 和 3~12 nm 的大凝胶孔 (LGP)。应力的作用可导致胶粒的重新排列, 此外, 干燥、加热和老化会导致 LGP 的数量减少。该过程中, 胶粒的旋转将使胶粒表面贴在一起, 以降低体系表面能, 该过程能够解释孔结构演变的不可逆性。

1.4 C-S-H 凝胶力学性能

1.4.1 力学性能实验研究

力学性能是水泥基混凝土材料广泛应用的基础。在实验研究方面, 目前对 C-S-H 的力学性能测试主要以水泥净浆或合成 C-S-H 凝胶作为研究对象, 纳米压痕实验是评价其力学性能的主要技术手段。在水泥净浆中选择 C-S-H 凝胶作为研究对象时, 物相的区分就显得尤为关键。电子显微镜和元素分析模块相结合的纳米压痕测试系统是研究水泥净浆中 C-S-H 相力学性能的主要手段。Zhu 等 [60] 将纳米压痕仪、扫描电镜和能谱仪 (EDS) 相结合, 建立了力学测试-化学元素分析集成系统, 检测出 LD C-S-H 和 HD C-S-H 物相, 纳米压痕法得到两种 C-S-H 凝胶的硬度 (H) 和压痕模量 (E): $H_{\text{LD-CSH}} = (0.73 \pm 0.15)$ GPa, $H_{\text{HD-CSH}} = (1.27 \pm 0.18)$ GPa; $E_{\text{LD-CSH}} = (23.4 \pm 3.4)$ GPa, $E_{\text{HD-CSH}} = (31.4 \pm 2.1)$ GPa。Constantinides 和 Ulm[61] 利用同样的方法, 通过纳米压痕实验发现, $E_{\text{LD-CSH}}$ 约为 22 GPa, 而 $E_{\text{HD-CSH}}$ 约为 29 GPa。Hu 等 [62] 发现, 水化产物中 C-S-H 凝胶的 Ca/Si 比随着水泥净浆水灰比的增加而降低, 不同 Ca/Si 比的 C-S-H 凝胶的纳米压痕结果表明, 孔隙率是影响力学性能的关键, 具体而言, 高水灰比会导致 C-S-H 凝胶的压痕模量值偏低, 这也有可能是由微气孔所导致的。Sebastiani 等 [63] 利用同样的方法指出, 从低密度到高 (或超高) 密度的转变能够提高 C-S-H 的机械强度。

由于水泥水化产物的复杂性和多样性, 确定 C-S-H 凝胶物相比较困难, 其他水化产物和孔隙的存在也影响了纳米压痕实验测试 C-S-H 物相性能的准确性 [62,64]。借助化学制备方法, C-S-H 的纯度大大提高, 这有利于研究化学成分对其力学性能的影响。Feldman[65] 发现层间水对 C-S-H 的力学性能有重要影响, 脱水会使 C-S-H 的压痕模量降低。Plassard 等 [66] 用原子力显微镜 (AFM) 分析了合成的 C-S-H 的力学性能, 结果表明, C-S-H 的压痕模量随 Ca/Si 比的增加而增加; 但也有一些研究得出了相反的结论, 即硬度和压痕模量随着 C-S-H 的 Ca/Si 比的降低而增加 [64,67]。也有研究认为, 合成的 C-S-H 粉体之间的孔隙会影响微观力学测试结果 [61,67-70], 这可能导致 C-S-H 的力学结果存在差异。

1.4.2 力学性能计算模拟

在模拟方法中，第一性原理和分子动力学模拟是常用的方法。通过传统实验很难探究纳米尺度；而计算机模拟可用于研究材料的分子甚至原子尺度，分子组成可以精确控制，这对探索 C-S-H 的力学性能，如弹性模量、硬度、断裂韧性等，是有力的研究手段。

Bauchy 等 [71] 利用分子动力学模拟了 C-S-H 在原子尺度上的断裂韧性，结果表明，在原子尺度上，C-S-H 的断裂表现为韧性断裂。Shahsavari 等 [32] 基于托贝莫来石和六水硅钙石结构，通过第一性原理计算，评价了不同晶体结构的 C-S-H 的力学性能。Zhang 和 Shahsavari[72] 利用 CSH-FF 力场发现氢氧化钙进入 C-S-H 层间后，C-S-H 的强度和断裂韧性都有所提高，这是由氢氧化钙与 C-S-H 之间形成强化学键所造成的。Alizadeh 等 [68] 将托贝莫来石的晶体结构作为初始构型，对其进行结构修饰，在分子水平上建立了层状结构的 C-S-H 模型，通过分子动力学计算发现，在单轴拉伸载荷作用下，C-S-H 在 a、b 方向的弹性模量约为 40~50 GPa，在 c 方向的弹性模量约为 25 GPa。Manzano 等 [73] 通过晶格动力学模拟研究了 C-S-H 的力学性质，结果表明：C-S-H 的体积、剪切应力和弹性模量随 Ca/Si 比的增加略有下降，而随 H_2O/Ca 比的增加其下降趋势更加明显。Qomi 等 [74] 通过分子动力学模拟发现，随着 Ca/Si 比的增加，平均压痕模量显著降低，这是因为随着 Ca/Si 比的增加，钙硅层会出现晶格缺陷，从而导致分子的刚度、硬度和各向异性的降低。

1.5 C-S-H 凝胶耐久性能

1.5.1 钙溶蚀

在过去的几十年里，有大量研究探索 C-S-H 或水泥净浆的脱钙机理。研究主要集中在微观/宏观尺度，结果表明体积收缩、质量降低、弹性模量降低、矿物相变和孔隙结构粗化 [61,75−80]。然而，在分子尺度的研究则极少。分子结构的演变是上述微宏观表象的基础，其研究对深层次了解 C-S-H 或水泥基材料的脱钙具有重要的指导意义。

在分子结构方面，通过 ^{29}Si 核磁共振 (NMR) 测定，当脱钙导致 C-S-H 凝胶 Ca/Si 比降低时，C-S-H 的平均聚合度和平均链长均增加 [81−83]。据报道，C-S-H 脱钙后的 Ca/Si 比最小可以低至 0.2，该数值表明 C-S-H 分子结构中的钙离子解离不仅发生在 C-S-H 分子层间，还发生在钙硅层 [78]。分子尺度力学性能方面可基于高压 X 射线衍射获取，脱钙预处理后的 C-S-H 凝胶沿分子晶格 c 轴方向的刚度降低，而硅酸钙层则表现出不可压缩性，ab 方向的各向同性保持不变 [84]。在吸附/结合水方面，迄今尚未调研到相关研究。此外，上述结构演变背后的底层机制也较少被探讨，原子尺度上的相关特征还远未被理解。

基于全原子分子动力学可以很好地获取原子尺度信息，模拟分子尺度结构和相应性能的连续演变。因此，分子动力学可以很好地解释实验现象，并将实验信息片段连接完整，从而更好地理解材料的结构和性质。当前，未经处理的 C-S-H 分子结构和力学性能已经得到了很好的研究[44,85-88]，但是相关脱钙的影响迄今尚未被探索。

1.5.2 硫酸盐侵蚀

硫酸盐侵蚀水泥混凝土材料导致其膨胀开裂破坏，该过程伴随着氢氧化钙和 C-S-H 凝胶的脱钙和解聚。Mg^{2+} 的存在加速 C-S-H 凝胶脱钙分解过程，加剧硫酸盐对混凝土的侵蚀破坏。硫酸镁侵蚀所导致的混凝土劣化一定程度可归因于 C-S-H 凝胶脱钙形成水化硅酸镁 (M-S-H)。对于水泥基材料，硫酸镁侵蚀破坏程度往往大于硫酸钠[89]。通过对长期暴露于海水中的水泥浆体的研究，观察到 M-S-H 相的 Mg/Si 比大约为 1，可归因为 C-S-H 中 Ca 与海水中的 Mg 发生离子交换[90-93]。Ding 等[94] 研究了硫酸盐侵蚀对硅酸盐水泥和粉煤灰混合水泥净浆中的 C-S-H 凝胶微观结构的影响，结果表明，在硫酸镁溶液中，Mg^{2+} 促进了 C-S-H 凝胶的脱钙，其中的钙离子与硫酸根相结合。

对于 C-S-H 凝胶组分，Ca/Si 比影响 C-S-H 凝胶与硫酸根离子间的相互作用[95]，初始钙含量直接影响孔溶液的组成，进而控制钙矾石的生成与结晶压力的发展。Hu 等[96] 通过 NMR 和热力学模拟研究了 C-S-H 与硫酸根离子之间的相互作用，结果证实了硫酸根侵蚀导致的 C-S-H 脱钙和脱铝，而降低 Ca/Si 比或增加 Al/Si 比可以有效提高 C-S-H 在硫酸盐侵蚀作用下的热力学稳定性。C-S-H 分解过程大致可分为三个阶段：缓慢、加速和稳定阶段[97]。Yang 等[98] 基于分子动力学利用 ClayFF 力场研究了 C-S-H 凝胶表面上 $CaSO_4$ 离子团簇的形成机理，指出其形成主要由硫酸根离子和 C-S-H 表面的钙离子间的静电相互作用所驱动。

此外，水泥基混凝土中的碳酸盐在低温下会与硫酸盐发生反应，生成碳硫硅钙石，也会膨胀导致水泥基材料破坏。在 15℃ 以下主要有两种形成碳硫硅钙石的路径[6,99]：一种是 C-S-H 与硫酸盐、碳酸盐、Ca^{2+} 和过量水反应的直接路径；另一种是从 C-S-H 与钙矾石、碳酸盐和过量水反应的路径。在氢氧化钙存在时，C-S-H 的 Ca/Si 比在 1.6~1.8 的范围内，富含钙的 C-S-H 可以少量地转化为碳硫硅钙石。然而，在没有氢氧化钙的情况下，C-S-H 的 Ca/Si 比为 0.8~1.2，富硅相的 C-S-H 在较低硫酸根离子浓度下对碳硫硅钙石的形成具有一定的抑制作用[5]。

硫酸盐侵蚀过程伴随着铝相在不同物相间的转移。在早期，铝相主要存在于水化铝酸钙 (C-A-S-H) 凝胶中，此时水泥混凝土几乎没有出现损伤，而在后期，铝相从 C-A-S-H 大量转移到钙矾石中，诱导膨胀，从而导致开裂损伤[100]。Gollop 和 Taylor[101] 基于在硫酸钠或硫酸镁溶液中浸泡 6 个月的波特兰水泥净浆样品，通过扫描电镜测试，结果表明，钙矾石取代了单硫型水化硫铝酸钙，并与 C-S-H 凝胶紧密混合，同时氢氧化钙溶解，C-S-H 部分脱钙，石膏和钙矾石沉淀。

1.5.3 氯离子侵蚀

氯化物渗透诱导钢筋锈蚀导致混凝土结构破坏失效[102-104]，例如，氯离子广泛存在于海水、除冰剂或直接存在于水泥混凝土中，导致钢筋腐蚀，其锈蚀产物膨胀导致紧密包裹钢筋的混凝土保护层开裂，进而致使混凝土保护层剥落和混凝土结构逐步失效。氯离子可通过混凝土基体的连通孔隙传输渗透，到达钢筋表面，一旦钢筋表面的离子浓度超过阈值，就会破坏钢筋钝化膜，钢筋则开始腐蚀。因此，以 C-S-H 凝胶为主的水化产物对氯离子的吸附和固化是阻隔氯离子穿透混凝土基体进入钢筋表面的关键。

水泥净浆对氯化物的结合可大致分为两类：物理吸附和化学结合。C-S-H 凝胶对氯离子结合通常认为是物理吸附。C-S-H 对氯离子的结合能力与其 Ca/Si 比组成具有相关性，高 Ca/Si 比的 C-S-H 具有较强的氯离子结合能力[105]。在 C-S-H 表面双电层结构中，氯离子可能吸附在不同的位置，基于电位实验发现，氯离子可能并不吸附在 C-S-H 颗粒表面，而是积聚在双电层结构中的扩散层区域[106]。然而，基于扩散层的吸附显然无法解释氯离子被大量稳定结合的现象。Zhang 等[107] 通过分子动力学模拟了 C-S-H 表面离子吸附、脱附的动力学特性，成功再现了双电层结构，证实了氯离子稳定吸附在 Stern 层。基于 Zeta 电位的实验结果表明，C-S-H 的 Zeta 电位随着暴露溶液中氯盐浓度升高而降低[108]，证实了氯盐确实吸附于 Stern 层。此外，被吸附的氯盐能否被水或酒精洗掉也是判断其是否吸附在 Stern 层以内的依据[109]。

铝相的掺入有助于氯离子的结合。例如，纳米氧化铝的掺入可以促进氯离子的相关化学反应，生成更多 Friedel 盐，提升混凝土对氯盐的化学结合能力[110]。基于 X 射线衍射 (XRD)/Rietveld 量化方法和热重分析 (TGA) 实验可知，铝相的掺入不仅有助于提高化学结合氯离子的能力，而且导致铝相进入 C-S-H 凝胶分子结构，生成 C-A-S-H 凝胶，其具有相比更高的氯离子吸附性能[107,110]。

1.5.4 碳化

水泥基材料在养护和后期服役过程中，水化产物将与二氧化碳发生化学反应，导致材料的成分和结构发生变化。二氧化碳作为酸性介质，溶于水与孔溶液中的氢氧化钙反应，形成碳酸钙，降低硬化水泥净浆孔溶液的 pH 值，降低钢筋腐蚀的临界氯离子浓度。而单纯对于水泥混凝土而言，碳化可以填充孔隙，一定程度提升基体强度。

C-S-H 在碳化过程中发生体积、强度和化学组分的变化。C-S-H 碳化时发生脱钙，导致 C-S-H 的 Ca/Si 比降低，钙离子释放到凝胶孔中导致 C-S-H 的摩尔体积减少[111]。Sevelsted 和 Skibsted[112] 利用 ^{29}Si NMR 揭示了碳化所引起 C-S-H 分解的两个步骤，分解速率随着 Ca/Si 比的增加而降低。第一步，从 C-S-H 分子层间和硅链的缺陷中逐渐分解出钙离子，直到 Ca/Si 比约为 0.67；第二步，消耗钙硅层中的钙离子，导致 C-S-H 的最终解聚，并形成由 Q3 和 Q4 为主要聚合度的高胶连非晶硅。Morandeau 和 White[113] 通过原位 X 射线全散射测量，发现在 C-S-H 与二氧化碳初始相互作用的 27min 内，C-S-H 表面生成了大量球形文石和方解石，随后球形文石逐渐转化为方解石，此外，脱钙后 C-S-H 中的残余钙可能部分以无定型碳酸钙的形式存在。

C-S-H 的组成复杂，其元素组成和比例对碳化行为有重要影响。C-S-H 暴露于空气后几分钟便可生成无定形碳酸钙相。随着碳化时间的延长而碳化加剧，当 Ca/Si 比大于 0.67 时，C-S-H 的碳化产物主要为球霰石；当 Ca/Si 比小于 0.5 时，则以霰石为主，当 C-S-H 相的 Ca/Si 比处于 0.67~0.75 之间时，其抗碳化能力最大，即使在碳化暴露 6 个月后，其硅链结构仍以 Q2 为主[8]。

C-S-H 中铝相和镁相的引入将改变其碳化性能。含有镁的水泥净浆可以形成稳定的无定形碳酸钙，缓解了 C-S-H 凝胶中钙的分解[114]。此外，铝相和镁相的加入能够提升 C-S-H 聚合度，生成交联度更高、化学性更强的 C-S-H 分子骨架，从而具有更好的抗碳化性能[115]。

随着碳中和概念的普及，混凝土二氧化碳养护的策略开始引起了更多的关注。增大预制混凝土暴露面积，将新拌混凝土暴露于高浓度二氧化碳养护室，加速混凝土发生碳化反应，实现对碳的捕捉固化。碳化研究对降低水泥混凝土的生产和养护具有重要的指导意义。研究表明，碳化环境下水化产物结晶度显著降低，碳化样品中发现了方解石和文石，此外，硅酸三钙硬化水泥浆体的碳化深度在距离表面 500~1000 μm，硅酸二钙浆体的碳化深度远大于硅酸三钙[116]。此外，环境湿度对 C-S-H 的碳化也有很大影响，当环境相对湿度在 50%~70% 范围内时，C-S-H 凝胶碳化速率最大[117]。

1.6 分形理论在水泥基材料中的研究现状

1.6.1 分形理论概述

1) 分形的定义

"分形" 最早是 1998 年由 Mandelbrot 教授从拉丁语 Frangere 一词创造而成

的 [118]，其原意是指不规则的意思，分形的概念也从此孕育而生，并形成了分形理论，为揭示混凝土材料内部混沌的孔结构特征提供了新的思路。分形几何学是以非规则形态的结构为研究对象，由于不规则现象在自然界中是普遍存在的，具有复杂孔隙–固体结构的天然和人工多孔材料，如石灰、土壤、岩石和陶瓷，其分形特征已得到了广泛的认可，分形科学旨在解释复杂形态事物局部与整体、微观到宏观之间的某种相似性质及其蕴含的内在相关规律 [119]。目前，分形已经被广泛地应用到材料、信息、土木和计算机科学等众多领域，借助分形这一工具，可以帮助我们对水泥基材料细观和宏观尺度信息进行较为合理、准确的把握，因此分形几何学的建立是十分有意义的。

2) 分形维数

分形描述的自然现象或数学集合在不同尺度上表现出相似的形式，分形的核心是自相似性，分形的特征量是分形维数，分形维数是用来衡量一个分形集复杂程度的重要参数，已经突破了常规拓扑集合整数维的界限，可以用分数来表示，它通常不仅仅是对欧式维数的简单扩充，而是被赋予了很多崭新的内涵，每个分形集都对应一个以某种方式定义的分形维数，针对分形维数的定义和算法有多种方式，如盒维数、相似维数、信息维数、关联维数、广义维数等 [120]，其中最常用的就是 Hausdorff 维数，作为定量描述多孔材料分形特征的参数，可以很好地表征分形体的复杂程度。基于分形理论，我们可以通过简单的迭代来生成具有复杂结构的孔隙-固体结构，用来研究多孔材料的传输特性，起到连接材料微观结构和宏观性能的桥梁作用 [121−125]。根据不同的分形模型可以确定不同孔结构的相关分形维数，包括孔表面积分形维数、孔体积分形维数、孔轴线分形维数以及固体体积分形维数等。分形维数作为定量表征分形体离散的分布特征的重要参数，而被相关学者运用到水泥基材料的研究中，用于描述其内部孔结构特征是十分有效可行的。

1.6.2　分形理论评价水泥基材料的研究现状

水泥基复合材料的微观结构，即使是在最简单的情况下，即水泥浆体在性质上也是高度复杂的，在纳米尺度上，基本的球形单元聚合形成具有孔状结构的 C-S-H 凝胶 [126]，在微米尺度上，无水熟料和水化产物随机组合形成多孔、多相介质，而用于描述孔隙结构的常用参数主要有总孔隙率、孔径分布和比表面积等，这些参数都是孔结构的全局特征，而不提供孔隙-固相空间排列和形貌的相关信息，于是分形理论被提出并尝试运用于表征水泥基多孔材料的孔隙微结构。

分形是对没有特征长度但有某种意义上的相似性的形体和结构的总称，自分形理论被提出以来，有许多传统的科学研究方法难以解决的问题，用分形理论得到了很好的解释。在早期的工作中，Winslow 证明了水泥基材料的内部孔隙结构基本上是分形的[127]，从那以后，对水泥浆体分形特征的研究在过去的几十年中引起了很多关注，旨在揭示水泥水化结构的分形特征和宏观性能之间存在的可能关系，而基于不同的实验技术，不同的物理模型可以被用来评估多孔材料的分形特性；Diamond[128]通过背散射扫描电子显微镜观察混凝土水化形成的微观组织，发现混凝土表面的大孔边界在一定的范围内具有分形特征，得到的表面积分形维数是一个定值，并且随着水灰比、龄期的变化而变化；Kriechbaum 等[129]采用 X射线小角度衍射法和中子衍射法研究了 3.5~42 nm 孔径范围内分形特征既具有质量体积分形性质也具有面积分形性质。除此之外，气体吸附 (BET) 法及 (NMR)法等也常被运用于水泥基多孔介质的分形研究中，相比于其他微观孔隙结构的测试方法，MIP 的优势是可以覆盖到更多的孔径范围以及更加直观地表现水泥浆体内部的孔径分布函数，因此，近些年基于 MIP 实验的孔隙分形研究更多地被提出，当然这种实验方法也存在一定的不足。在分形几何中，孔隙结构在不同尺度上的空间排列可以用自相似性来描述，即以分形维数作为幂律来表征孔径分布，并预测多孔材料相应的物理性质。

与国外的研究相比，国内的研究相对较晚，2003 年，Li 等[130]借助门格海绵分形模型并结合 MIP 实验得到了掺粉煤灰体系的水泥净浆孔体积分形维数，其研究结果表明当孔体积分形维数增大时，砂浆抗折和抗压强度也随之增大；2006 年，尹红宇[131]通过对比不同配合比混凝土单轴受压强度和 MIP 数据的相关性，发现孔结构分形维数可以很好地表征混凝土材料的抗压强度；2010 年，张建波等[132]基于 MIP 的实验结果研究了含不同掺合料的混凝土孔体积分形维数与氯离子扩散系数和强度之间的关系，其分形维数的测量值基本在 3.01~3.13 之间，且随着混凝土孔体积分形维数的增加，氯离子扩散系数减少而强度增加。2014 年，周明杰等[133]基于盒计数法的原理应用 MATLAB 软件计算得到不同粉煤灰掺量下泡沫混凝土的分形维数，与实验结果吻合良好，因此，分形维数也可以用于指导泡沫混凝土力学性能的设计和预测；2017 年，邓雷等[134]基于分形理论并利用 MIP 法获得了锂渣混凝土的分形维数，并得出锂渣混凝土气体渗透性与孔体积分形维数相关性要优于孔轴线分形维数的结论。综上所述，水泥基材料孔结构分形方面已经取得了一定的进展，然而采用不同方法得到的不同孔径范围分布的分形维数存在较大的差异。目前关于水泥浆体研究的分形理论主要有三类，即孔隙体积分形、孔隙表面积分形和固体体积分形。

1.6.3 多重分形理论的发展

事实上，关于多孔介质中孔隙-固体结构的分形特征，如分形类型和尺度相关性质仍存在较大的歧义，这种分形维数的尺度依赖性可能意味着水泥浆体具有多重分形的性质，从本质上说，多重分形是由于选择测量尺度的不同而产生局部奇异性的一种具有多个分形特征的集合，实际中，大多数的现象或物体或多或少的偏离分形，更多的趋向于多重分形。

分形理论作为有力的数学工具，在物质形状、纹理、级配以及颗粒空间分布的研究领域应用已经较为广泛，但是研究学者们发现，采用单一的分形维数仍无法准确地描述物体的细观特征，所选的区域不同，其局部分形维数也不尽相同。多重分形理论将复杂系统划分为多个含不同奇异度的区域来研究，从而能呈现更多被简单分形忽略的信息，Stanley 和 Meakin 两位学者[135]就曾经指出多重分形标度为广泛的异质现象提供了定量描述而不局限于单一的分形维数。Karperien 等[136]利用计算实用方法和盒计数方法的原理总结得出神经科学领域的多重分形评价方法，为医学领域的研究开辟了新的思路；Bird 等[137]对土壤剖面图像进行了严格的分析，并从这些图像中提取分形维数和多重分形谱，划分了分形结构和局部密度的多重分形尺度；Carpinteri 和 Chiaia[138]提出了可能导致裂纹异常扩展的混凝土断裂面多重分形特性，以及标准强度尺寸效应的多重分形定律；Valentini 等[139]采用从水泥浆数字图像获得的多重分形光谱作为结构探针来量化 C-S-H 凝胶的团簇形成趋势；Gao 等[140]对模拟水化水泥浆体的非均质结构进行了多重分形分析，并得出多重分形光谱比单一分形维数显示出更多微观结构信息。与单分形相比，多重分形理论也描述了物质在不同尺度上的自相似性，不同的是，多重分形的特征参数是一个连续的函数，即多重分形谱，谱参数全面量化了复杂形体空间分布的非均匀特性。尽管目前对于多重分形理论在水泥基材料中的研究还不够系统，但是已有研究成果表明将多重分形概念应用于水泥基材料孔结构的表征是更加合理可行的。

1.7 混凝土水化微结构特性

1.7.1 水化微结构数值模拟

通过各类实验技术可以对水泥基材料的微结构特征进行分析，如水泥水化程度、物相组成和孔结构特征等。然而，实验方法耗时、对样品质量要求高且难以对物相空间分布进行定量表征；数值模拟技术具有简洁高效、成本低以及精度高等优点，受到研究人员的青睐，学者们相继开发出各类水化模型用于研究水泥基材料的微结构演化特征。尽管水化模型特点各异，根据工作原理，可以将其分为两类：连续基模型与数字图像基模型。

1) 连续基模型

DuCOM 模型[141-144]是一种连续基模型，常用于分析混凝土的耐久性能，且适用于水泥基材料的水化过程模拟研究。DuCOM 模型中的水泥水化遵循颗粒扩张机制，即水化过程中颗粒向外扩展，且基体的孔隙率随着颗粒的扩展呈线性变化；此外，DuCOM 模型中颗粒内部不同矿物的水化产物会对孔结构产生影响，通过计算可以确定出基体的凝胶孔与毛细孔参数。DuCOM 模型假定水泥颗粒的形状为球体，然而不同颗粒的组分和粒径相接近，未考虑真实情况下颗粒的级配效应。

HYMOSTRUC 模型 [145,146] 同样是一种连续基水化模型，HYMOSTRUC 模型的水化原理为：空间中的水泥颗粒表面根据不同物相的反应速率发生溶解，随后在颗粒表面生成一层水化产物外壳。随着龄期的增长，水化持续进行，并且水泥颗粒向外扩展并嵌入到周围颗粒中，该过程中，颗粒表面的水化产物首先发生团聚，当大颗粒水泥的水化产物扩展至小颗粒周围后即形成较大的团聚物。基于以上原理，水泥水化时，颗粒不断地生长扩展，相互之间形成搭接结构，最终实现水泥的水化硬化过程 [147]。HYMOSTRUC 模型的基本假设如下：① 水泥颗粒水化时，水化产物从溶解的颗粒周围析出，整个过程中密度保持不变；② 相同粒径范围的水泥颗粒水化速率和水化产物组成基本相同；③ 对于单个水泥颗粒，其溶解和扩散均是同轴的。HYMOSTRUC 模型将水泥颗粒间的接触面积与材料强度参数相关联，能够计算出基体的内部湿度、孔隙率、孔径分布以及内部物相含量等参数。但是，该模型无法反映 C-S-H 凝胶的形貌特征，且未考虑湿度对水泥水化的影响。

HYMOSTRUC 模型中，水泥颗粒被视为球形粒子，实际上，水泥颗粒的非规则特性会影响水化产物的组成及空间分布特征，进而影响水泥基材料的强度、氯离子扩散系数等宏观性能。Zhu 等 [148] 根据 HYMOSTRUC 模型，建立了基于正多面体水泥颗粒的微结构演化模型，在该模型中，水泥颗粒的水化采用与 HYMOSTRUC 模型相似的思路，即水化过程中颗粒随时间均匀地向外膨胀或向内收缩。

2) 数字图像基模型

CEMHYD3D 是一种由 Bentz[149−152] 研究开发的数字图像基水化模型。模型系统空间中，不同数量的体素单元构成了不同粒径的水泥颗粒，与 HYMOS-TRUC 等模型不同的是，CEMHYD3D 根据水泥实际的矿物组分，结合体视学和图像处理方法对水泥颗粒进行物相划分，颗粒信息包含 C_3S、C_2S、C_3A 和 C_4AF 等实际水泥物相。水化过程中，根据元胞自动机原理，代表不同矿物相的像素执行溶解、扩散和反应步骤，最终可以得到不同水化龄期的三维微结构，进一步可以计算出水化产物、未反应熟料等物相的数量及空间分布信息。考虑到胶凝材料的非规则形貌，Liu 等 [153] 将非球形颗粒重构方法引入到 CEMHYD3D 模型中，建立了更接近真实体系的水化模型。刘诚 [154] 基于原始 CEMHYD3D 模型建模机理，开发出包含粉煤灰、硅灰、矿渣的二元以及三元材料体系水化模型，可以较好地预测出多元胶凝体系的水化微结构演化规律。

1.7.2 微结构力学性能

微观力学特性是混凝土材料力学性能研究的难点，不同物相力学性能的差异增加了水泥基材料的不均匀性，并影响了混凝土的整体刚度和断裂行为；此外，水泥基材料的微观结构具有复杂性与随机性，因而难以提出准确的理论公式用于描述其性能与微结构特征之间的关系。受制于实验设备的精度限制，实验手段难以对微观尺度水泥基材料的损伤劣化进行分析，目前，基于水化微结构的有限元数值模拟是研究混凝土微观力学性能的重要技术手段。Bernard 等 [155] 利用 CEMHYD3D 模型模拟得到水泥的水化微结构，并将其嵌入有限元软件 Abaqus 中进行加载分析，计算出拉伸荷载作用下微结构的应力-应变曲线。Liu 等 [156] 根据 CEMHYD3D 模型得到硬化水泥浆体的三维微观结构，在此基础上利用有限元方法模拟计算了不同水灰比水泥净浆在单轴拉伸载荷下的断裂过程，探明了微结构裂缝的发展过程。

格构模型是一种适用于非均质材料的研究方法，主要采用格构梁单元对连续体进行等效，并根据材料内部物像的种类定义相应格构单元的力学属性，被广泛用于混凝土的力学性能分析。对于微结构力学特性分析，格构模型同样具有良好的适用性。Qian[157] 建立了三维四边形格构梁单元网络模型，分析出硬化水泥净浆的单轴拉伸力学特性。刘家煜 [158] 基于 HYMOSTRUC 模型建立了非均质水泥石三维格构模型，通过受力分析得到微结构的应力-应变关系以及断裂发展情况，为宏观混凝土力学性能分析提供了基础。以上研究表明，有限元数值模拟方法是分析水泥基材料微观力学性能的一种有效途径。

参 考 文 献

[1] 吴中伟. 混凝土科学技术的反思 [J]. 混凝土, 1988, (6): 4-6.

[2] Allen A J, Thomas J J, Jennings H M. Composition and density of nanoscale calcium-silicate-hydrate in cement[J]. Nature Materials, 2007, 6(4): 311-316.

[3] Baltazar L, Santana J, Lopes B, et al. Superficial protection of concrete with epoxy resin impregnations: influence of the substrate roughness and moisture[J]. Materials & Structures, 2015, 48(6): 1931-1946.

[4] Bauchy M, Laubie H, Qomi M J A, et al. Fracture toughness of calcium–silicate–hydrate from molecular dynamics simulations[J]. Journal of Non-Crystalline Solids, 2015, 419: 58-64.

[5] Bellmann F, Stark J. The role of calcium hydroxide in the formation of thaumasite[J]. Cement and Concrete Research, 2008, 38(10): 1154-1161.

[6] Bensted J. Thaumasite — background and nature in deterioration of cements, mortars and concretes[J]. Cement and Concrete Composites, 1999, 21(2): 117-121.

[7] Bensted J. Thaumasite—direct, woodfordite and other possible formation routes[J]. Cement and Concrete Composites, 2003, 25(8): 873-877.

[8] Black L, Breen C, Yarwood J, et al. Structural features of C–S–H(I) and its carbonation in air—a Raman spectroscopic study. Part II: carbonated phases[J]. Journal of the American Ceramic Society, 2007, 90(3): 908-917.

[9] Black L, Garbev K, Stemmermann P, et al. Characterisation of crystalline C-S-H phases by X-ray photoelectron spectroscopy[J]. Cement and Concrete Research, 2003, 33(6): 899-911.

[10] Diamond S. The microstructure of cement paste and concrete—a visual primer[J]. Cement and Concrete Composites, 2004, 26(8): 919-933.

[11] Chappuis J. A new model for a better understanding of the cohesion of hardened hydraulic materials[J]. Colloids and Surfaces A: Physicochemical and Engineering Aspects, 1999, 156(1-3): 223-241.

[12] Viehland D, Li J F, Yuan L J, et al. Mesostructure of calcium silicate hydrate (C-S-H) gels in portland cement paste: short-range ordering, nanocrystallinity, and local compositional order[J]. J Am Ceram Soc, 1996, 79(7): 1731-1744.

[13] Diamond S. Cement paste microstructure-an overview at several levels [J]. Cement and Concrete Association, 1976, 33: 5-31.

[14] He Y, Zhao X, Lu L, et al. Effect of C/S ratio on morphology and structure of hydrothermally synthesized calcium silicate hydrate[J]. Journal of Wuhan University of Technology-Mater Sci Ed, 2011, 26(4): 770-773.

[15] Diamond S. Identification of hydrated cement constituents using a scanning electron microscope energy dispersive X-ray spectrometer combination[J]. Cem Concr Res, 1972, 2(5): 617-632.

[16] Escalante-Garcia J, Mendoza G, Sharp J. Indirect determination of the Ca/Si ratio of the C-S-H gel in Portland cements[J]. Cem Concr Res, 1999, 29(12): 1999-2003.

[17] Taylor R, Richardson I, Brydson R. Nature of C-S-H in 20 year old neat ordinary Portland cement and 10% Portland cement–90% ground granulated blast furnace slag pastes[J]. Advances in Applied Ceramics, 2007, 106(6): 294-301.

[18] Garbev K, Beuchle G, Bornefeld M, et al. Cell dimensions and composition of nanocrystalline calcium silicate hydrate solid solutions. Part I: synchrotron-based X-ray diffraction[J]. J Am Ceram Soc, 2008, 91(9): 3005-3014.

[19] Hou D. Molecular Simulation on Cement-Based Materials[M]. Beijing: Science Press, 2020.

[20] Greener J, Peemoeller H, Choi C, et al. Monitoring of hydration of white cement paste with proton NMR spin–spin relaxation[J]. J Am Ceram Soc, 2000, 83(3): 623-627.

[21] Wang P S, Ferguson M, Eng G, et al. [1]H nuclear magnetic resonance characterization of Portland cement: molecular diffusion of water studied by spin relaxation and relaxation time-weighted imaging[J]. J Mater Sci, 1998, 33(12): 3065-3071.

[22] Bordallo H N, Aldridge L P, Desmedt A. Water dynamics in hardened ordinary Portland cement paste or concrete: from quasielastic neutron scattering[J]. J Phys Chem B, 2006, 110(36): 17966-17976.

[23] Zhang L, Lin Z, Li Z. The structure of silicate ions in C-S-H discussed from chemical composition[J]. Advances in cement research, 2012, 24(5): 263-281.

[24] Jennings H M. Refinements to colloid model of C-S-H in cement: CM-II [J]. Cem Concr Res, 2008, 38(3): 275-289.

[25] Brunauer S, Kantro D, Copeland L E. The stoichiometry of the hydration of β-dicalcium silicate and tricalcium silicate at room temperature [J]. J Am Chem Soc, 1958, 80(4): 761-767.

[26] Allen A J, Thomas J J, Jennings H M. Composition and density of nanoscale calcium–silicate–hydrate in cement[J]. Nature materials, 2007, 6(4): 311.

[27] Zanni H, Rassem-Bertolo R, Masse S, et al. A spectroscopic NMR investigation of the calcium silicate hydrates present in cement and concrete[J]. Magnetic Resonance Imaging, 1996, 14(7-8): 827-831.

[28] Johansson K, Larsson C, Antzutkin O N, et al. Kinetics of the hydration reactions in the cement paste with mechanochemically modified cement ^{29}Si magic-angle-spinning NMR study[J]. Cem Concr Res, 1999, 29(10): 1575-1581.

[29] Gautham S, Sasmal S. Determination of fracture toughness of nano-scale cement composites using simulated nanoindentation technique[J]. Theoretical and Applied Fracture Mechanics, 2019, 103: 102275.

[30] García-Lodeiro I, Fernández-Jiménez A, Sobrados I, et al. C–S–H gels: interpretation of ^{29}Si MAS-NMR epectra[J]. J Am Ceram Soc, 2012, 95(4): 1440-1446.

[31] Bonaccorsi E, Merlino S, Kampf A R. The crystal structure of tobermorite 14 Å (plombierite), a C–S–H phase[J]. J Am Ceram Soc, 2005, 88(3): 505-512.

[32] Shahsavari R, Buehler M J, Pellenq R J M, et al. First-principles study of elastic constants and interlayer interactions of complex hydrated oxides: case study of tobermorite and jennite[J]. J Am Ceram Soc, 2009, 92(10): 2323-2330.

[33] Bonaccorsi E, Merlino S, Taylor H. The crystal structure of jennite, $Ca_9Si_6O_{18}(OH)_6\cdot 8H_2O$[J]. Cem Concr Res, 2004, 34(9): 1481-1488.

[34] Sumetsky M, Dulashko Y. Radius variation of optical fibers with angstrom accuracy[J]. Optics letters, 2010, 35(23): 4006-4008.

[35] Skinner L, Chae S, Benmore C, et al. Nanostructure of calcium silicate hydrates in cements[J]. Physical Review Letters, 2010, 104(19): 195502.

[36] Taylor H F. Proposed structure for calcium silicate hydrate gel[J]. J Am Ceram Soc, 1986, 69(6): 464-467.

[37] Yu P, Kirkpatrick R J, Poe B, et al. Structure of calcium silicate hydrate (C-S-H): Near-, Mid-, and Far-infrared spectroscopy[J]. J Am Ceram Soc, 1999, 82(3): 742-748.

[38] Richardson I G. The calcium silicate hydrates[J]. Cem Concr Res, 2008, 38(2): 137-158.

[39] Richardson I G. The nature of CSH in hardened cements[J]. Cem Concr Res, 1999, 29(8): 1131-1147.

[40] Richardson I, Groves G. The incorporation of minor and trace elements into calcium silicate hydrate (C-S-H) gel in hardened cement pastes[J]. Cem Concr Res, 1993, 23(1):

131-138.

[41] Grutzeck M. A new model for the formation of calcium silicate hydrate (CSH)[J]. Material Research Innovations, 1999, 3(3): 160-170.

[42] Gmira A, Zabat M, Pellenq R M, et al. Microscopic physical basis of the poromechanical behavior of cement-based materials[J]. Mater Struct, 2004, 37(1): 3-14.

[43] Pellenq R M, Lequeux N, Van Damme H. Engineering the bonding scheme in C–S–H: the iono-covalent framework[J]. Cem Concr Res, 2008, 38(2): 159-174.

[44] Pellenq R J M, Kushima A, Shahsavari R, et al. A realistic molecular model of cement hydrates[J]. Proc Natl Acad Sci, 2009, 106(38): 16102-16107.

[45] Dolado J S, Griebel M, Hamaekers J. A molecular dynamic study of cementitious calcium silicate hydrate (C-S-H) gels[J]. J Am Ceram Soc, 2007, 90(12): 3938-3942.

[46] Hou D, Zhao T, Ma H, et al. Reactive molecular simulation on water confined in the nanopores of the calcium silicate hydrate gel: structure, reactivity, and mechanical properties[J]. J Phys Chem, 2015, 119(3): 1346-1358.

[47] Powers T C, Brownyard T L. Studies of the physical properties of hardened Portland cement paste[C]. Journal Proceedings, 1947, 43(9): 549-602.

[48] Feldman R F, Sereda P J. A model for hydrated Portland cement paste as deduced from sorption-length change and mechanical properties[J]. Matériaux et Construction, 1968, 1(6): 509-520.

[49] Feldman R F, Sereda P J. A model for hydrated Portland cement paste as deduced from sorption-length change and mechanical properties[J]. Matériaux et Construction, 1968, 1(6): 509-520.

[50] Dolado J S, Griebel M, Hamaekers J, et al. The nano-branched structure of cementitious calcium–silicate–hydrate gel[J]. J Mater Chem, 2011, 21(12): 4445-4449.

[51] Chen J J, Sorelli L, Vandamme M, et al. A Coupled nanoindentation/SEM-EDS study on low water/cement ratio Portland cement paste: evidence for C-S-H/Ca(OH)$_2$ nanocomposites[J]. J Am Ceram Soc, 2010, 93(5): 1484-1493.

[52] Plassard C, Lesniewska E, Pochard I, et al. Investigation of the surface structure and elastic properties of calcium silicate hydrates at the nanoscale[J]. Ultramicroscopy, 2004, 100(3-4): 331-338.

[53] Jennings H M. A model for the microstructure of calcium silicate hydrate in cement paste[J]. Cem Concr Res, 2000, 30(1): 101-116.

[54] Thomas J J, Jennings H M. A colloidal interpretation of chemical aging of the CSH gel and its effects on the properties of cement paste[J]. Cem Concr Res, 2006, 36(1): 30-38.

[55] Vandamme M, Ulm F J, Fonollosa P. Nanogranular packing of C–S–H at substochiometric conditions[J]. Cem Concr Res, 2010, 40(1): 14-26.

[56] Lindgreen H, Geiker M, Krøyer H, et al. Microstructure engineering of Portland cement pastes and mortars through addition of ultrafine layer silicates[J]. Cem Concr Compos, 2008, 30(8): 686-699.

[57] Masoero E, Del Gado E, Pellenq R M, et al. Nanostructure and nanomechanics of cement: polydisperse colloidal packing[J]. Physical review letters, 2012, 109(15): 155503.

[58] Constantinides G, Ulm F J. The nanogranular nature of C–S–H[J]. J Mech Phys Solids, 2007, 55(1): 64-90.

[59] Ioannidou K, Pellenq R J, Del G E. Controlling local packing and growth in calcium-silicate-hydrate gels[J]. Soft Matter, 2014, 10(8): 1121-1133.

[60] Zhu W, Hughes J J, Bicanic N, et al. Nanoindentation mapping of mechanical properties of cement paste and natural rocks[J]. Materials characterization, 2007, 58(11-12): 1189-1198.

[61] Constantinides G, Ulm F J. The effect of two types of CSH on the elasticity of cement-based materials: results from nanoindentation and micromechanical modeling[J]. Cem Concr Res, 2004, 34(1): 67-80.

[62] Hu C, Han Y, Gao Y, et al. Property investigation of calcium–silicate–hydrate (C–S–H) gel in cementitious composites[J]. Materials characterization, 2014, 95: 129-139.

[63] Sebastiani M, Moscatelli R, Ridi F, et al. High-resolution high-speed nanoindentation mapping of cement pastes: unravelling the effect of microstructure on the mechanical properties of hydrated phases[J]. Materials & Design, 2016, 97: 372-380.

[64] Hou D, Li H, Zhang L, et al. Nano-scale mechanical properties investigation of CSH from hydrated tri-calcium silicate by nano-indentation and molecular dynamics simulation[J]. Constr Build Mater, 2018, 189: 265-275.

[65] Feldman R F. Factors affecting Young's modulus—porosity relation of hydrated Portland cement compacts[J]. Cem Concr Res, 1972, 2(4): 375-386.

[66] Plassard C, Lesniewska E, Pochard I, et al. Intrinsic elastic properties of Calcium Silicate Hydrates by nanoindentation[C]. Proceedings of the 12th International Congress on the Chemistry of Cement, F, 2007.

[67] Pelisser F, Gleize P J P, Mikowski A. Effect of the Ca/Si molar ratio on the micro/nanomechanical properties of synthetic CSH measured by nanoindentation[J]. J Phys Chem, 2012, 116(32): 17219-17227.

[68] Alizadeh R, Beaudoin J J, Raki L. Mechanical properties of calcium silicate hydrates[J]. Mater Struct, 2011, 44(1): 13-28.

[69] Tennis P D, Jennings H M. A model for two types of calcium silicate hydrate in the microstructure of Portland cement pastes[J]. Cem Concr Res, 2000, 30(6): 855-863.

[70] Foley E M, Kim J J, Taha M R. Synthesis and nano-mechanical characterization of calcium-silicate-hydrate (CSH) made with $1.5CaO/SiO_2$ mixture[J]. Cem Concr Res, 2012, 42(9): 1225-1232.

[71] Bauchy M, Laubie H, Qomi M A, et al. Fracture toughness of calcium–silicate–hydrate from molecular dynamics simulations[J]. J Non-Cryst Solids, 2015, 419: 58-64.

[72] Zhang N, Shahsavari R. Balancing strength and toughness of calcium-silicate-hydrate via random nanovoids and particle inclusions: atomistic modeling and statistical analysis[J]. J Mech Phys Solids, 2016, 96: 204-222.

[73] Manzano H, Dolado J, Guerrero A, et al. Mechanical properties of crystalline calcium-silicate-hydrates: comparison with cementitious C-S-H gels[J]. Physica Status Solidi (A), 2007, 204(6): 1775-1780.

[74] Qomi M J A, Krakowiak K J, Bauchy M, et al. Combinatorial Molecular Optimization of Cement Hydrates[J]. Nat Commun, 2014, 5: 4960.

[75] Segura I, Molero M, Aparicio S, et al. Decalcification of cement mortars: characterisation and modelling[J]. Cem Concr Compos, 2013, 35(1): 136-150.

[76] Yu H, Yang J, Rong H. Research on decalcification degradation process of cement stone[J]. Journal of Wuhan University of Technology, 2015, 30(2): 369-374.

[77] Chen J J, Thomas J J, Jennings H M. Decalcification shrinkage of cement paste[J]. Cem Concr Res, 2006, 36(5): 801-809.

[78] Thomas J J, Chen J J, Allen A J, et al. Effects of decalcification on the microstructure and surface area of cement and tricalcium silicate pastes [J]. Cem Concr Res, 2004, 34(12): 2297-2307.

[79] Garcia-Lodeiro I, Goracci G, Dolado J S, et al. Mineralogical and microstructural alterations in a portland cement paste after an accelerated decalcification process[J]. Cem Concr Res, 2021, 140: 106312.

[80] Gaitero J, Zhu W, Campillo I. Multi-scale study of calcium leaching in cement pastes with silica nanoparticles[J]. Nanotechnology in Construction 3, 2009: 193-198.

[81] Ma Y, Li W, Jin M, et al. Influences of leaching on the composition, structure and morphology of calcium silicate hydrate (C–S–H) with different Ca/Si ratios[J]. Journal of Building Engineering, 2022, 58: 105017.

[82] Haga K, Shibata M, Hironaga M, et al. Silicate anion structural change in calcium silicate hydrate gel on dissolution of hydrated cement[J]. Journal of Nuclear Science and Technology, 2002, 39(5): 540-547.

[83] Varga C, Alonso M M, Mejía De gutierrez R, et al. Decalcification of alkali-activated slag pastes. Effect of the chemical composition of the slag[J]. Mater Struct, 2015, 48(3): 541-555.

[84] Liu L, Sun C, Geng G, et al. Influence of decalcification on structural and mechanical properties of synthetic calcium silicate hydrate (CSH)[J]. Cem Concr Res, 2019, 123: 105793.

[85] Hou D, Qiao G, Wang P. Load transfer mechanism at the calcium silicate hydrate/carbon nanotubes interface changed by carbon nanotubes surface modification investigated from atomic simulation[J]. Appl Surf Sci, 2022, 594: 153487.

[86] Zhang W, Zhang M, Hou D. Nanoscale insights into the anti-erosion performance of concrete: a molecular dynamics study[J]. Appl Surf Sci, 2022, 593: 153403.

[87] Zhang Y, Zhang Q, Hou D, et al. Tuning interfacial structure and mechanical properties of graphene oxide sheets/polymer nanocomposites by controlling functional groups of polymer[J]. Appl Surf Sci, 2020, 504: 144152.

[88] Cho B H, Chung W, Nam B H. Molecular dynamics simulation of calcium-silicate-

hydrate for nano-engineered cement composites—a review [J]. Nanomater, 2020, 10(11): 2158.

[89]　Liu X, Feng P, Li W, et al. Effects of pH on the nano/micro structure of calcium silicate hydrate (CSH) under sulfate attack[J]. Cem Concr Res, 2021, 140: 106306.

[90]　Bonen D. Composition and appearance of magnesium silicate hydrate and its relation to deterioration of cement-based materials[J]. J Am Ceram Soc, 1992, 75(10): 2904-2906.

[91]　de Weerdt K, Justnes H. The effect of sea water on the phase assemblage of hydrated cement paste[J]. Cem Concr Compos, 2015, 55: 215-222.

[92]　Lee S, Moon H, Swamy R. Sulfate attack and role of silica fume in resisting strength loss[J]. Cem Concr Compos, 2005, 27(1): 65-76.

[93]　Hekal E E, Kishar E, Mostafa H. Magnesium sulfate attack on hardened blended cement pastes under different circumstances[J]. Cem Concr Res, 2002, 32(9): 1421-1427.

[94]　Ding Q, Wang H, Hu C, et al. Effect of corrosive solutions on CSH microstructure in portland cement paste with fly ash[J]. Journal of Wuhan University of Technology-Mater Sci Ed, 2016, 31(5): 1002-1007.

[95]　Kunther W, Lothenbach B, Skibsted J. Influence of the Ca/Si ratio of the C–S–H phase on the interaction with sulfate ions and its impact on the ettringite crystallization pressure[J]. Cem Concr Res, 2015, 69: 37-49.

[96]　Hu C, Ding Q, Wang H, et al. Thermodynamic stability of sulfate ions on calcium aluminosilicate hydrate microstructure[J]. Journal of Wuhan University of Technology-Mater Sci Ed, 2019, 34(3): 638-647.

[97]　Hu L, He Z, Tang S, et al. Effect of Al in slag blended cement paste under sulfate attack[J]. Journal of Wuhan University of Technology-Mater Sci Ed, 2017, 32(5): 1087-1094.

[98]　Yang J, Hou D, Ding Q. Ionic hydration structure, dynamics and adsorption mechanism of sulfate and sodium ions in the surface of calcium silicate hydrate gel: a molecular dynamics study[J]. Appl Surf Sci, 2018, 448: 559-570.

[99]　Bensted J. Thaumasite-direct, woodfordite and other possible formation routes[J]. Cem Concr Compos, 2003, 25(8): 873-877.

[100]　Page C. Mechanism of corrosion protection in reinforced concrete marine structures[J]. Nature, 1975, 258(5535): 514-515.

[101]　Gollop R, Taylor H. Microstructural and microanalytical studies of sulfate attack. I. ordinary Portland cement paste[J]. Cem Concr Res, 1992, 22(6): 1027-1038.

[102]　Tang S, Li Z, Chen E, et al. Non-steady state migration of chloride ions in cement pastes at early age[J]. RSC Adv, 2014, 4(89): 48582-48589.

[103]　Chen E, Tang S, Leung C K. Corrosion-induced cracking in reinforced concrete due to chloride contamination and ingress[J]. ACI Materials Journal, 2019, 116(5): 99-111.

[104]　Tang S, Yuan J, Cai R, et al. Continuous monitoring for leaching of calcium sulfoaluminate cement pastes incorporated with $ZnCl_2$ under the attacks of chloride and sulfate[J]. Chemosphere, 2019, 223: 91-98.

[105] Zibara H, Hooton R, Thomas M, et al. Influence of the C/S and C/A ratios of hydration products on the chloride ion binding capacity of lime-SF and lime-MK mixtures[J]. Cem Concr Res, 2008, 38(3): 422-426.

[106] Plusquellec G, Nonat A. Interactions between calcium silicate hydrate (CSH) and calcium chloride, bromide and nitrate[J]. Cem Concr Res, 2016, 90: 89-96.

[107] Zhang Y, Yang Z, Jiang J. Insight into ions adsorption at the C-S-H gel-aqueous electrolyte interface: from atomic-scale mechanism to macroscopic phenomena[J]. Constr Build Mater, 2022, 321: 126179.

[108] Elakneswaran Y, Nawa T, Kurumisawa K. Electrokinetic potential of hydrated cement in relation to adsorption of chlorides[J]. Cem Concr Res, 2009, 39(4): 340-344.

[109] Tang S, Wang Y, Geng Z, et al. Structure, fractality, mechanics and durability of calcium silicate hydrates[J]. Fractal and Fractional, 2021, 5(2): 47.

[110] Yang Z, Sui S, Wang L, et al. Improving the chloride binding capacity of cement paste by adding nano-Al_2O_3: the cases of blended cement pastes[J]. Constr Build Mater, 2020, 232: 117219.

[111] Morandeau A, Thiery M, Dangla P. Investigation of the carbonation mechanism of CH and CSH in terms of kinetics, microstructure changes and moisture properties[J]. Cem Concr Res, 2014, 56: 153-170.

[112] Sevelsted T F, Skibsted J. Carbonation of C–S–H and C–A–S–H samples studied by ^{13}C, ^{27}Al and ^{29}Si MAS NMR spectroscopy[J]. Cem Concr Res, 2015, 71: 56-65.

[113] Morandeau A E, White C E. In situ X-ray pair distribution function analysis of accelerated carbonation of a synthetic calcium–silicate–hydrate gel[J]. Journal of Materials Chemistry A, 2015, 3(16): 8597-8605.

[114] Morandeau A E, White C E. Role of magnesium-stabilized amorphous calcium carbonate in mitigating the extent of carbonation in alkali-activated slag[J]. Chem Mater, 2015, 27(19): 6625-6634.

[115] Li J, Yu Q, Huang H, et al. Effects of Ca/Si ratio, aluminum and magnesium on the carbonation behavior of calcium silicate hydrate[J]. Materials, 2019, 12(8): 1268.

[116] Ibáñez J, Artús L, CUSCó R, et al. Hydration and carbonation of monoclinic C_2S and C_3S studied by Raman spectroscopy[J]. Journal of Raman Spectroscopy, 2007, 38(1): 61-67.

[117] de Ceukelaire L, van Nieuwenburg D. Accelerated carbonation of a blast-furnace cement concrete[J]. Cem Concr Res, 1993, 23(2): 442-452.

[118] Mandelbrot, Benoit B. The fractal geometry of nature[J]. American Journal of Physics, 1998, 51(3): 468.

[119] Liu Z, Liu X, Hu C, et al. Research on fractal characteristics of primary phase morphology in semi-solid A356 alloy[J]. Acta Metallurgica Sinica-English Letters, 2009, 22(6): 421-428.

[120] Cai Y, Liu D, Yao Y, et al. Fractal characteristics of coal pores based on classic geometry and thermodynamics models[J]. Acta Geologica Sinica-English Edition, 2011,

85(5): 1150-1162.

[121] Miao T, Yu B, Duan Y, et al. A fractal analysis of permeability for fractured rocks[J]. International Journal of Heat and Mass Transfer, 2015, 81: 75-80.

[122] Wei W, Cai J, Hu X, et al. An electrical conductivity model for fractal porous media[J]. Geophysical Research Letters, 2015, 42(12): 4833-4840.

[123] Wang S, Wu T, Qi H, et al. A permeability model for power-law fluids in fractal porous media composed of arbitrary cross-section capillaries[J]. Physica a-Statistical Mechanics and Its Applications, 2015, 437: 12-20.

[124] Jin H Q, Yao X L, Fan L W, et al. Experimental determination and fractal modeling of the effective thermal conductivity of autoclaved aerated concrete: effects of moisture content[J]. International Journal of Heat and Mass Transfer, 2016, 92: 589-602.

[125] Negrelli S, Cardoso R P, Hermes C J L. A finite-volume diffusion-limited aggregation model for predicting the effective thermal conductivity of frost[J]. International Journal of Heat and Mass Transfer, 2016, 101: 1263-1272.

[126] Jennings H M, Bullard J W, Thomas J J, et al. Characterization and modeling of pores and surfaces in cement paste: correlations to processing and properties[J]. Journal of Advanced Concrete Technology, 2008, 6(1): 5-29.

[127] Winslow D N. The fractal nature of the surface of cement paste[J]. Cement and Concrete Research, 1985, 15(5): 817-824.

[128] Diamond S. Aspects of concrete porosity revisited[J]. Cement and Concrete Research, 1999, 29(8): 1181-1188.

[129] Kriechbaum M, Degovics G, Tritthart J, et al. Fractal structure of Portland-cement paste during age hardening analyzed by small-angel X-Ray-Scattering[C]. Proceedings of the 1988 Annual Meeting of the European Colloid and Interface Soc : Trends in Colloid and Interface Science, Arcachon, France, F, 1989.

[130] Li Y, Chen Y, He X, et al. Pore volume fractal dimension of fly ash-cement paste and its relationship between the pore structure and strength[J]. Journal of the Chinese Silicate Society, 2003, 31(8): 774-779.

[131] 尹红宇. 混凝土孔结构的分形特征研究 [D]. 南宁: 广西大学, 2006.

[132] 张建波, 文俊强, 王宏霞, 等. 混凝土孔体积分形维数及其与氯离子渗透性和强度的关系 [J]. 混凝土, 2010, (5): 3.

[133] 周明杰, 孟雅, 田川, 等. 基于分形理论的泡沫混凝土强度研究 [J]. 建筑节能, 2014, 42(10): 46-48.

[134] 邓雷, 温勇, 王晨, 等. 锂渣粉对混凝土气体渗透性能的影响 [J]. 混凝土, 2017, (4): 5.

[135] Stanley H E, Meakin P. Multifractal phenomena in physics and chemistry [J]. Nature, 1988, 335(6189): 405-409.

[136] Karperien A, Jelinek H, Milosevic N. Multifractals: a review with an application in neuroscience[C]. Proceedings of the CSCS18-18th International Conference on Control Systems and Computer Science: Fifth Symposium on Interdisciplinary Approaches in Fractal Analysis, F, 2011.

[137] Bird N, Diaz M C, Saa A, et al. Fractal and multifractal analysis of pore-scale images of soil[J]. Journal of Hydrology, 2006, 322(1-4): 211-219.

[138] Carpinteri A, Chiaia B. Multifractal nature of fracture surfaces and size effect on nominal fracture energy[C]. Proceedings of the 3rd International Conference on Computer-Aided Assessment and Control of Localized Damage, Udine, Italy, F, 1994.

[139] Valentini L, Artioli G, Voltolini M, et al. Multifractal analysis of calcium silicate hydrate (C-S-H) mapped by X-ray diffraction microtomography [J]. Journal of the American Ceramic Society, 2012, 95(8): 2647-2652.

[140] Gao Y, Jiang J, de Schutter G, et al. Fractal and multifractal analysis on pore structure in cement paste[J]. Construction and Building Materials, 2014, 69: 253-261.

[141] Shimomura T, Maekawa K. Analysis of the drying shrinkage behaviour of concrete using a micromechanical model based on the micropore structure of concrete[J]. Magazine of Concrete Research, 1997, 49(181): 303-322.

[142] Ishida T, Maekawa K, Kishi T. Enhanced modeling of moisture equilibrium and transport in cementitious materials under arbitrary temperature and relative humidity history[J]. Cement and Concrete Research, 2007, 37(4): 565-578.

[143] Nakarai K, Ishida T, Kishi T, et al. Enhanced thermodynamic analysis coupled with temperature-dependent microstructures of cement hydrates[J]. Cement and Concrete Research, 2007, 37(2): 139-150.

[144] Maekawa K, Chijiwa N, Ishida T. Long-term deformational simulation of PC bridges based on the thermo-hygro model of micro-pores in cementitious composites[J]. Cement and Concrete Research, 2011, 41(12): 1310-1319.

[145] Vanbreugel K. Numerical-simulation of hydration and microstructural development in hardening cement-based materials .1. theory[J]. Cement and Concrete Research, 1995, 25(2): 319-331.

[146] Vanbreugel K. Numerical-simulation of hydration and microstructural development in hardening cement-based materials .2. applications[J]. Cement and Concrete Research, 1995, 25(3): 522-530.

[147] Ye G. Experimental study and numerical simulation of the development of the microstructure and permeability of cementitious materials[J]. Journal of Colloid & Interface Science, 2003, 262(1): 149-161.

[148] Zhu Z, Xu W, Chen H, et al. Diffusivity of cement paste via a continuum-based microstructure and hydration model: influence of cement grain shape[J]. Cement & Concrete Composites, 2021, 118: 103920.

[149] Bentz D P. Modelling cement microstructure: pixels, particles, and property prediction[J]. Materials and Structures, 1999, 32(217): 187-195.

[150] Bentz D P. Three-dimensional computer simulation of portland cement hydration and microstructure development[J]. Journal of the American Ceramic Society, 1997, 80(1): 3-21.

[151] Bentz D P. Influence of internal curing using lightweight aggregates on interfacial tran-

sition zone percolation and chloride ingress in mortars [J]. Cement & Concrete Composites, 2009, 31(5): 285-289.

[152] Bentz D P. Modeling the influence of limestone filler on cement hydration using CEMH-YD3D[J]. Cement & Concrete Composites, 2006, 28(2): 124-129.

[153] Liu C, Qian C, Qian R, et al. Numerical prediction of effective diffusivity in hardened cement paste between aggregates using different shapes of cement powder[J]. Construction and Building Materials, 2019, 223: 806-816.

[154] 刘诚. 多元水泥基材料微结构演变与传输性能的数值模拟 [D]. 南京: 东南大学, 2016.

[155] Bernard F, Kamali-Bemard S, Prince W. 3D multi-scale modelling of mechanical behaviour of sound and leached mortar[J]. Cement and Concrete Research, 2008, 38(4): 449-458.

[156] Liu C, Qian R, Wang Y, et al. Microscopic modelling of permeability in cementitious materials: effects of mechanical damage and moisture conditions[J]. Journal of Advanced Concrete Technology, 2021, 19(11): 1120-1132.

[157] Qian Z. Multiscale modeling of fracture processes in cementitious materials[D]. The Netherlands: Delft University of Technology, 2012.

[158] 刘家煜. 基于格构模型的三维多尺度混凝土受拉断裂过程数值模拟 [D]. 哈尔滨: 哈尔滨工业大学, 2016.

第 2 章 水泥体系 C-S-H 成核生长机制和空间构型特征

2.1 引 言

水化硅酸钙 (C-S-H) 可由水泥熟料中的硅酸三钙和硅酸二钙水化形成。水泥熟料周围所生长的 C-S-H 交联网络使水泥浆体硬化,使其具有早期强度。然而,这个过程包括一系列复杂的化学反应和离子迁移。尽管,当前对水泥水化进行了大量研究,但对早期水化阶段的理解仍然非常欠缺。明晰 C-S-H 凝胶的生成机制和多尺度结构是当前亟待解决的问题之一,因为它几乎与该材料的所有性质都密切相关。C-S-H 凝胶结晶度低,在水泥水化微结构中普遍呈现出无定形态,其隐藏在多相混杂的水泥基体系中,难以量化表征,因此,其生成机制和纳观、介观尺度结构虽探究半个多世纪,但仍没有公认的答案。

在水化机制方面,大多数研究集中在宏观指标上,如水化热、pH 值、离子浓度和电位测定 [1-4],这有助于识别水化进程,并间接推断 C-S-H 生长的少量信息。然而,有关 C-S-H 成核和生长的直接研究非常少,当前对其认识仍停留在 "成核生长" 传统模型,即通过传统成核理论 [5] 和台面台阶扭折 (terrace-ledge-kink) 模型 [6] 来描述 C-S-H 的成核和生长。

空间构型方面,目前的研究主要集中在两个极端尺度:分子尺度和宏观/微观尺度。对介观尺度的 C-S-H 结构,即 10~1000 nm 之间仍知之甚少。解决上述问题所面临的挑战是,在电镜下所观察到的介观尺度 C-S-H 凝胶大都为无定形态,因而难以从结构上进行量化表征。目前所使用的研究方法诸如透射/扫描显微镜、X 射线断层重构、水化热、氮气吸附和核磁共振等技术,也只能提供碎片化信息。因此,许多现象和机理没有得到很好的解释,如 C-S-H 凝胶生长、堆积、形貌和多尺度力学性能等。

水泥水化体系中 C-S-H 凝胶的生成机制和介观尺度空间构型是困扰半个多世纪的难题,既然在实验方面半个多世纪的努力均没有获得突破,本研究则另辟蹊径,基于热力学和动力学理论将其类比相近体系,辅助化学反应基本原理,推断水泥水化体系 C-S-H 凝胶的生成路径与空间构型,并通过实验证实。

2.2　实验与模拟方法

2.2.1　样品制备

分别使用水化热合成法和水泥水化法制备了 C-S-H 凝胶。

将 $Ca(NO_3)_2 \cdot 4H_2O$ 和 $Na_2SiO_3 \cdot 9H_2O$ 分别溶解在煮沸去碳的去离子水中，然后将前者缓慢加入后者，并不断搅拌，再添加 KOH。$Na_2SiO_3 \cdot 9H_2O$：$Ca(NO_3)_2 \cdot 4H_2O$：KOH 的质量比为 1：2.5：1.3，去离子水的质量是盐的 20 倍，pH 值约 13。室温下，在密封容器中搅拌混合物，待实验时使用。上述程序在充满氮气的手套箱中进行，以防碳化。

干燥的 C-S-H 粉末的制备流程为，将上述 C-S-H 悬浊液离心，然后将沉淀使用无碳去离子水洗涤三次，最后在真空冷冻干燥箱中干燥 24 h。

分别使用水泥熟料和硅酸三钙制备净浆。水泥净浆的水灰比为 0.4，在 20℃下养护，所使用的水泥熟料为中国联合水泥集团有限公司生产，P·I 42.5 型硅酸盐水泥，化学成分为 65.5% 的 CaO、19.9% 的 SiO_2、5.1% 的 Al_2O_3、4.8% 的 Fe_2O_3 和 4.7% 的 SO_3，水泥细度为 300 m^2/kg，平均粒径为 6 μm，通过激光粒度测定法测定。将硅酸三钙粉末 (C_3S 含量 99%) 以 0.4 的水/固比放入煮沸的去离子水中，并在 20℃ 下养护 28 天。

制备 70% 水泥 +30% 结晶二氧化硅的净浆，水/固比为 0.4，养护时间为 28 天。二氧化硅的平均尺寸为 38 μm。结晶二氧化硅的 X 射线衍射图在下文中给出，证实了其高结晶度，该结果由 D8 Discover 仪器 (德国布鲁克公司) 用 Cu Kα 源 (30 kV，35 mA) 和 0.15 秒/步的扫描步长测定。

2.2.2　形貌观察

通过透射电子显微镜 (TEM) (Talos F200X，Thermo Fisher) 观察 C-S-H 的形貌，并通过 TEM 中配备的 EDS 检测化学元素。对于合成的 C-S-H，取反应时间分别为 5 min 和 60 min 的悬浊液进行超声，然后将其滴到碳膜上，将载有 C-S-H 样品的碳膜放入液氮中以停止反应，然后在真空冷冻干燥箱中干燥 1 天，使用 TEM 观察形貌。将养护约 10 min 和 24 h 的净浆置于液/固比为 15 的乙醇中，然后搅拌和超声以分散净浆，取悬浮液进行 TEM 观察。

TEM 观察到针状 C-S-H 在水泥颗粒表面生长。将水泥颗粒放入乙醇中，然后进行超声处理，将获得的含有水泥颗粒的悬浮液滴在碳膜上。静置 10 min 以蒸发酒精。然后，将一滴水滴在带有水泥颗粒的碳膜上，在常温下静置 10~15 min 使其干燥，然后进行 TEM 观察。

通过扫描电子显微镜 (SEM) (Navo NanoSEM 450) 观察反应时间为 24 h 的

C-S-H 凝胶形貌，样品分为合成的 C-S-H 干燥粉末和水泥/硅酸三钙净浆的干燥粉末。

2.2.3 离子浓度

采用电感耦合等离子体发射光谱法 (ICP-OES) 检测钙、硅、钠和钾的离子浓度。首先使用 0.75 μm 过滤器过滤所合成的 C-S-H 溶液的上清液，然后用 ICP-OES 测定离子浓度。

2.2.4 基于托贝莫来石晶体的表面能计算

众所周知，C-S-H 分子结构与托贝莫来石晶体相似，大量研究利用托贝莫来石晶体研究 C-S-H。本节 C-S-H 的表面能计算基于 Tobermorite 11 Å 模型。这种近似可以完全达到研究的要求，即不同面之间表面能的数值大小比较。该计算在 LAMMPS 中基于经典分子动力学 (MD) 进行，使用 ClayFF 力场。Tobermorite 11 Å 的晶胞参数为 $a = 22.32$ Å，$b = 22.17$ Å，$c = 22.77$ Å，$\alpha = 90°$，$\beta = 90°$ 和 $\gamma = 90°$。托贝莫来石晶体分子被切割成两个平板基体 (slabA 和 slabB)，分别暴露出 ab、ac 和 bc 平面。每个平面的表面能计算流程如下：首先计算结构充分弛豫的托贝莫来石晶体的能量 E_{total}，然后减去两个平板基体 (E_{slabA} 和 E_{slabB}) 的能量，所使用的公式为 $E_{surface} = (E_{total} - E_{slabA} - E_{slabB})/2$。在每个方向上进行三次表面切割以暴露不同的平面，取平均值，以减少不同平面之间的差异所造成的误差。

ClayFF 力场计算 C-S-H 分子结构内部相互作用，其中包括通过静电力描述带电相之间的库仑相互作用和通过 Lennard-Jones 势能方程描述范德瓦耳斯力相互作用。在 ClayFF 力场中使用单点电荷 (simple point charge，SPC) 电位来模拟水分子间和水分子内的相互作用，阴离子和阳离子的力场参数来自与 SPC 水模型兼容的分子间势能函数。

模拟在大型原子/分子大规模并行模拟器 LAMMPS 中进行。长程相互作用的截断半径设置为 10 Å。时间步长为 1 fs。使用 Verlet 算法对原子轨迹进行积分，使用共轭梯度算法计算能量收敛，实现结构的能量最小化。

2.2.5 ClayFF 力场

ClayFF 从其名称能够看出，是一种对黏土矿物材料高度适应性的力场，开发初始大量被用于黏土和黏土相关相，包括金属氧化物/氢氧化物和层状氢氧化物的计算模拟。与黏土矿物材料相比，大多数水泥基材料显然具有相同的成分和相似的结构特征，因此，该力场几乎立即被应用于水泥相关物相的分子模拟中，其中以 C-S-H 分子的研究居多。该力场具有计算速度快、承载体量大 (上万原子)、计算精度高的特点。

　　体系中的总能量需评估模拟盒子中每个原子与原子之间的相互作用, 其中包括短程相互作用 (通常称为范德瓦耳斯项)、库仑 (静电) 相互作用、键合相互作用 (即化学键的拉伸和键角弯曲) 的贡献:

$$E_{\text{total}} = E_{\text{vdw}} + E_{\text{coul}} + E_{\text{bond}} + E_{\text{angle}} \tag{2.1}$$

$$E_{\text{vdw}} = \sum_{ij} \varepsilon_{ij} \left[\left(\frac{\sigma_{ij}}{r_{ij}} \right)^{12} - 2 \left(\frac{\sigma_{ij}}{r_{ij}} \right)^{6} \right] \tag{2.2}$$

方程 (2.2) 描述了范德瓦耳斯相互作用, 由经典的 Lennard-Jones 函数表示。ε_{ij} 是井深, σ_{ij} 是原子直径, r_{ij} 是原子 i 和 j 之间的距离。不同原子种类的 Lennard-Jones 参数由 Lorentz-Berthelot 混合规则确定:

$$\varepsilon_{ij} = \sqrt{\varepsilon_i \varepsilon_j} \tag{2.3}$$

$$\sigma_{ij} = (\sigma_i + \sigma_j)/2 \tag{2.4}$$

方程 (2.5) 表示库仑相互作用。电荷 q_i 和 q_j 源自量子力学计算结果; r_{ij} 是原子 i 和 j 之间的距离; ε_0 是真空介电常数 (8.85419×10^{-12} F/m)。

$$E_{\text{coul}} = \sum_{ij} \frac{q_i q_j}{4\pi \varepsilon_0 r_{ij}} \tag{2.5}$$

　　在柔性 SPC 水分子模型中, 键合相互作用通过简谐模型来描述, 如下式:

$$E_{\text{bond}} = k_1 (r_{ij} - r_0)^2 \tag{2.6}$$

$$E_{\text{angle}} = k_2 (\theta_{ijk} - \theta_0)^2 \tag{2.7}$$

式中, k_1 和 k_2 是弹性力常数, r_0 和 θ_0 分别表示平衡键长和键角。力场参数选取如表 2.1～ 表 2.3 所示。

表 2.1　ClayFF 力场的非键合参数

原子	电荷/e	ε/(kcal/mol)	σ/Å
H_w	0.41	0.0	0.0
H_{oh}	0.425	0.0	0.0
O_w	-0.82	0.1554	3.5532
O_{oh}	-0.95	0.1554	3.5532
O_s	-1.05	0.1554	3.5532
Si	2.1	1.8405×10^{-6}	3.7064
Ca_w	1.05	5.0298×10^{-6}	6.2484

表 2.2   ClayFF 力场的键合参数：水分子和羟基的化学键拉伸参数

化学键拉伸		k_1 (kcal/(mol·Å^2))	r_0/Å
原子 i	原子 j		
O_w	H_w	554.1349	1.0
O_{oh}	H_{oh}	554.1349	1.0

表 2.3   ClayFF 力场的键合参数：水分子的二面角参数

化学键弯曲			k_2/(kcal/(mol·rad^2))	θ_0/(°)
原子 i	原子 j	原子 k		
H_w	O_w	H_w	554.1349	109.47

2.3   C-S-H 凝胶的生成路径

2.3.1   水化热合成中 C-S-H 的生成路径

制备水化硅酸钙 C-S-H 凝胶的水化热合成法被广泛应用。首先，生成液滴状的无定形离子团，进而结晶为 C-S-H，形貌均为薄箔状，具有极大的表面积，如图 2.1 所示。显然，水化热合成所制备的 C-S-H 凝胶并没有遵循传统成核生长的成核生长路径。

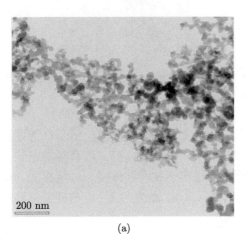
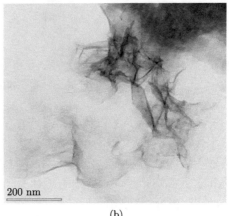

(a)   (b)

图 2.1   水化热合成在反应 (a) 5 min 和 (b) 60 min 时所生成 C-S-H 的 TEM 图像，显示了从无定形离子团到薄箔状 C-S-H 的两步结晶路径

上述的从无定形液滴到结晶态的反应路径，其实也存在于其他矿物的生成过程。据报道，碳酸钙晶体的生成也是通过离子络合物的聚集生成非稳态的液体预核 (liquid prenucleation)[7-9]，然后进一步脱水和结晶化，生成碳酸钙晶体[10]。

2.3.2　水泥水化和水化热合成的体系对比

在水化热合成中，薄箔状形貌受反应环境影响较小，改变钙硅比、碱离子浓度、pH 值和反应温度，薄箔状形貌均可稳定生成。换而言之，在 C-S-H 生成的所有路径中，在能量上薄箔状 C-S-H 应是最易生成的，即最低的反应能垒和最高的结构稳定性。所以，薄箔形貌及相关生成机制也应在水泥水化体系中存在。该推论在透射电镜下得到证实，在水灰比为 0.4、水化时间为 24 h 的水泥净浆中观察到大量薄箔状产物，此外尚有针状产物，如图 2.2 所示。

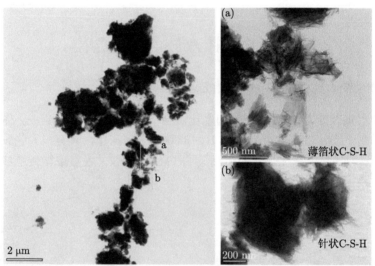

图 2.2　透射电镜所观察的硅酸三钙水化约 10 min 的形貌，其中，观察到薄箔状 C-S-H 和在硅酸三钙颗粒表面生长的针状 C-S-H

水泥水化和水化热合成体系的化学反应对比如图 2.3~ 图 2.5 所示。通过调节水化热合成中所使用化学试剂的比例和浓度，以及环境温度，可获得与净浆孔溶液相近的动力学和热力学环境，即相近的溶液离子种类和浓度、环境温度、压强和 pH 值。此时，水化热合成体系所设计的 Ca/Si 比约为 3，恰与硅酸三钙的 Ca/Si 比组分相同。

图 2.3(a) 中展示了水泥水化约 10 min 时的形貌，在水泥水化环境中可观察到诸如钙矾石类的条状晶体，在晶体周围通过透射电镜大量地观察到小球状液滴的存在，其形貌、元素组成和衍射花样均与水化热合成反应 10 min 时的极为相近。通过元素组成和衍射花样判断其为早期的 C-S-H。可见，水泥水化体系也大量存在水化热合成过程中的中间产物，即小球状无定形离子团溶胶。

水泥水化和水化热合成体系反应 24 h 的形貌如图 2.4 所示，二者的形貌、元

素组成和衍射花样均极为相近，为同类物质。需要特别说明的是，对于水泥水化
和硅酸三钙水化体系，在透射电镜的观察下，薄箔状 C-S-H 在数量上占据主导。
遗憾的是，电镜观察无法给出量化结果，但是该现象极易操作，且可重复性高：挖
一勺水灰比为 0.4、养护时间约为 24 h 的水泥净浆放入酒精，搅拌并超声后便可
基于透射电镜观察 (具体操作见 2.2.2 节)。

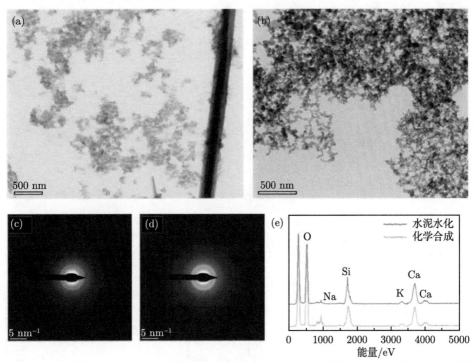

图 2.3   水泥水化 (a) (c) (e) 和水化热合成体系 (b) (d) (e) 反应约 10 min 时的 C-S-H 液滴
形貌、衍射花样、元素组成对比

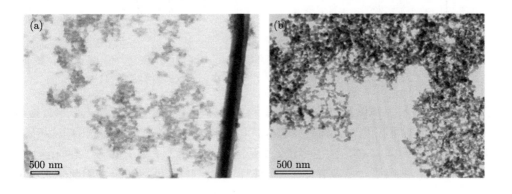

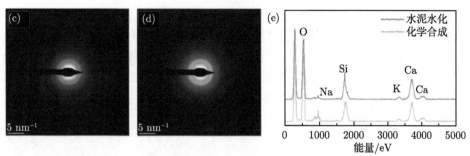

图 2.4　水泥水化 (a) (c) (e) 和水化热合成体系 (b)(d)(e) 反应 24h 的薄箔状 C-S-H 形貌、
衍射花样、元素组成对比

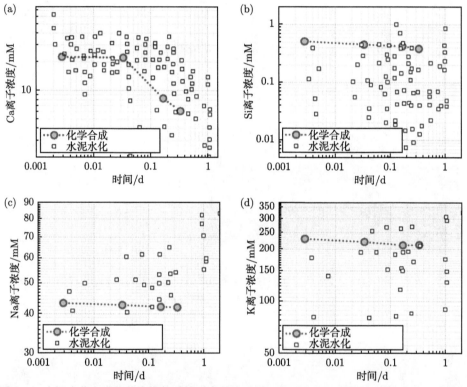

图 2.5　水泥水化和水化热合成体系的反应环境对比，分别为 Ca 离子、Si 离子、Na 离子、
K 离子浓度随反应时间的变化。水泥水化的数据源于文献 [11]

　　然而，在水泥基体系扫描电镜的实验中，C-S-H 形貌仅表现出无定形，或者针状/片状的规则形状，大量的针状/片状自组装成为网络状或花瓣状的微观形貌，但是从未见过薄箔状 C-S-H 的报道。这是因为薄箔状 C-S-H 厚度仅为纳米级，且表面积极大，易吸附、折叠和团聚，而扫描电镜制样要求为干燥，因此纳米级薄

箔状形貌不可能出现，其在干燥状态下应加剧团聚吸附的发生，从而表现为无定形态 (在下文给出论证)。

上文证实了中间产物 (小球状无定形离子团溶胶) 和生成物 (薄箔状 C-S-H) 在水泥水化和水化热合成这两个体系中相同，此外，二者的化学反应环境也同样一致，包括离子种类和浓度 (图 2.5)、环境温度、压强和 pH 值。如图 2.5 所示，钙相和硅相参与 C-S-H 生成的化学反应，水泥水化孔溶液中的钙相和硅相与水化热合成上层清液的离子浓度极为相近，且变化趋势一致。钙离子大量消耗以生成 C-S-H，因此其钙离子浓度随着反应而逐渐降低；而在反应溶液中硅相浓度较小，且其变化也极小，这再次证实了中间产物 (无定形离子团溶胶) 的存在，硅相迅速生成中间产物，几乎不以游离态存在于溶液中。此外，两个体系中钠和钾的离子浓度也较为接近，但二者几乎不参与 C-S-H 的生成，只是调节化学环境。在水泥水化体系中钠离子和钾离子浓度逐渐升高，这与孔溶液中水的消耗有关；在水化热合成中，二者浓度则轻微降低，可见钠离子和钾离子也较少地参与到 C-S-H 的生成过程，进入 C-S-H 分子结构。

因此，在水泥水化和水化热合成两个体系中，反应环境相同 (离子浓度、温度、压强、pH 值)、反应中间产物 (小球状无定形离子团溶胶) 和最终产物 (薄箔状 C-S-H) 均相同，所以控制水化热合成的机制也必然同样控制着水泥水化体系。

水泥基体系中 C-S-H 的生成机制备受关注，但其隐藏在多相混杂的水泥基复杂体系，难以捕捉和定量。上述对比实验证实了基于水化热合成来研究水泥水化机制的可行性，水化热合成体系物相单一，仅含有 C-S-H 凝胶和少量氢氧化钙，易进行定量表征，为水泥水化过程中水化产物生成和演变难以定量的困境找到了出路。然而，水泥水化体系 C-S-H 表现出多类形貌，该薄箔状 C-S-H 大概率并不是唯一状态，薄箔状 C-S-H 团聚吸附可形成无定形态，但水泥水化体系中的针状/片状 C-S-H 显然无法基于薄箔状结构所形成；除此之外，水泥水化体系中的无定形态是否均由薄箔状结构团聚而成仍需进一步证实。

因此，下文针对上述问题展开进一步研究，基于热力学和动力学理论，推导普适性的晶体成核生长路径，并将其放入水泥水化体系中深入讨论。

2.3.3 热力学和动力学所主导的多种生成路径

图 2.6 描述了常温常压下不同于传统成核的结晶路径。晶体生成路径可分为三大类：第一类是传统成核生长，首先，在过饱和浓度下生成结晶核，然后原子/分子单体逐个有序地在结晶核表面沉淀，逐渐组装成大体积单晶；第二类通过晶粒有序堆积 (OA) 形成大体积单晶或无序堆积 (DA) 形成多晶，在过饱和浓度极高的情况下，大量晶核生成，有序堆积将进行基于表面能所驱动的有序组装，生成大体积的单晶，该类生成模式在原位环境透射电镜下得到证实，观察到两晶粒间

通过晶格相匹配而定向相融[12];第三类为离子团结晶的溶胶-晶体生成路径,首先生成亚稳态无定形离子团胶体,然后内部原子构型重组结晶,该类结晶路径在碳酸钙[13,14] 和磷酸钙[15,16] 晶体的研究中有所报道。根据上面章节的讨论,可判断薄箔状 C-S-H 凝胶的生成遵循上述第三类结晶路径,即生成无定形离子团胶体,然后结晶生成薄箔状的类托贝莫来石晶体。

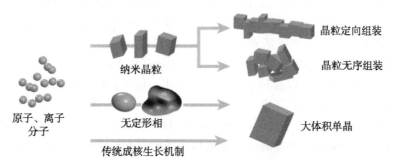

图 2.6 多种结晶路径。传统晶体生长模型设想原子/分子单体逐个地有序组装成大体积晶体,除此之外尚有其他反应路径:从无定形离子络合物结晶为大体积晶体,或通过纳米晶粒的定向有序堆积/无序堆积组装形成大体积晶体

上述结晶路径的根本差异在于成核,其可通过化学反应能垒描述该差异,如图 2.7 所示。成核,即原子/分子的有序组装,晶核的生成需要跨越反应能垒,图 2.7(a) 描述了传统的成核模式所需的能垒示意图,在过饱和离子浓度下,结晶核可在溶液中生成,然后遵循传统的晶体生长路径,晶核逐渐长大。能垒的强度受到反应环境的影响,例如,溶液离子浓度过低,该能垒的强度则激增,使体系难以成核,而极高的过饱和离子浓度,则有助于大量成核,溶液中大量的晶核彼此接触、碰撞,一定程度导致晶粒间连接相融。

晶粒间是无序堆积还是有序堆积可通过动力学来理解,晶粒的有序堆积将生成较大体积的单晶,体系表面能降低,使体系趋于能量最小化,但是如果驱动体系运动的动力过低 (可由降低温度实现) 或晶核分布密度过大,晶核则无法完全弛豫,结构则趋于多晶。在环境透射电镜实验中,原位观察到 2 个水铁矿晶粒在相融成为整体前的位移和旋转,以寻找二者相匹配的晶格方向,最终相融成更大的单晶[12],此外,综述文章[17] 中也列举了大量案例。在本研究中,水泥颗粒附近离子浓度较高,可能有条件生成大量晶核,在图 2.8 中,水泥颗粒表面所生长的条状 C-S-H,可辨识其颗粒状的内部构成,且不符合典型晶体的对称性,其应是通过晶粒的定向堆积而成。

另外,鉴于传统晶体生长机制的普适性,生长于水泥颗粒表面的条状 C-S-H 凝胶也应遵循该机制,即原子/离子团逐个有序地在生长位点上沉淀以生长,水泥颗粒表面将作为其生长位点，所以无需成核。这意味着其生长所受溶液浓度的影响极小，在本节所设计的实验中，极高水灰比水化 10 min 便能观察到水泥颗粒表面的针状产物。

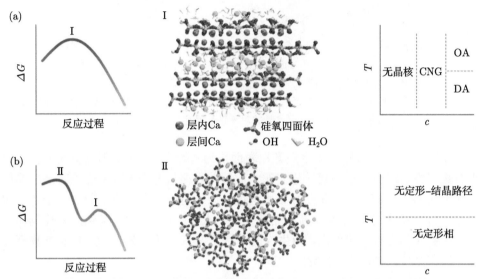

图 2.7 形成大体积稳态 C-S-H 相的反应路径，以及该反应的热力学和动力学根源。(a) 经典成核和 (b) 生成亚稳态进而结晶的自由能演变示意图。Ⅰ 和 Ⅱ 分别代表晶核和亚稳态液体预核的原子构型 (水分子未显示)。c 表示离子浓度，T 表示温度。CNG：传统成核–生长机制；OA：晶核定向堆积生成单晶；DA：晶核无序堆积生成多晶

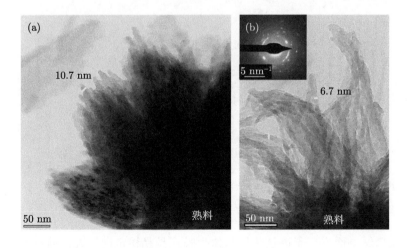

图 2.8　(a) 水泥和 (b) (c) (d) 硅酸三钙水化约 10 min。其内部结构可见颗粒状纹理,具有
　　　　晶体特征,但没有单晶的对称性。其生成机制应为 OA

　　条状 C-S-H 生长路径以水泥颗粒表面作为初始成核位点,但其对初始位点似乎有选择性,透射电镜观察结果表明水泥颗粒表面只有少量区域生长有高结晶度针状 C-S-H,推测该类生长路径很大程度受限于有限的成核位点数量。于是,实验设计将 30% 的水泥替换成高结晶氧化硅,水灰比仍为 0.4,高结晶氧化硅作为 C-S-H 凝胶的生长初始位点,所生成的针状 C-S-H 远多于对照组,针状产物遍布整个净浆基体,如图 2.9 所示。

图 2.9　70% 水泥 + 30% 氧化硅晶体复合净浆水化 28 天的扫描电镜微观形貌,右上角插图为
　　　　氧化硅晶体的 X 射线衍射 (XRD) 谱图

　　就最后结果而言,无论是传统晶体生长还是晶核定向组装,结果都是极为相近的,最终都生成具有晶体特征的条状/片状 C-S-H。

对于薄箔状 C-S-H，其遵循上述所提到的第三类结晶生长路径，分两步进行：首先生成无定形离子团溶胶液滴，然后离子团溶胶结晶，因此反应能垒曲线呈现出双峰 (图 2.7(b))。无定形离子团溶胶具有无序的原子排列构型 (第 3 章给出讨论)，其生成所需的能垒必然低于原子有序排列的晶核。在水化热合成实验中，白色絮状物，即离子团溶胶，在硝酸钙滴入硅酸钠溶液的瞬间即可肉眼可见地大量生成，且溶液浓度对其影响极小，即使在稀溶液 (液固比大于 100) 中，这些无定形离子团胶体的形成也是瞬时的。这解释了薄箔状 C-S-H 在水泥水化体系中大量生成的原因。

温度可以影响离子团胶体内原子构型向有序态的转变，进而影响结晶，极低温度下离子团溶胶分子结构难以充分弛豫，阻碍结晶，最终仍以非晶态的形式存在。这种由离子络合物所构成的非晶态强度极低，这是低温养护混凝土无法硬化或强度极低的原因之一。

基于上述讨论可知，在常温常压环境下，水泥水化体系中可能遵循以下五种 C-S-H 生成机制：① 以水泥颗粒表面作为初始生长位点的传统晶体生长模型；② 传统成核-生长模型；③ 大量成核进而有序堆积成大体积单晶；④ 大量成核进而无序堆积成多晶；⑤ 生成亚稳态无定形溶胶到薄箔状 C-S-H 的两步走成核结晶路径 (溶胶-晶体生成路径)。上述多样化的生长路径导致 C-S-H 在水泥水化体系中所形成的形貌可大致分为两类：具有晶体特征的 C-S-H (针状/片状) 和无定形的 C-S-H。

2.4 基于距水泥颗粒距离的 C-S-H 生成机制与空间构型

2.4.1 基于距水泥颗粒距离的生成机制转变

上文讨论了控制 C-S-H 形成的五类成核生长机制。在水泥水化微结构中，不同区域的热力学和动力学环境不同，意味着其 C-S-H 形成机制的差异。亚稳态无定形离子团的自由能能垒相对较低，意味着无定形-结晶路径 (AC) 生成机制的排他性，导致水泥水化过程中生成大量薄箔状 C-S-H。薄箔状 C-S-H 是水化热合成中唯一的产物类型；然而，在水泥浆体中，热力学和动力学环境随着与水泥颗粒距离的变化而变化，离子浓度和生长空间限制随着接近水泥颗粒而激增，导致水泥水化过程中 C-S-H 的生成机制应不是唯一的，因此在电镜下可观察到多类 C-S-H 形貌。

距水泥颗粒不同距离的生成机制如图 2.10 所示。水泥表面所生长的针状/片状产物，其生成机制可能遵循有序堆积 (OA)/经典成核 (CN)/经典成核生成 (CNG)。TEM 结果证明了 OA 生成机制存在于原水泥边界外，即水泥颗粒表面 (图 2.8)，意味着此处的离子浓度支持大量晶核的生成，因此，原水泥边界内的离子浓度也必然足以生成大量晶核。因为生长空间受限，无序堆积 (DA) 生成机制将可能起主导作用，实现原子核的无序聚集。上述所述的外部水化产物的针状形貌和内部水化产物的无定形形貌均由 TEM 观察结果所证实 [18−22]。

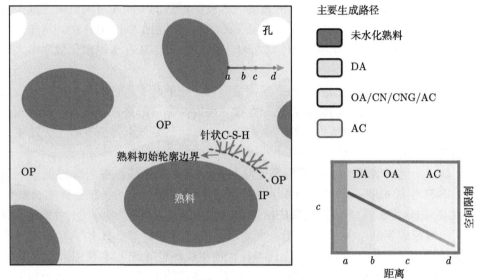

图 2.10　控制 C-S-H 形成的主导机制随着距水泥颗粒距离而转变。随着接近水泥颗粒，离子浓度和生长空间受限增加，改变热力学和动力学环境。OP：外部产物；IP：内部产物

　　水泥颗粒之间的区域主要填充无定形 C-S-H 凝胶，一方面这被大量报道的扫描电镜结果所证实；另一方面，唯有无定形产物方能任意变换外形，且发挥胶结作用，黏结和包裹水化水泥颗粒、晶相和骨料。这些无定形产物主要由薄箔状 C-S-H 的团聚所形成，而不是晶粒的无序堆积 (遵循 DA 生成机制)。TEM 结果证明 OA 存在于原水泥边界外 (图 2.8)，即图 2.10 中的 *bc* 区域，*bc* 区域的离子浓度和生长空间限制尚不满足 DA 生成机制的条件，距离水泥颗粒更远的 *cd* 区域则更无法满足。可见，薄箔状 C-S-H 团聚而成的无定形态产物对水泥混凝土的胶结能力意义重大。

　　纳米压痕实验确定了三种类型 C-S-H 相，即低密度 (LD)、高密度 (HD) 和超高密度 (UHD)[22,23]。一般认为，w/c 的变化只会改变 LD、HD 和 UHD C-S-H 相的比例，但几乎不会影响每种类型 C-S-H 相的力学性能，如模量和硬度 [23]。这意味着决定因素不是堆积密度，而是 C-S-H 结构类型。图 2.10 中三种完全不同结构类型的 C-S-H 相很好地阐释了该论点。

2.4.2 生成机制所主导的多类 C-S-H 空间构型

尽管 C-S-H 分子结构相似，均可看作是托贝莫来石型晶体分子结构，只是 Ca/Si 比的变化导致结构聚合度和含水量的波动，进而导致结构轻微的胀缩。但是，在更大尺度上 (介观尺度)，其堆积单元的形貌及其堆积结构均相差较大，因此导致针状、片状、无定形态的形貌差异。上述 C-S-H 介观尺度空间构型的差异取决于其不同的生成机制。

非晶态 C-S-H 可由晶核无序堆积或薄箔状 C-S-H 团聚形成。对于后者，其空间构型示意图见图 2.11。薄箔状 C-S-H 具有非常大的表面积，热力学上更倾向于自我折叠、相互团聚，同时吸附在周围的固相上，促成了大体积水化物的整体性。图 2.12 显示了干燥时由水化热合成法所制备的薄箔状 C-S-H 凝胶，其表现为团块状的大体积无定形态，在团块颗粒表面明显可见逐层沉淀的纹路，该形貌在水泥/硅酸三钙水化净浆/混凝土中同样普遍存在 (图 2.12)。

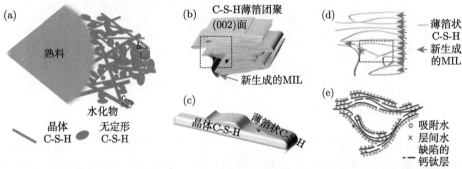

图 2.11 由薄箔状 C-S-H 所生成的无定形相的介观尺度空间构型。(a) 水泥熟料附近 C-S-H 凝胶微结构示意图。(b)、(c) (a) 图中方形区域的放大图，C-S-H 凝胶按形貌可分为两类：具有晶体特征的 C-S-H 和无定形的 C-S-H。(d) 薄箔状 C-S-H 具有极大的表面积，容易折叠团聚形成无定形相或直接吸附在固相上，该过程导致 C-S-H 分子层间结构 (MIL) 大量生成。(e) 图 (d) 中方形区域的放大区 (F-S 模型 [24])

进一步讲，薄箔状 C-S-H 的 (002) 面的表面能相对较低 (表 2.3)，因此其应为最大暴露面。(002) 面之间的静电吸引是其自我团聚和吸附于其他固相的基础。(002) 面之间的接触导致大量形成 C-S-H 分子层间；另一方面，这意味着 C-S-H 分子层间控制着薄箔状 C-S-H 间以及薄箔状 C-S-H 与其他固体间的黏结。因此，C-S-H 层间特征是影响大体积水化物性能的关键因素。这意味着层间黏结强度对水泥净浆性能影响极大。分子动力学计算预测了铝相的掺入将桥接 C-S-H 分子层间，进而增强层间黏结强度 [25,26]，其在微观尺度力学性能的提升在实验中得到了证实 [27]。

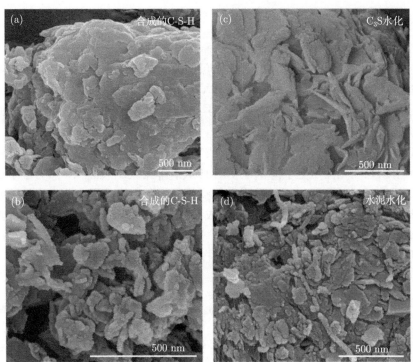

图 2.12　扫描电镜所观察的水化热合成 (a) (b) 和硅酸三钙/水泥水化 (c) (d) 所生成的无定形 C-S-H 凝胶

　　图 2.13 展示了 C-S-H 晶核有序堆积和无序堆积的空间构型。晶核间晶格匹配所驱动的定向晶核组装亦能生成大体积单晶，如图 2.13(a) 所示，其由 C-S-H 晶核组成，其中存在大量晶格缺陷，如晶格位错、晶格断层、凝胶孔。该模型也限定了 C-S-H 凝胶的生长方向，即沿钙硅层方向 (a、b 轴方向) 生长，而不会沿 c 轴生长 (图 2.13(c))，这种生长方向取向与表面能有关 (表 2.4)。该生长模式解释了 C-S-H 针状/片状的形貌，并再现了 TEM 所观察的长条形层状纹理，该长条层状纹理是 C-S-H 分子的钙硅层，可视化了 C-S-H 分子的层状结构。图 2.13(a) 中的圆圈区域的放大图见图 2.13(d)，它具体地阐明了晶核有序堆积模式，其关键特征在于，晶核之间通过硅链方向的晶格匹配相融成为整体。

　　对于经典成核 (classical nucleation，CN)/经典成核生长 (classical nucleation and growth，CNG) 机制所生成的针状/片状 C-S-H，以及通过 AC 机制所生成的薄箔状 C-S-H，其内部结构可能与图 2.13(a) 类似，即具有大量晶格缺陷的大体积单晶。

　　C-S-H 晶核的无序堆积见图 2.13(b)，其存在于晶核高浓度环境或低温环境，使晶核弛豫受阻，其中也存在一部分晶核间晶格匹配的有序相融，但总体表现为多晶态，可能构成了内部水化产物。上述的外部水化产物的针状形貌和内部水化产物的无定形形貌均由 TEM 观察结果证实[18−22]。

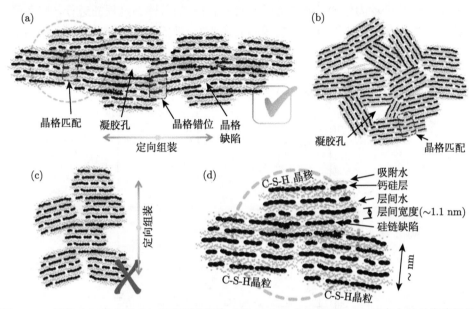

图 2.13 晶核 (a) 有序和 (b) 无序组装所生成的 C-S-H 分子构型。(a) 具有大量晶格缺陷的 C-S-H 单晶。对于晶核有序排列，其生长方向取向应沿钙硅层，而不是 (c) 所示的垂直于钙硅层方向生长，该生长模式生成了具有内部长条纹理的条状/片状 C-S-H 形貌。(d) 图 (a) 中圆形区域的放大图，显示了 C-S-H 晶核局部堆积结构，C-S-H 晶核间晶格匹配相融成为整体

表 2.4 C-S-H 分子的表面能 (单位：Kcal/(mole·nm²))

	bc 面	ac 面	ab 面
表面能	−296(±15)	−429(±17)	−142(±4)

2.5 基于 C-S-H 生成机制和空间构型的启示

2.5.1 C-S-H 分子层间强度决定水泥拉伸性能阈值

填充于水泥颗粒之间的无定形 C-S-H 凝胶发挥着包裹和黏结其他物相的胶结作用，对水泥混凝土体系的强度和耐久性意义重大。上述研究结果表明，该类无定形产物主要由薄箔状 C-S-H 构成，且 C-S-H 分子层间控制着薄箔状 C-S-H 之间以及薄箔状 C-S-H 与其他类型固体之间的黏合，换而言之，分子层间黏结强度应是决定水泥净浆微观/宏观力学性能的关键因素。当前，关于水泥混凝土力学性能的最核心争议之一是，C-S-H 分子在拉伸过程中是否发挥作用。C-S-H 分子力学性能优异，其抗拉强度可接近 6 GPa[28]，而在微观/宏观尺度下，抗拉强度降至低于 10 MPa。

　　我们最近的研究对此提供了直接证据 [29]，即微拉伸性能取决于 C-S-H 分子层间黏合强度，如图 2.14 所示，通过水泥净浆的脱钙而验证该推测。图 2.14(a) 展示了基于分子动力学的 C-S-H 分子脱钙研究，随着脱钙过程的进行，层间区域中的钙首先解离，导致层间黏结削弱；随着进一步脱钙，钙硅层中的钙 (称为层内

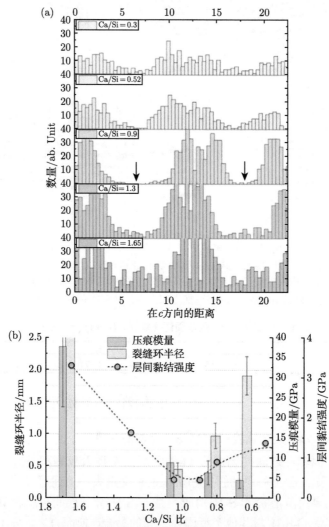

图 2.14　水泥净浆微观拉伸性能取决于 C-S-H 分子层间 (MIL) 黏合强度。原始数据来自参考文献 [29]，Ca/Si 比随脱钙而降低。(a)C-S-H 分子动力学模型中化学键 (即 Si—O 和 Ca—O 键) 沿 c 轴的分布。层内钙完全解离时，分子层间区域的化学键密度降低至零，此时 (b)C-S-H 分子层间强度和水泥净浆拉伸性能皆为最低。拉伸和压缩性能分别通过干燥开裂和纳米压痕实验进行评估

钙) 也开始解离, 这促使钙硅层的解聚和层内钙向层间区域的扩散, 从而一定程度再次强化了层间黏结。因此, 由化学键分布密度所表征的层间黏结强度首先减少, 然后增加。该计算结果在参考文献 [29] 中基于 XRD 定量和分子动力学模拟中得到了进一步验证。

如图 2.14 所示, 通过干燥收缩开裂所估算的微观拉伸性能的变化, 取决于层间黏结强度, 即先下降, 然后随着脱钙而上升。层间黏结决定了晶粒间的拉伸行为, 而对单轴压缩行为的影响较小。因此, 通过纳米压痕所评估的介观尺度压缩性能随着脱钙而一直下降。

2.5.2 薄箔状 C-S-H 吸附水泥颗粒所引发的水化诱导期

在水化初期, 具有较大表面积的薄箔状 C-S-H 倾向于吸附水泥颗粒 (图 2.15), 因为此时水泥颗粒几乎是孔隙溶液中唯一的固体类型。薄箔状 C-S-H 的包裹会隔离水泥颗粒和孔隙溶液, 从而抑制水化过程, 这可能是水泥水化诱导期的原因。

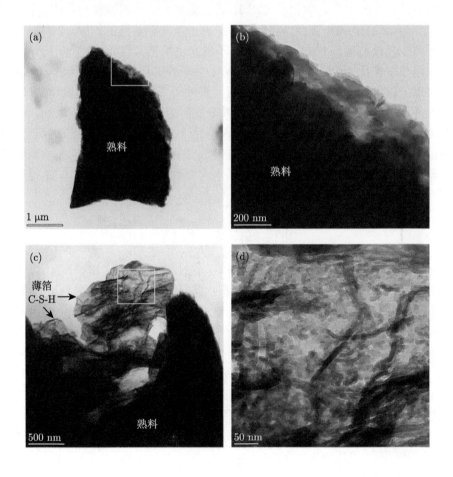

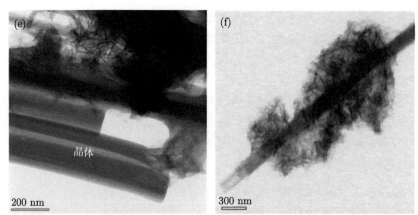

图 2.15　薄箔状 C-S-H 吸附于水泥水化体系的固体表面,例如 (a) (b) (c) (d) 水泥颗粒和
(e) (f) 水泥水化所形成的晶体。薄箔状 C-S-H 包裹并抑制晶核/液体预核扩散 (c) (d)

　　具体而言,一方面,薄箔状 C-S-H 的包裹减少了水泥颗粒与水间的接触 (图 2.15(a)、(b)、(c));另一方面,它也抑制了离子向孔隙溶液的扩散,例如,硅酸盐液滴预核或晶核被薄箔状 C-S-H 包裹,不能自由扩散 (图 2.15(c) 和 (d))。因此,水化作用几乎停止,孔隙溶液中的离子浓度保持不变 [11]。当前解释诱导期的主流观点是保护膜理论 [30],但缺乏实验证据。该项研究回答了保护膜具体是什么。

　　此外,抑制离子扩散会导致水泥颗粒表面附近的离子浓度急剧增加,这可能将刺激水泥颗粒表面大量地成核 (图 2.15(c) 和 (d)),极大地增加了水泥表面附近生成由 OA/DA 机制所主导水化物的可能性,如针状 C-S-H。后期在水泥颗粒表面大量生成/堆积的水化物将会把覆盖于水泥颗粒表面的薄箔状 C-S-H 推开,从而使后续水化正常化。

2.6　本章小结

　　在常温常压环境下,水泥水化遵循以下五种 C-S-H 生成路径:① 以水泥颗粒表面作为生长位点的传统晶体生长模型;② 传统成核生长模型;③ 大量成核进而有序堆积成大体积单晶;④ 大量成核进而无序堆积成多晶;⑤ 溶胶晶体生成路径。

　　形成亚稳态 C-S-H 液滴的自由能势垒相对较低,这意味着上述机制⑤的排他性,导致水泥水化过程中大量生成薄箔状 C-S-H,如 $w/c = 0.4$ 水泥浆体的 TEM 测试。薄箔状 C-S-H 是水化热合成中唯一的产物,然而在水泥水化中,热力学和动力学环境随着与水泥颗粒距离的改变而发生变化,离子浓度和水化空间限制随着靠近水泥颗粒而激增,导致水泥水化体系 C-S-H 生成遵循如上多样化的机制,产生多样化的形貌。

　　水泥颗粒之间的区域主要被由薄箔状 C-S-H 团聚所生成的无定形相所填充。薄箔状 C-S-H 具有极大的表面积，热力学上倾向于自折叠和相互团聚，并吸附在附近的固相上，形成任意形状的无定形相，以黏结和包裹水化水泥颗粒和晶相。上述过程基于薄箔状 C-S-H (002) 面之间的静电吸引，生成 C-S-H 分子层间结构，控制着薄箔状 C-S-H 间以及薄箔状 C-S-H 与其他类型固体间的黏结。实验直接证实了 C-S-H 层间黏结强度决定水泥浆体的拉伸性能。

　　反应环境和产物的对比证实了水泥水化和水化热合成体系间良好的一致性，两者都遵循上述反应机制⑤ 。这表明，通过水化热合成可以在很大程度上了解水泥水化过程中 C-S-H 的形成，有望解决水泥水化过程 C-S-H 难以定量化表征的挑战。

参 考 文 献

[1] Krautwurst N, Nicoleau L, Dietzsch M, et al. Two-step nucleation process of calcium silicate hydrate, the nanobrick of cement[J]. Chem Mater, 2018, 30: 2895-2904.

[2] Garrault-Gauffinet S, Nonat A. Experimental investigation of calcium silicate hydrate (CSH) nucleation[J]. J Cryst Growth, 1999, 200: 565-574.

[3] Bullard J W, Jennings H M, Livingston R A, et al. Mechanisms of cement hydration[J]. Cem Concr Res, 2011, 41: 1208-1223.

[4] Kim H Y. Urea additives for reduction of hydration heat in cement composites [J]. Constr Build Mater, 2017, 156: 790-798.

[5] Kashchiev D. Thermodynamically consistent description of the work to form a nucleus of any size[J]. J Chem Phys, 2003, 118: 1837-1851.

[6] Qu B, van Benthem K. In-situ anisotropic growth of nickel oxide nanostructures through layer-by-layer metal oxidation[J]. Scripta Materialia, 2022, 214: 114660.

[7] Wallace A F, Hedges L O, Fernandez-Martinez A, et al. Microscopic evidence for liquid-liquid separation in supersaturated $CaCO_3$ solutions[J]. Science, 2013, 341: 885-889.

[8] Gebauer D, Kellermeier M, Gale J D, et al. Pre-nucleation clusters as solute precursors in crystallisation[J]. Chem Soc Rev, 2014, 43: 2348-2371.

[9] Rieger J, Kellermeier M, Nicoleau L. Formation of nanoparticles and nanostructures— An industrial perspective on $CaCO_3$, cement, and polymers[J]. Angew Chem, Int Ed, 2014, 53: 12380-12396.

[10] van Driessche A, Benning L G, Rodriguez-Blanco J, et al. The role and implications of bassanite as a stable precursor phase to gypsum precipitation[J]. Science, 2012, 336: 69-72.

[11] Vollpracht A, Lothenbach B, Snellings R, et al. The pore solution of blended cements: a review[J]. Mater Struct, 2016, 49: 3341-3367.

[12] Li D, Nielsen M H, Lee J R, et al. Direction-specific interactions control crystal growth by oriented attachment[J]. Science, 2012, 336: 1014-1018.

[13] Gong Y U, Killian C E, Olson I C, et al. Phase transitions in biogenic amorphous calcium carbonate[J]. Proc Natl Acad Sci, 2012, 109: 6088-6093.

[14] Demichelis R, Raiteri P, Gale J D, et al. Stable prenucleation mineral clusters are liquid-like ionic polymers[J]. Nat Commun, 2011, 2: 1-8.

[15] Habraken W J, Tao J, Brylka L J, et al. Ion-association complexes unite classical and non-classical theories for the biomimetic nucleation of calcium phosphate[J]. Nat Commun, 2013, 4: 1-12.

[16] Dey A, Bomans P H, Müller F A, et al. The role of prenucleation clusters in surface-induced calcium phosphate crystallization[J]. Nature Materials, 2010, 9: 1010-1014.

[17] de Yoreo J J, Gilbert P U P A, Sommerdijk N A J M, et al. Crystallization by particle attachment in synthetic, biogenic, and geologic environments[J]. Science, 2015, 349: 26760.

[18] Richardson I G. Tobermorite/jennite-and tobermorite/calcium hydroxide-based models for the structure of C-S-H: applicability to hardened pastes of tricalcium silicate, β-dicalcium silicate, Portland cement, and blends of Portland cement with blast-furnace slag, metakaolin, or silica fume[J]. Cem Concr Res, 2004, 34: 1733-1777.

[19] Richardson I, Groves G. Microstructure and microanalysis of hardened cement pastes involving ground granulated blast-furnace slag[J]. J Mater Sci, 1992, 27: 6204-6212.

[20] Richardson I, Groves G. The structure of the calcium silicate hydrate phases present in hardened pastes of white Portland cement/blast-furnace slag blends[J]. J Mater Sci, 1997, 32: 4793-4802.

[21] Richardson I, Brough A, Groves G, et al. The characterization of hardened alkali-activated blast-furnace slag pastes and the nature of the calcium silicate hydrate (CSH) phase[J]. Cem Concr Res, 1994, 24: 813-829.

[22] Richardson I, Groves G. Microstructure and microanalysis of hardened ordinary Portland cement pastes[J]. J Mater Sci, 1993, 28: 265-277.

[23] Vandamme M, Ulm F J, Fonollosa P. Nanogranular packing of C–S–H at substochiometric conditions[J]. Cem Concr Res, 2010, 40: 14-26.

[24] Feldman R F, Sereda P J. A model for hydrated Portland cement paste as deduced from sorption-length change and mechanical properties[J]. Matériaux et Constru, 1968, 1: 509-520.

[25] Yang J, Hou D, Ding Q. Structure, dynamics, and mechanical properties of cross-linked calcium aluminosilicate hydrate: a molecular dynamics study[J]. ACS Sustainable Chem Eng, 2018, 6: 9403-9417.

[26] Hou D, Li Z, Zhao T. Reactive force field simulation on polymerization and hydrolytic reactions in calcium aluminate silicate hydrate (C–A–S–H) gel: structure, dynamics and mechanical properties[J]. RSC Adv, 2015, 5: 448-461.

[27] Geng G, Myers R J, Li J, et al. Aluminum-induced dreierketten chain cross-links increase the mechanical properties of nanocrystalline calcium aluminosilicate hydrate[J]. Sci Rep, 2017, 7: 1-10.

[28] Hou D, Zhang J, Li Z, et al. Uniaxial tension study of calcium silicate hydrate (C–S–H): structure, dynamics and mechanical properties[J]. Mater Struct, 2015, 48: 3811-3824.

[29] Zhang Y, Guo L, Shi J, et al. Full process of calcium silicate hydrate decalcification: molecular structure, dynamics, and mechanical properties[J]. Cem Concr Res, 2022, 161: 106964.

[30] Scrivener K, Ouzia A, Juilland P, et al. Advances in understanding cement hydration mechanisms[J]. Cem Concr Res, 2019, 124: 105823.

第 3 章　C-S-H 凝胶的纳微观结构影响
因素及表征技术

3.1　引　言

作为现代水泥混凝土主要的水化产物和胶凝物相，水化硅酸钙 (C-S-H) 对于混凝土的各种性能，如力学强度、体积稳定性和耐久性等起着决定性的作用。在过去的几十年里，学者试图基于 C-S-H 的微观结构来模拟混凝土新拌和硬化后的行为，如流变、凝结、强度增长、离子输运、徐变和收缩等。然而，由于其多尺度性质 [1]、显著的空间异质性 [2] 和不确定的化学组成 [3]，目前还没有一个完整的对 C-S-H 的描述。过去几十年发表的有关 C-S-H 的综述主要集中在描述和预测 C-S-H 性质的经验模型和计算模型 [1,4-7]，或者是液相组成和外来离子影响下的 C-S-H 相组成 [8-10]。尽管出版物中有大量关于 C-S-H 的形态学观察 (即图像) 的实验结果，目前仍缺少对其多尺度形态的系统讨论。在本章中，我们专注于近年来发表的 C-S-H 形态学的最新成果，探讨 C-S-H 的纳微观结构及影响因素。

C-S-H 的形态极其敏感于环境，这使得在观察期间难以保持其内在结构不变。此外，外来离子 [10] 和有机分子 [11] 可以轻易地被吸附在 C-S-H 的层状结构表面甚至内部，并相应地改变 C-S-H 的化学组成 (钙硅比或 C-S-H 结构中水的含量) 和形态。在 3.2 节中，我们总结了表征 C-S-H 形态学的技术的进展和趋势。扫描电子显微镜 (SEM) 和透射电子显微镜 (TEM) 是直接观察 C-S-H 形态的最常用方法，3.2 节对这两种方法报道的研究结果进行了详细的回顾和比较。本节还探讨了原位 TEM 观察和高分辨率三维 TEM 断层技术的新进展，这些技术显示出了研究 C-S-H 纳米结构的前景。3.3 节将大量的直接观察结果与间接测试 C-S-H 结构的统计代表性进行了相关性分析，总结了 C-S-H 的多种形态及相互转化。3.4 节探讨了影响 C-S-H 形态的因素，包括溶液化学、固相组成、环境条件和外部添加剂等。通过本章的内容，我们旨在回答一个存在长期争议的问题：是否存在基本 C-S-H 结构单元，它们在不同边界条件下组装形成不同的微观结构。最后，我们提供了我们对未来研究 C-S-H 结构方向的看法。

3.2　C-S-H 凝胶表征实验方法

过去数十年各种表征技术已被用于从不同的角度和尺度表征水泥基材料的微观结构,并已由 Monteiro 等 [12] 详细总结。在水泥基样品制备和测试过程中,应特别注意保护其微结构不发生改变。扫描电子显微镜、透射电子显微镜、X 射线计算机断层成像 (X-CT) 和原子力显微镜 (AFM) 可用于研究 C-S-H 的微观结构。在分子尺度上,核磁共振 (NMR)、拉曼和红外光谱 (IR) 和 X 射线吸收光谱 (XAS) 可以捕获 C-S-H 中的局部键合环境 (即 H、O、Si、Al、Ca 之间的键合),X 射线衍射 (XRD) 和选区电子衍射 (SAED) 可以揭示其晶体结构信息。C-S-H 的化学组成可以通过 X 射线荧光 (XRF) 和能谱色散 X 射线谱 (EDS) 来确定。用于获取孔隙信息的技术有 1H NMR、气体吸附等温线、水银入侵孔隙率、小角度 X 射线散射/小角度中子散射 (SAXS/SANS) 和图像技术。目前尚不存在一种方法可描述 C-S-H 的所有特性。我们如何将各种表征结果拼凑在一起,陈述 C-S-H 结构的统一和全面描述,并提供一个可以验证和使用的完整结构模型?基于单个横截面图像或投影描述 C-S-H 结构的客观性如何?将选择性投影图像与在给定尺度上解释的间接特征进行对齐是可靠的方法吗?我们能否将在相干域大小内的晶体结构客观地拟合到这个大组装的电子显微镜地图中?或者更基本的问题是,我们所测试的对象是否是我们想要测试的对象?在本节中,我们概述了用于实现更高准确度和/或更全面识别 C-S-H 结构的表征方法的进展。

表 3.1 中总结了常用的表征方法,大致可以分为两类:直接方法和间接方法。根据样品的制备方式,表征方法也可以分为原位测量和非原位测量。在目前的技术条件下,样品被改变程度 (干燥、真空等) 和实现的分辨率之间的矛盾是很难调和的。实验应当根据研究目的和实际情况权衡直接观察条件和对样品的改变。同时,间接观察结果的解释需要更加谨慎,因为它在很大程度上依赖于模型选择和拟合方法。一些间接方法,例如小角散射,可以评估亚纳米甚至原子尺度的特征。

表 3.1　常见 C-S-H 纳微观结构表征方法总结

测试方法	获取的信息	直接或间接	空间分辨率	结构尺度	常见样品状态	重要发现
SEM	二维或三维形貌	直接	$2\sim5$ nm	nm$\sim$mm	干燥/非干燥	真实和控制合成体系中 C-S-H 的纳微观形貌
TEM	二维或三维形貌	直接	<1 nm	Å$\sim$μm	干燥/非干燥	/
SAED	晶体结构	间接	/	/	干燥	C-S-H 纳米结晶区域
EDS (SEM/TEM)	元素、物相	间接	/	nm$\sim$μm	干燥/非干燥	C-S-H 元素组成 (Ca/Si、Al/Si 等)

续表

测试方法	获取的信息	直接或间接	空间分辨率	结构尺度	常见样品状态	重要发现
X-CT	结构 (三维)	直接	10～500 nm	nm～mm	非干燥	C-S-H 三维结构
XAS	元素化学环境	间接	/	/	干燥/非干燥	C-S-H 中 Ca 和 Si 配位结构
AFM	表面形貌	直接	1 Å[13]	Å～nm	干燥/非干燥	C-S-H 纳观表面形貌 [14]
^{17}O, ^{29}Si, ^{43}Ca, NMR (MAS, CP)	元素化学环境	间接	/	/	非干燥	无定形 C-S-H 的类托贝莫来石硅链结构 [15]
1H NMR	孔结构	间接	0.2 nm (孔径)[16]	Å～μm	非干燥	水化浆体孔结构演变 [17]
IR/Raman 光谱	元素化学环境	间接	/	/	非干燥	无定形 C-S-H 的硅链结构 [18]
SANS/SAXS	纳观结构	间接	/	/	非干燥	C-S-H 真实固体密度和堆积模式 [19]
XRD+ 对分布函数	晶体结构	间接	/	/	干燥/非干燥	C-S-H 纳观层状结晶特性[20,21]
XRF	元素组成	间接	/	/	干燥	C-S-H 元素组成
MIP	孔结构	间接	4 nm (孔径)[22]	nm～μm	干燥	水化浆体孔结构
气体吸附法	孔结构	间接	0.35 nm (孔径)[22]	nm～μm	干燥	水化浆体孔结构演变
纳米压痕	力学性质	间接	/	nm～μm	干燥/非干燥	C-S-H 纳观力学性质和堆积密度 [23]

3.2.1　C-S-H 凝胶

依据不同的表征方法，C-S-H 在不同空间尺度上呈现不同形态特征 (表 3.2)。在原子尺度上，C-S-H 表现出特定的层状结晶特征，其特征是由硅氧四面体链夹着 Ca—O 层构成一个主层。相邻两层之间填充着层间离子和水分子[24]。在 20 世纪 50 年代，已定义了由钙、硅和氧元素组成、具有层状结构的两种潜在矿物晶体，即托贝莫来石 (Tobermorite，分子式 $Ca_4(Si_6O_{18}H_2)\cdot Ca\cdot 4H_2O$；Ca/Si 比为 0.83) 和硅钙石 (Jennite，分子式 $Ca_9Si_6O_{18}(OH)_6\cdot 8H_2O$；Ca/Si 比为 1.5)[1,25]。随后，学者提出了两种 C-S-H 原子模型，用于描述 C_3S 或纯 PC 水化产物中高钙硅比 (约为 1.7)：托贝莫来石与氢氧化钙 (T/CH 模型) 和混杂有硅钙石状结构的托贝莫来石结构 (T/J 模型)。读者可以从文献 [1] 中找到更详细的信息。基于 Rietveld 精修 XRD 和近边 X 射线吸收精细结构 (NEXAFS) 的最新实验研究提供了更多定量数据，证实了 C-S-H 中的 Ca^{2+} 处于不规则对称配位，这更符合托贝莫来石的原子结构而非硅钙石的原子结构[26-29]。文献 [29] 中可以清晰地看到在整个 Ca/Si 比 (0.6、0.83、1.0、1.4 和 1.5) 范围内的相似 Ca 局部环境。

表 3.2 C-S-H 常见纳微观结构

空间尺度	文献报道C-S-H结构基本型		测试方法
原子尺度 (<1 nm)	托贝莫来石 (T, Ca/Si=0.83, Ca₄(Si₆O₁₈H₂)·Ca·4H₂O) Defected Tobermorite, T/CH	硅钙石 (J, Ca/Si=1.5, Ca₉ Si₆O₁₈(OH)₆·8H₂O) T/J	HRTEM XRD XANES ²⁹Si NMR
纳观尺度 (1~100 nm)	层状结构 F-S model P-B model	纳米块状 (颗粒) 堆积结构 CM-I / CM-II Munich model	¹H NMR SANS/SAXS AFM Gas sorption MIP
微观尺度 (>100 nm)	水化早期 E型 水化Ⅰ期Ⅱ期薄片 O型 水化Ⅲ期Ⅳ期无定形态凝胶 I型 纤维/针状(水化第一天) Ⅱ型 蜂窝状网络结构	水化后期 I'型 尖端针状, 常有分支 Ⅲ型 紧密堆积颗粒(长龄期) Ⅳ型 内部产物(长龄期)	

不论 Ca/Si 值如何，C-S-H 样品的所有粉末衍射图案都可以基于托贝莫来石模型进行成功的精修，这意味着纳米尺度下的 C-S-H 结构是相对均匀的[30]。在 XRD 图样中，不需要添加硅钙石 Jennite 结构来解释[31−33]。此外，"T/CH 固溶体" 模型也似乎存在问题，因为 $Ca(OH)_2$ 中八面体配位的 Ca 原子会在 Ca $L_{3,2}$-edge 吸收谱线产生强烈的分裂，而这种现象在 C-S-H 中并不会出现。分离的 C-S-H 外部产物 (OP) 和箔状 C-S-H 内部产物 (IP) 相的选区电子衍射图案与 14 Å-托贝莫来石非常相似[34]。总的来说，一般的 C-S-H 结构 (合成 C-S-H 或真正的水泥水化产物) 可以描述为一个缺陷托贝莫来石结构[9,26,29,30,32,35]。缺陷主要为桥接 Si 四面体的丢失 (带来硅链缩短) 以及 Ca 引入到层间或靠近桥接空位处。这些缺陷可以解释 Ca/Si 的增加[26,36,37]。同时，有文献报道了 C-S-H 层的旋转[37] 以及 CaO 层内的轻微弯曲和额外的无序性[38]，这些都导致了堆叠缺陷和 C-S-H 的纳米晶粒尺寸。

Bauchy 等[39] 将 C-S-H 描述为 "在短程保留了一些晶体的特征，同时在整体呈现玻璃状的无序性"。一般认为该有序区域的大小约为 5 nm。在原子水平上，XRD 分析[38] 和 NMR[40] 验证了短程有序性达到了约 40 Å，并且在各种合成条件下形成的 C-S-H 似乎是一致的。随着观察尺度的增加，C-S-H 的结构 (或形态) 在不同情况下显著不同。是否存在一种通用的基本结构单元，它们组装成不同的纳米/微观形态的 C-S-H；如果存在，它们是孤立的单元 (如单个颗粒) 还是具有分子尺度无缝连接的连续结构，这在学术界仍然存在激烈的争论。Papatzani 等[6] 阐述了 C-S-H 的纳米结构模型，这些模型通常基于两种不同的假设来描述 C-S-H：

一种是独立的纳米 C-S-H 颗粒或球状基本构建块的存在，另一种则是有缺陷的托贝莫来石层的持续生长。正如表 3.2 所示，用于建立 C-S-H 纳米结构模型的证据是从间接测量模型解释中提取的，例如气体吸附等温线、小角度中子散射/ 小角度 X 射线散射和 XRD。学者提出层状结构或球状结构的假设来解释相应的现象，如蠕变和收缩 [41]，而不是将重点放在 C-S-H 纳米结构组装本身上。Garrault 等 [14] 报告的 AFM 结果在某种程度上为胶体模型提供了直接的观察证据。受到图像分辨率和模型/数据相关解释的限制，有关 "胶体" 的内部结构和相邻颗粒间的相关性的详细信息很少被证实。到目前为止，关于纳米尺度上的 C-S-H 结构的认知尚未统一。

通过电子束 (SEM 和 TEM) 和/或 X 射线 (如 TXM) 与 C-S-H 样品的相互作用，可以在一定分辨率范围内可视化 C-S-H 的二维投影/表面形态或三维结构信息。在过去的几十年中，研究人员根据化学成分，主要是 Ca/Si 比，对 C-S-H 的微观结构进行分类。例如，Ca/Si~1.5 常用于区分 C-S-H (I) 和 C-S-H (II)。根据明显的脱水行为，Alizadeh[42] 还提出了 Ca/Si~1.1。形态特征或水泥水化的反应时间也用于分类 (表 3.2)。过去 20 年，显微技术和样品制备方法取得了实质性的进展，使得可以在更高的分辨率和更真实的条件下观察 C-S-H。

3.2.2 从二维观察到三维观察

与 2D 相比，3D 成像提供了额外的维度和丰富的结构信息，包括子结构的连通性、长度和方向。X-CT 是获得水泥基材料 3D 信息的首选非破坏性方法。受空间分辨率 (在微型 X-CT 中为 $0.5\sim1$ μm) 的限制，该技术通常用于表征基体中的微观结构，特别是裂缝和纤维分布。近年来，基于同步辐射的方法，如相干成像技术 [43] 和纳米级 X-CT[44−46]，显著提高了 X-CT 的空间分辨率至 $10\sim20$ nm，并具有增强的相位对比度，可区分波特兰水泥中的主要水化相。在此基础上，可以跟踪单颗粒水化反应 (如 C_3S[46−48]、C_3A[49]) 的详细信息，包括反应环厚度、结构和化学组成 (Ca/Si、质量密度等)。然而，在 C-S-H 内部的单纳米结构的进一步解释仍然较困难。在聚焦离子束扫描电子显微镜 (FIB)-SEM 断层扫描研究中也遇到了类似的问题，其分辨率有限 (在 $10\sim20$ nm 之间)[50,51]。

利用透射电子显微镜来重构 C-S-H 三维结构的电子断层成像技术最近被证明是一种 C-S-H 纳米结构的有力工具，其空间分辨率可达 $3\sim5$ nm[52]。Viseshchitra 等 [53,54] 利用透射电子显微镜纳米断层成像比较了不同钙硅比 (1.0 和 1.6) 和化学成分 (有或无掺杂铝) 的 C-S-H 三维结构，发现两种 C-S-H 的形态都由不同方向的伸长连接的三维单元 (板片而非纤维) 构成。利用三维技术对 C-S-H 进行表征需要昂贵的仪器和专门的设备，并且需要耗费时间进行数据处理，这增加了测试的成本。然而，目前三维透射电子显微镜似乎是提供单纳米级 C-S-H 结构唯一的途径，因为它克服了二维透射电子显微镜的缺点，即在投影模式下，形态信息的丢失和由于结构重叠带来的误导。文献 [53] 中有一个直观的例子："当伸长结构被倾斜时，人们可以清楚地区分这些结构也是箔片状而非纤维状"。最近文献报道了一种原位快速电子纳米断层成像技术，可以在三维中跟踪同一物体在不同温度和压力下的演变情况。该技术只需几十秒或更少就可以获得多角度投影，而不是几个小时，这得益于最新的记录介质 (直接电子检测相机)，它可以以足够的信噪比 (如几赫兹) 高频捕捉图像 [55,56]。随着拥有飞秒 (fs) 时间分辨率的超快电子显微镜 (UEM)[57,58] 和由不断变化的机器学习算法 [59,60] 支持的强大硬件的发展，为了研究难以处理的材料，如 C-S-H，提供了及时和全面的信息。

3.2.3 从干燥样品到原位样品

水分对于维持 C-S-H 基本层状结构和多尺度空间结构十分重要。C-S-H 形态观察与表面吸附的水和/或层状结构中束缚的水密切相关 [6]。原位表征饱和的 C-S-H 样品避免了脱水引起的变形和损伤，并有助于理解整体演化 (无论是形成还是变形) 过程。配备场发射电子枪 (FEG) 的环境扫描电子显微镜 (ESEM) 可以在不干扰水化过程的情况下观察 C_3S/水泥表面上 C-S-H 的成核和生长 [61-63]。与表 3.2 中总结的先前研究中对 C-S-H 形态的定义不同，ESEM 报告了在 w/s (水固比) = 0.5 的条件下 3 个月水化后 C_3S 颗粒上呈纤维状 C-S-H 和在 $w/s = 4000$ 的条件下 5 min 水化后呈箔状 C-S-H 的结果 [61]。

液态样品透射电子显微镜 (liquid cell-TEM) 已被广泛应用于材料科学和活生物细胞中，在有限的光束损伤下达到亚纳米甚至近原子分辨率 [64-66]。通过用氮化硅膜或石墨烯薄片制成的封闭样品腔充满所需反应溶液，样品可以在最接近实际环境的条件下得到良好的保护 [67]。该技术可以提供任何结构、形态或元素分布在纳米尺度上的直接可视化，这使得可以追踪时间敏感的过程，如无机材料的成核/晶化 [66,68,69]。由于需要样品大小和棘手的样品制备过程，水泥研究中关于这种技术的报道相对较少。Gaboreau 等 [67] 在饱和水气氛下测试了含有 C-S-H 颗粒 (Ca/Si = 0.8、1.0 和 1.2) 的合成溶液液滴，并直接观察到低 Ca/Si 比样品的表观层间距从约 14 Å 减少到 Ca/Si > 1 的 12.2 Å。Dong 等 [70] 通过球磨将波特兰水泥研磨到纳米级别，并使用液体细胞透射电子显微镜 (LC-TEM) 在纳米水泥的稀释浆体 (w/c 比为 15) 中跟踪 C-S-H 的水化反应和微观结构形成，针状的方解石晶体进一步促进了 C-S-H 在具有一定种子效应的表面上的沉淀。

原位测试不仅能保护样品不被干燥破坏，还可以提供时间尺度上的信息。Bergold 等报道了原位 XRD 测试水泥水化 [71]，通过温度控制和取样过程的优化，采用 PONKCS 方法和 G 因子方法可定量跟踪水化浆体中 C-S-H 的形成过程。他们发现用热量计测量的热流与从 C-S-H 相变发展计算得出的热流存在不匹配,因此他们推测,在水泥水化的早期阶段,未被 XRD 探测到的 C-S-H 相会向长程有序、XRD 可探测的 C-S-H 相转变。学者通过冷冻-SEM[72]、高分辨率纳米-SEM[73] 和纳米-CT[46],也直接观察到了这种 "亚稳态的中间早期 C-S-H"。Pustovgar 等 [74] 合成了富含 ^{29}Si 的三斜 C_3S 晶体,并在水化的前 24 h 内采用原位固态 ^{29}Si 核磁共振定量监测了水化过程,特别是 C-S-H 的聚合过程。时间上的局部原子 ^{29}Si 环境的变化与 C-S-H 结构直接相关,并且可以揭示 C-S-H 结构和 C_3S 水化动力学路径的分子尺度原理。同样,红外光谱可以揭示 C-S-H 硅酸盐结构的演化。最近 John 和 Stephan[75] 成功地应用原位红外光谱,跟踪钙氢氧化物与二氧化硅和水反应过程中矿物相和硅酸盐物相的发展。他们的结果显示了原位 XRD 探测的结构演化与原位红外光谱探测的硅酸盐聚合之间的良好相关性,揭示了 C-S-H 在 b 方向上的晶格参数与硅酸盐链单元直接相关。质子核磁共振 (^{1}H NMR) 弛豫已经被广泛用于持续监测 C-S-H 内部或周围水的状态 (主要显示为孔隙)[16]。在 23℃ 时进行 C_3S 水化反应期间,确认了 $C_{1.7}SH_x$ 中的总水含量为 $4H_2O$[76]。随着水化程度从 0.4 增加到 0.9,研究人员观察到 C-S-H 随时间致密化,包括凝胶水在内的 "总" 密度从约 1.8 g/cm^3 增加到 2.1 g/cm^3[17,77]。

3.2.4 样品制备和测试条件控制的发展

在测量中 C-S-H 的干燥可能会导致多尺度结构及其固有性能发生不可逆的改变。例如,电子显微镜观察通常需要充分干燥的样品。若要从硬化浆体制备透射电子显微镜样品,需要使用离子减薄或聚焦离子束 (FIB) 切割将厚度减小到约 100 nm 以下。离子/电子束引起的高温可能会进一步造成晶体化和/或非晶化的结构变化 [78,79]。此类测试的结果可能完全不同于实际情况,引起谬误。为了在对 C-S-H 结构进行采样和测试时最小化这些影响,近年来学者进行了以下努力和尝试。

与直接烘干相比,用异丙醇对样品脱水可以减少对 C-S-H 的损伤。然而这并不是一个完美的解决方案 [80]。Zhang 和 Scherer[62] 引入了一种超临界干燥 (SCD) 方法,该方法在干燥过程中不会导致收缩。在这个过程中,孔溶液首先被异丙醇取代,然后被三氟甲烷 (R23) 取代。温度和压力升高到临界点以上,此时不会存在毛细管压力。另一种避免干燥过程中可能出现体积变化的解决方案是将样品浸入液氮 (−196℃) 中,迅速冻结孔水,降低压力,然后在冷冻干燥器中通过升华去除冰。为了实现均匀无定形冻结,最大程度地保护冻干过程中的孔结构,C-S-H 的样品尺寸不应大于 200 μm,而液态乙烷 (−180℃) 比液态氮更适合抑制 "莱顿弗罗斯特现象 (Leidenfrost Phenomenon)"[72]。否则,晶态和/或非晶态产物可能在溶液中或粒子表面沉淀，并被误解为"真实的非晶态相"或"网络结构"[72]。

与生物材料的电子显微镜观察相似，C-S-H 电子显微镜观察中的限制因素不是仪器分辨率，而是样品对辐射和温度的敏感性[81]。TEM 或 SEM 中使用的电子束可以诱导 C-S-H 表面或体积结构的暂时或永久性改变，诱导气孔产生[63] 甚至相变 (晶化[82] 或非晶化[32]) 过程。为了在电子显微镜观察过程中实现接近天然状态，建议使用低真空或减小加速电压[34,63,83,84]。损伤程度与样品中沉积的能量数量成正比。Viseshchitra[54] 得出结论，在 TEM 断层图像学过程中不会损坏样品的最高电子束剂量为 $5000 \ e^-/(nm^2 \cdot s)$。纤维状形态的 C-S-H 比带状形态的 C-S-H 更容易受辐射损伤[65]。与室温相比，低温 ($-175°C$) 可以在出现 C-S-H 相损失之前提供一个数量级更高的剂量[63]。一些测试技术的改进，如冷冻 TEM[63]、冷冻 SEM[72]、冷冻 FIB[85]、冷冻宽离子束 (BIB)[86]，都被报道为通过冷冻样品来提供更好的图像质量。此外，还可以通过相位检索技术 (如积分差分相位衬度成像 (iDPC) 和相位成像) 最大程度地减少电子束损伤并最大化信号[27,87-89]。最后，在高分辨采集图像前，建议先使用损伤较小的电子束流确认感兴趣区域 (ROI)。

3.3 C-S-H 凝胶纳微观结构直接观测

3.3.1 球粒状 C-S-H

在低 pH 值条件的人工合成 C-S-H 体系中，通常可以观察到类球状的 C-S-H 凝胶[90-92]。随着溶液中铝含量的增加，还可以观察到由较小的不规则球状团聚而成的集合体[91]。Schönlein 和 Plank[93] 报道了 C-S-H 凝胶在混合 $Ca(NO_3)_2$ 和 Na_2SiO_3 水溶液后的几十分钟内的非经典成核过程。这种亚稳前驱体具有典型的球状特征，粒径约为 20~60 nm。从 C-S-H 前驱体的高分辨率 TEM 图像来看，这种球状结构不具备晶体结构，表现出较为显著的非晶态特征。Krautwurst 等[94] 在相似的共沉淀合成 C-S-H 凝胶体系中观察到了相似的球状形态，测量得到的粒径分布也较为接近，但不同之处在于：他们在球状前驱体中观察到了某些晶体特征 (pH = 12.86, 300 min 反应时间)。值得注意的是，除了 Richardson[1] 基于对内部水化产物的 TEM 观察 (识别为小球状颗粒，20°C 养护为 4~8 nm，养护温度升高尺寸减小至 3~4 nm) 之外，大多数球粒状 C-S-H 凝胶的粒径分布大于 50 nm。即使在悬浮液中，不规则的小球状物也倾向于附着在相邻的颗粒表面，并相互团聚形成几百纳米的集合体[91]，如图 3.1 所示。

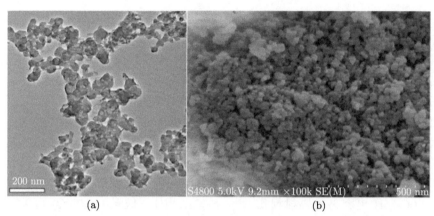

图 3.1　基于 TEM (a) 和 SEM (b) 观察的球粒状 C-S-H 凝胶形貌图

3.3.2　褶皱状 C-S-H

褶皱状是人工合成体系和真实水化体系中最常见的 C-S-H 形貌。在沉淀过程中，球粒状 C-S-H 到褶皱状 C-S-H 的转变发生在几分钟或几十分钟内 (取决于溶液的化学成分)[93]。位于水泥/C_3S 颗粒原始边界与现有表面之间的内部 C-S-H 凝胶是另一种典型的褶皱状 C-S-H 产物。

褶皱状 C-S-H 凝胶不是一个平整的二维板状结构，而是具有复杂的卷曲、弯曲、重叠和包裹行为的三维拓扑结构 [95,96]，如图 3.2 所示。基于电子显微镜观察结果，推测褶皱状 C-S-H 凝胶具有 $10^2 \sim 10^6$ nm^2 的结构尺寸 [97]。C-S-H 薄片的厚度从约 1.4 nm (相当于一层托贝莫来石结构) 到几十纳米不等。基于三维 TEM 重构得到的 C-S-H 层状结构平均厚度约为 5~8 nm[52]，非常接近基于 XRD 晶粒尺寸精修得到的 5~10 nm[30,32,37] 和基于 SANS/SAXS 模型拟合得到的 4~10 nm[19,98] 的估计。

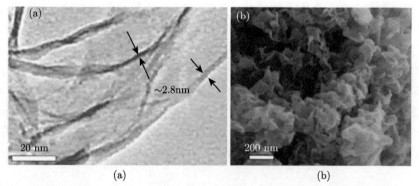

图 3.2　基于 TEM (a) 和 SEM (b) 观察的褶皱状 C-S-H 凝胶形貌图

需要注意的是，即使是通过反应条件简单且较为稳定的人工合成方法得到的单个 C-S-H 中，褶皱状结构的分布也是不均匀的 [27]。Henderson 和 Bailey[97] 也报道了类似的现象，他们在非界面区观察到多层堆叠且较为平直的薄层结构，在相同组成的界面区观察到了高度弯曲的厚约 1 nm 的薄片。这种差异可能与微环境差异有关，如孔溶液中较高的钙离子浓度或较大的空间限制。随着辅助胶凝材料 (SCM) 的掺入，褶皱状 C-S-H 凝胶变得更加细密，显示出更薄的层状结构和更密实的堆积状态 [99]。C-S-H 凝胶的具体形貌与添加 SCM 的化学成分和养护条件有很大关系 [27]。例如，广泛存在于 SCM 中的铝不仅可以改变褶皱状 C-S-H 凝胶的尺寸分布 [34]，还可以改变其在三维空间上的皱褶程度，导致不同研究中对于 C-S-H 凝胶形貌变化的描述互相矛盾 (更细 [99]、更粗 [27])。

更高分辨率下对于 C-S-H 凝胶褶皱状结构的报道仍然较为有限。Wu 等 [100] 合成了一种大比表面积、低结晶度的类 1.4 nm 托贝莫来石结构的褶皱状 C-S-H 凝胶，厚度约为 2.8 nm (Ca/Si~0.7)。在这种超薄片状结构中，桥接四面体的缺失可以一定程度解释硅链的倾斜、旋转、位移以及褶皱状结构的形成 [103]。Gaboreau 等 [67] 使用配备球差和阵列探测器的原位扫描透射电子显微镜 (STEM) 观察了人工合成 C-S-H 凝胶的层状结构 (Ca/Si = 1.0, 1.2)，得到了褶皱状 C-S-H 凝胶的纳米晶体结构以及相邻层状结构之间相互堆叠的细节信息，如图 3.3 所示。然而，即使在这种样品受到很好保护的实验中，C-S-H 凝胶的某些部分，特别是褶皱状结构的转折处，仍表现出相对较弱的结晶性，表明纳米尺度下 C-S-H 凝胶内部存在显著的不连续性，这也进一步加剧了其纳米晶体的性质。在非原位 TEM 观测中，一般仅能在很小一部分区域内观察到特定的晶体结构 (纳米晶区)，或在选区衍射图谱中观察到微弱的衍射斑点或衍射环 [78,102,104]。更多情况下，研究人员无法通过 TEM 图片观察到纳米晶区，因此无法得出有意义的 C-S-H 凝胶纳米结构信息 [82,105]。需要注意的是，脱水 (由样品制备和测试过程中的辐照引起) 和电子束损伤会对 C-S-H 凝胶的结构/形态产生一定影响，如内应变、弯曲、聚集等。样品制备过程中的污染，如离子减薄过程中的铜离子污染 [79]，同样可能引起误判。

褶皱状 C-S-H 凝胶的空间构型会随着环境变化，特别是失水过程，而自发地调整。这种空间构型对于研究 C-S-H 凝胶纳米尺度孔结构和离子/水在 C-S-H 凝胶中的传输机制具有重要意义。随着 TEM 纳米层析成像技术 [52,53] 和高分辨率纳米 CT 技术 [43–45,106,107] 的发展及其在 C-S-H 研究中的应用，褶皱状 C-S-H 凝胶纳米尺度三维结构得以被定量描述。Jackson 等 [45] 根据以下定义计算了古罗马混凝土中 C-A-S-H 的连通性数 C：

$$C = (\alpha_0 - \alpha_1)/\alpha_0$$

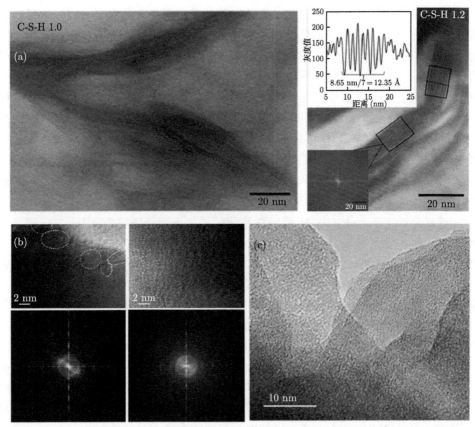

图 3.3　褶皱状 C-S-H 凝胶的高分辨 TEM 图 [67,100−102]

其中，α_0 是顶点的数量 (无论是否孤立)，α_1 是连接的数量。通常，一个连接良好的网络具有 $C > 0.5$，古罗马混凝土中 C-A-S-H 的连通性数为 0.65，表明纳米尺度下褶皱状 C-S-H 凝胶具有良好的连通性 (空间分辨率可约达 50 nm)。Viseshchitra 等 [53] 进一步基于 TEM 纳米层析成像技术的三维重构图像证实了褶皱状 C-S-H 凝胶在纳米尺度下的连通性，如图 3.4 所示。通过比较 Ca/Si 为 1.0 和 1.6 的 C-S-H 凝胶三维结构，发现高钙硅比 C-S-H 凝胶有着更充分的褶皱状结构的堆叠，表现为更高的颗粒堆积密度和更低的孔隙率。随着 Al 离子的添加 (Al/Si = 0.05，Ca/Si = 1.0)，孔隙率不会受到太大影响。提高养护温度则会降低 C-S-H 和 C-A-S-H 结构中的孔隙率 [54]。

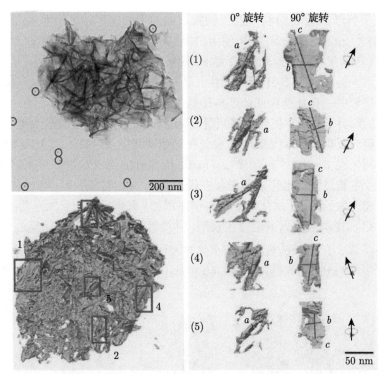

图 3.4　基于 TEM 纳米层析成像技术重构得到的褶皱状 C-S-H 凝胶三维图像[54]

3.3.3　针棒状 C-S-H

在真实的水泥水化体系和 C_3S 水化体系中，通常可以观察到针棒状 C-S-H 凝胶。在水化诱导期结束后，针棒状 C-S-H 凝胶从水泥/C_3S 表面向外生长，并以簇状形式逐渐占据颗粒的整个表面，如图 3.5 所示。

图 3.5　针棒状 C-S-H 凝胶在水泥颗粒表面的形貌演化[108]

Garrault 等[14] 基于原子力显微镜测量了悬浮液 ($w/c = 50$) 中针棒状 C-

S-H 凝胶平行于颗粒表面和垂直于颗粒表面的生长速率，分别为 4×10^{-11} m/s 和 1.8×10^{-11} m/s。Bazzoni[109] 使用扫描电子显微镜 (SEM) 和透射电子显微镜 (TEM) 研究了普通硅酸盐水泥和 C_3S 系统中针棒状 C-S-H 凝胶的早期生长行为。她发现，针棒状 C-S-H 凝胶的生长速率并非恒定，并且与水泥/C_3S 水化放热过程直接相关：在加速期间，C-S-H 保持相对较快的生长速率，当达到水化放热峰值后的临界长度时，生长速度减缓。最近一项针对普通硅酸盐水泥 (OPC) 水化行为的研究发现，针棒状 C-S-H 凝胶在加速期间生长速率约为 1.7×10^{-11} m/s，放热峰后降低至 6×10^{-13} m/s[108]。Ouzia 和 Scrivener[110] 进一步阐述了针棒状 C-S-H 凝胶生长过程与水化放热历程在最初 24 h 内的对应关系：当针棒状 C-S-H 凝胶处于快速生长阶段，水化放热速率快速增加，水化反应处于加速期；随着大多数针棒状 C-S-H 凝胶进入其缓慢生长期，并接近其最终长度，水化反应开始降速。

针棒状 C-S-H 凝胶的直径随着水化时间逐渐增加，从早期的几十纳米增加到 8 年后的约 100 nm (图 3.6)，最终在 50 年后 (C_3S 体系) 达到约 200 nm[26]。TEM

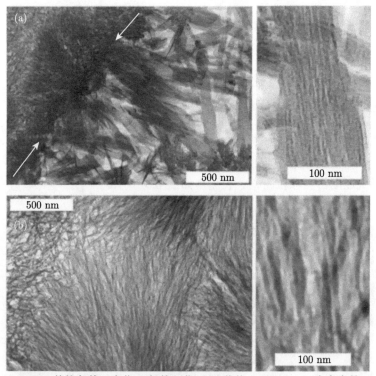

图 3.6 (a) 20℃ 养护条件下水化 8 年的硬化 C_3S 浆体 ($w/s = 0.4$) 中存在的 IP 和 OP C-S-H 凝胶；(b) 20℃ 养护条件下水化 14 个月的矿渣水泥 (25%OPC, 75%GGBS, $w/c = 0.4$) 中存在的 OP C-S-H 凝胶 [1]

结果表明，针棒状 C-S-H 凝胶内部并非均匀，而是沿针状结构生长方向表现出一定的层状结构特征 [1,26,63,88]，其增厚是通过排列更多的细长层状结构，而不是单个层状结构的增厚 [26]。这种重复层状结构的厚度约为 3.5 nm，与褶皱状 C-S-H 凝胶的层厚处于同一数量级。二者的 SAED 模式均类似于 14 Å 托贝莫来石结构，表明针棒状 C-S-H 凝胶与褶皱状 C-S-H 凝胶在基本单元结构上的相似性，如图 3.7 所示 [34]。不同点在于，层状结构在一定程度上沿针棒状 C-S-H 凝胶的生长方向排列，每 20~50 nm 出现断点。与高度起皱的内部 C-S-H 凝胶相比，外部针棒状 C-S-H 凝胶的层状结构具有更好的方向排列。其内部存在的乱层现象可能源自相邻层之间系统性的随机平移或旋转 [32]，纳米晶体内部原子的无序性可能会进一步增大 C-S-H 凝胶在微观尺度上的无序性 [28]。

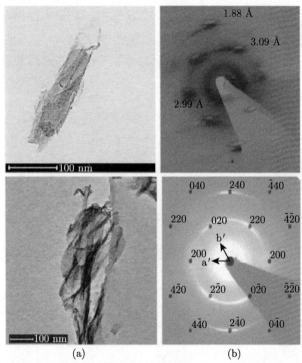

图 3.7 褶皱状内部 C-S-H 凝胶和针棒状外部 C-S-H 凝胶的 SAED 图谱对比
(CEM I 42.5 R, $w/c = 0.5$, 28 天)[34]

3.3.4 微观尺度的形态组合

经过一段时间的水化和致密化过程后，水泥浆体中生成的内、外部 C-S-H 凝胶的形貌差异进一步增大。对于具有针棒状形态的外部 C-S-H 产物 (OP)，通过 SEM 可以观察到类似蜂窝或网状的空间结构。在针棒状 C-S-H 轴向生长减缓后，它们倾向于径向生长，并与邻近的针棒状结构接触形成簇状结构，这也可以看作是蜂窝结构的侧边缘[108]。Zhang 等认为，这种填充间隙的过程类似于 "晶须生长"：液体 (孔溶液) 由于毛细作用而填充间隙，然后在蒸发过程中沉积固体[80]。

内部 C-S-H 通常被认为是一种褶皱状结构，并在后期转变为致密且均匀的无定型形态。然而，关于水化早期水泥颗粒周围水化层 (也称为 Hadley 环[111]) 的 SEM[72,112] 和 TEM[113,114] 观察均表明，水化早期形成的内部 C-S-H 呈典型的纤维状，但堆积密度低于外部针棒状 C-S-H 凝胶，如图 3.8 所示[113]。外部 C-S-H 凝胶和初始 (水化前 48 h) 内部 C-S-H 凝胶之间的另一个差别是取向性：与以簇状形式沿任意方向随机生长的外部 C-S-H 凝胶相比，初始内部 C-S-H 凝胶的纤维状结构几乎是互相平行的。尽管由外部 C-S-H 凝胶形成的水化产物层对阻止离子和水分传输的影响很小[80,109,115-118]，未水化水泥颗粒边界到浆体孔溶液之间仍可能存在浓度梯度。Hadley 环内部相对较高的钙浓度有助于 C-S-H 凝胶的有序生长，从而形成早期纤维状内部 C-S-H 凝胶[114]。在 C$_3$S 系统中，由于反应活性更高且粒度分布更细，Hadley 环和纤维状内部 C-S-H 凝胶的形成速度比 OPC 体系更快[119,120]。

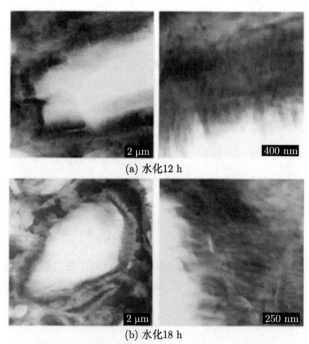

(a) 水化12 h

(b) 水化18 h

图 3.8　早期纤维状内部 C-S-H 凝胶的高角环暗场图[113]

经过若干天的水化，未反应水泥颗粒表面与外部 C-S-H 凝胶之间的间隙被内部 C-S-H 凝胶完全填满。同时，内部 C-S-H 凝胶从纤维状变为紧密堆积的褶皱状形态 [114]。通常认为，在此期间内部 C-S-H 凝胶形态的变化是由可用空间的限制造成的 [121]。增加养护温度和时间或添加硅灰可以进一步细化褶皱，使内部 C-S-H 凝胶在 TEM 图像中看起来更像是由小球状颗粒聚集而成 [1]。

除了上述微观特征之外，在某些条件下，C-S-H 结构没有球粒状、褶皱状或针棒状的典型特征，表现为无特定形貌特征的块体 [52,101,122]。

3.4   C-S-H 凝胶结构的影响因素

3.4.1   异种元素的掺入

纳米级的层状结构以及有缺陷的带电表面使得 C-S-H 凝胶能够结合许多外来离子，例如 Al^{3+}、Na^+、K^+、Cl^-、Mg^{2+}、Fe^{3+} 和重金属离子 (钴、铬、锌)，外来元素的掺入位置受其电荷、离子半径、配位数、化学形态和溶解度的影响 [18,123,124]。总的来说，单价离子，主要是钠、钾和氯，影响 C-S-H 凝胶层状结构的电荷平衡和水含量，且影响仅限于纳米尺度的层状结构内部，几乎不改变 C-S-H 凝胶的微观形态。与单价离子相比，二价离子由于更强的静电作用和更多变的相互作用机制，对 C-S-H 凝胶的纳米结构和微观形态产生更多样化的影响 [18]。重金属几乎不影响 C-S-H 的基本结构，但可能诱导层间阳离子交换或表面吸附/沉淀，从而轻微改变褶皱状 C-S-H 凝胶的皱曲。对于可以参与 C-S-H 凝胶形成过程的离子，例如 Mg^{2+} 和 Zn^{2+}，C-S-H 凝胶的形貌发生如下变化：镁掺杂限制了 C-S-H 凝胶的轴向生长，最终形成球状 M-S-H；锌掺杂促进了针棒状 C-S-H 凝胶的生长以及水泥/C_3S 早期的水化反应，如图 3.9 所示 [117,125]。在三价离子中，Al^{3+} 因其广泛存在于 SCM 中得到最充分的研究。过去的研究表明，当以低剂量掺入 C-S-H 凝胶时，Al^{3+} 优先取代桥接位点的硅，当掺杂量较高时，铝也可能存在于层间空间中 [89,126]。虽然 Al^{3+} 掺入对于 C-S-H 凝胶分子结构的影响已较为明确，关于其对 C-(A)-S-H 纳观和微观形貌的影响存在较大争议，一些研究得出了相互矛盾甚至相反的结论 (见 3.3.2 节)。

在真实水化体系中，C-S-H 形貌受到表面离子类型 (离子或共价)[127]、固体颗粒的表面能 [128] 以及孔溶液组成 (离子种类、浓度和 pH 值) 的共同影响。以下是各种情况的详细说明：

● 在纯 C_3S 或 C_2S 体系中，由于缺乏碱金属离子和硫酸盐，孔溶液的 pH 值不高于饱和氢氧化钙溶液。C-S-H 凝胶的形态较为稳定，减速期后的生长速率较慢。

● 单矿体系下，C_3A 和石膏的存在不能提高孔溶液的 pH 值，但会将铝和硫酸根离子引入孔溶液，这可能改变 C_3S 水化的动力学路径和 C-S-H 凝胶的成核

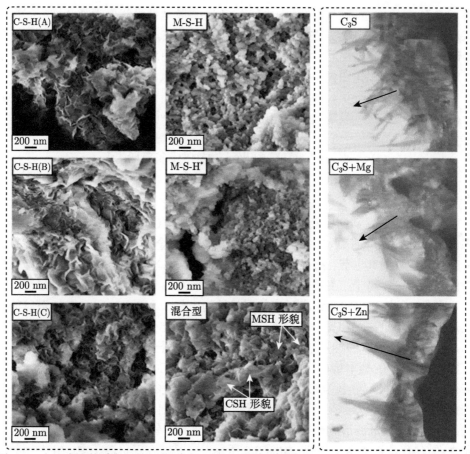

图 3.9　人工合成体系中 C-S-H 凝胶和 M-S-H 凝胶的形貌 (左)；单矿体系中锌离子、镁离子
掺杂对水化反应生成的针棒状 C-S-H 凝胶的影响 (右)[117,125]

生长过程[118,129,130]。特别是对于低硫体系，C₃S 水化反应及相应的针棒状 C-S-H
凝胶成核生长过程放缓，这可能归因于溶液中铝的存在抑制了 C₃S 的水化[129]。

　　● 在普通硅酸盐水泥体系中，可溶性碱 (主要源自用于制备熟料原材料中的
杂质) 的存在导致孔溶液 pH 值较高[122]，从而影响了 OPC 体系中所有其他矿物
的溶解以及孔溶液中其他离子的浓度[131]。高碱情况下，C-S-H 凝胶倾向于在水
泥颗粒表面以细长的针棒状结构快速生长并形成团簇[108]。

　　● 使用矿物掺合料部分取代水泥是减少碳排放最有效和最常用的方法之一[132]，
同时也被用于低碱水泥以降低碱硅酸盐反应 (ASR) 的风险[131]。随着矿物掺合料
取代率的增加，浆体孔溶液的碱度显著降低，内部水化产物的褶皱程度增加，最
终外部 C-S-H 凝胶也会转变为褶皱状[99]。它们的 Ca/Si 较低，结构较紧密。

3.4.2 环境相对湿度

C-S-H 凝胶的结构失序和亲水表面加剧了其对环境相对湿度的敏感性[133]。通常，C-S-H 凝胶中的水根据存在位置被分为层间水、凝胶孔水和毛细孔水[17]。失去层间水和凝胶孔水会不可逆地改变甚至破坏 C-S-H 凝胶的形态，原因在于化学组成 (不仅是水，还有离子) 的变化和离子相关力的产生。失去毛细孔水通常会导致 C-S-H 的可逆形变，例如整体收缩。如果不采取特别措施，干燥过程可能在 C-S-H 结构内引起一定的毛细作用力，并显著改变微观结构[134]。该现象已经通过原位液相透射电子显微镜[135] 和环境电子显微镜[136,137] 被直接观察到。

减少水分含量会缩小层间距，原因是水层厚度的减小[67,98,138]。Gaboreau 等[67] 通过对比 Ca/Si > 1 的干燥和湿润样品在不同温度 (25~150℃) 和相对湿度 (5% RH~100% RH) 条件下的 XRD 实验，揭示了湿润样品层间距比干燥样品要大约 3 Å，相当于一层水分子的厚度 (即 2.4~2.8 Å)。相对湿度降低还会导致褶皱状 C-S-H 凝胶厚度的降低。Chiang 等[98] 报道称，当相对湿度从 30% 降至 17% 时，C-S-H 的平均层数显著减少。因此，在低水分含量条件下，可以实现更紧密的堆积。

干燥速率也会显著影响 C-S-H 的存在状态，这进一步突出了 C-S-H 的凝胶特性[80,137]。Scherer 认为，干燥过程引起的损伤并非源于毛细管压力的大小，而是源于压力梯度，它对应于材料的蒸发速率和渗透率[139]。对于外部 C-S-H 凝胶来说，更快的干燥会导致更长更细的针棒状结构[137]。环境扫描电镜 (ESEM)[137] 和小角中子散射 (SANS)[140] 结果表明，C-S-H 凝胶微观结构抵抗永久性结构变化的能力随水化时间增加而增强。相比之下，堆积更紧密的内部 C-S-H 凝胶相对于松散堆积的外部 C-S-H 凝胶更能抵御干燥过程对微结构的影响[62]。

在真实水泥浆体中，样品内部的相对湿度分布非常不均匀且有显著的时变性。在正常水胶比条件下，C-S-H 凝胶的早期成核生长过程发生在一个饱水环境中，持续进行的水化反应不可避免地导致样品内部相对湿度降低。在高相对湿度常规养护的试样中，可以观察到从表面的短棒状结构到试样内部的针状 (或略呈锥形) 结构的明显形态转变，如图 3.10 所示，但在水养 (模拟孔溶液或饱和氢氧化钙溶液) 的试样中，过渡区域不再可见[80]。在同一研究中，发现高水固比会导致更多细纤维状 C-S-H 凝胶的生成，进一步增加了 C-S-H 凝胶微观结构的复杂性[80]。随着水胶比的降低，小孔中的空间约束大幅增加，孔溶液浓度 (主要是钙离子浓度) 也更高，这可能诱导更密实的褶皱状 C-S-H 凝胶的生成。

(a) 微结构总览　　　　　　　　　　　　　　　　(b) 点1, 近表面

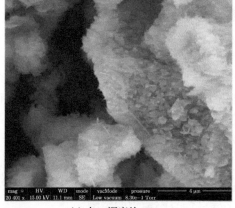

(c) 点2, 深度约120 μm　　　　　　　　　　　　(d) 点3, 深度约250 μm

图 3.10　在高 RH 环境中水化 10h 并通过异丙醇终止水化的 C₃S 浆体的横截面形态, 针棒
状 C-S-H 凝胶的形态随深度而异 [80]

3.4.3　环境温度

　　总体而言, C-S-H 凝胶的抗冻性能优于耐高温性能。在 5~85℃ 之间, 温度变化几乎无法导致 C-S-H 凝胶的形貌发生根本性转化, 更多是某种类型 C-S-H 凝胶的结构尺寸发生变化 [141−143]。

　　Zhu 等 [141] 研究了低温侵蚀条件下不同 Ca/Si 比 C-S-H 凝胶的稳定性, 发现单次低温侵蚀对 C-S-H 凝胶的微观形态影响不大。更具体地说, 在 Ca/Si 较高的 C-S-H 组 (如 Ca/Si = 1.5 和 2.0) 中, 低温侵蚀导致的形态变化微乎其微; 而对于 Ca/Si 为 0.84 的 C-S-H 凝胶, 低温侵蚀会导致更多孔隙的产生。在同一课题组的另一项研究中 [143]，研究者发现低温侵蚀条件下低 Ca/Si 的 C-S-H 凝胶原子结构更稳定，高 Ca/Si 的 C-S-H 更容易发生钙离子浸出。也就是说，对于某种特定形态的 C-S-H 凝胶，局部纳米结构或化学成分的扰动不一定会引起微观结构的明显变化。C-S-H 凝胶在介观尺度上的变化，例如微缺陷的积累和体积收缩，也对形貌变化起着重要作用。

Gallucci 等 [144] 研究了 5∼60℃ 养护温度条件下 C-S-H 凝胶的形态变化。背散射电子成像 (BSE) 的图像显示，随着养护温度的升高，内部和外部 C-S-H 凝胶的灰度值均有所增加。随着养护温度的升高，硅链的聚合程度增加，C-S-H 凝胶的表观密度增加，结合水含量减少。相似结论在 [145, 146] 中也有报道。1H NMR 研究表明 [146]，随着养护温度的升高，C-S-H 凝胶内部的水分布发生变化：尽管 C-S-H 凝胶整体的水分含量减少，毛细孔水和层间水相对含量均有所增加，凝胶孔水含量减少。需要注意的是，尽管高温养护可以提高 C-S-H 凝胶纳米尺度上的长程有序性，也会导致微观缺陷的增加，最终增加了表观孔隙率，降低了净浆抗压强度 [147]。

随着温度的升高，C-S-H 凝胶层间距 d 逐渐减小，主要原因是脱水作用。Alizadeh [42] 对比 Ca/Si 比为 0.8 和 1.0 的 C-S-H 凝胶层间距随温度变化发现，随着温度从 30℃ 升至 240℃，层间距从 1.2∼1.3 nm 变为 1.0∼1.1 nm。至于温度对 C-S-H 凝胶层状结构堆叠的影响，报道结果存在矛盾。Gajewicz-Jaromin 等 [146] 认为白水泥浆体中局部堆叠的 C-S-H 层数随温度增加减少。Grangeon 等 [32] 发现合成温度对堆叠层数的平均数量影响有限 (在 50℃、80℃、110℃ 合成条件下的堆叠层数分别为 2.6、2.6 和 2.9)。Li 等 [27] 发现在 7∼50℃ 温度条件下生成的 C-A-S-H 凝胶 (Ca/Si = 1，Al/Si = 0.05) 在形态上高度相似 (平均厚度为 5.3∼6.5 nm)，而在 80℃ 时，C-A-S-H 凝胶显得更为粗大 (厚度为 14.5∼14.7 nm) 相应的 TEM 形貌观测结果如图 3.11 所示。这些不同的结论可能源于间接测量和直接观察的不同解释，以及人工合成 C-S-H 凝胶和水化生成 C-S-H 凝胶之间明显的形态差异。可以肯定的是，铝的引入进一步增加了温度变化影响 C-S-H 凝胶形态的复杂性。

随着温度的进一步升高，C-S-H 凝胶中局部原子键合环境发生大的结构重排 [148]。在约 240℃ 后，C-S-H 凝胶在 XRD 低角度峰的强度急剧下降，表明 C-S-H 凝胶的层状结构由于结合水的移除而被破坏 [42]，层间距进一步减小至 9.6 Å [148,149]。在 Ca/Si 比高于 1.2 的 C-S-H 样品中，层状结构的破坏更容易发生，可能是由于硅链结构更脆弱、分散且无序等原因 [150]。同时，这种纳米结构的重排导致 C-S-H 体积收缩，这可能会修复纳米尺度上的缺陷 [151] 或扩大 C-S-H 颗粒之间的间隙 [142]。

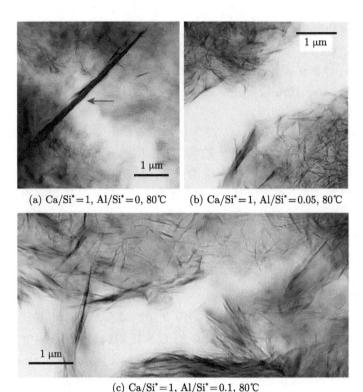

(a) Ca/Si* = 1, Al/Si* = 0, 80℃　　　　(b) Ca/Si* = 1, Al/Si* = 0.05, 80℃

(c) Ca/Si* = 1, Al/Si* = 0.1, 80℃

图 3.11　养护温度和铝离子掺杂对褶皱状 C-S-H 凝胶形态的影响 [27]

3.4.4　结构老化

实际工程应用中，温和但持续作用于 C-S-H 凝胶的单一或多种环境因素也可能导致 C-S-H 凝胶形态随时间发生变化。硫酸盐侵蚀、碳化和钙溶蚀通常会影响 C-S-H 中的钙含量。在初级阶段，间层钙更容易失去。去钙作用有助于增加 C-S-H 凝胶的平均链长，并改变其孔结构，但并不会从根本上破坏其类托贝莫来石的基本结构 [152]。Liu 等 [153] 认为，只要保持托贝莫来石样结构，C-S-H 凝胶主层中的钙就不会浸出。随着 C-S-H 凝胶劣化程度的增加，其形态转变为相对松散的褶皱状结构 [152]。最终，无定型硅胶或碳酸钙晶体占据主导地位，如图 3.12 (左) 所示。

从温和的太阳辐射到核系统中严重的伽马辐射，辐射在自然界中无处不在。光子与固体结构中的原子相互作用可能导致 C-S-H 凝胶形态受到不同程度的影响，具体取决于波长和束流剂量。Reches[154] 将伽马辐射的影响归纳为以下四类：硅链的位错、共价键的断裂、水的辐射分解和脱水。对于较低能量的辐照，上述劣化现象的发生概率降低，但随着暴露时间的延长，C-S-H 凝胶的纳米结构可能发生有限的变化。然而，根据 Tajuelo 等对 Ca/Si 比为 0.75、1 和 1.33 的 C-S-H 凝胶试样的研究，伽马辐射吸收剂量 (0.145~0.784 MGy) 对它们的化学结构性质

几乎没有明显影响，包括层间距、Ca/Si 比、平均链长以及经过数月暴露后通过
TEM 观察到的形态 (褶皱状 C-S-H 凝胶)，如图 3.12 (右) 所示 [155]。

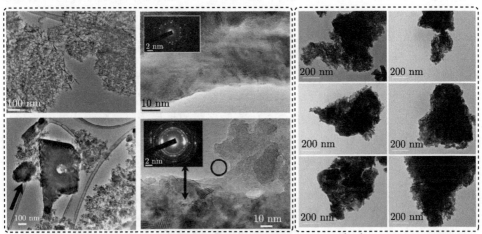

图 3.12　碳化对褶皱状 C-S-H 凝胶纳米结构及形态的影响 (左)[104]，伽马射线对褶皱状
C-S-H 凝胶形态的影响 (右)[155]

3.4.5　化学外加剂

化学外加剂已经成为现代混凝土不可或缺的重要组成部分。在大多数情况下，
C-S-H 凝胶作为主要的水化产物不可避免地会因为添加化学外加剂而发生形态变
化 [156−159]。在本节中，我们主要关注两类化学外加剂，分别是专门设计用于干预
和优化 C-S-H 凝胶微结构的功能型外加剂，以及主要通过影响 C-S-H 凝胶成核
生长来影响水化动力学过程的外加剂。

纳米调控 C-S-H 旨在通过添加功能化有机分子优化 C-S-H 凝胶微观结构，
以实现在纳观和微观尺度上突破性的性能提升。有机硅烷可以深入参与 C-S-H
凝胶层状结构的构建，并调节硅链聚合度和层间距，从而影响 ab 面结构的长
程有序性 [102,160,161]。然而 C-S-H 凝胶在微观尺度上的形态分布没有得到明显
改善，仍然保留了较为明显的褶皱状 (TEM[102]，SEM[161])。尽管如此，C-S-H
凝胶在 c 方向上堆叠层数的增加和抗体积形变能力的增强趋势是明显的。介观
尺度上的无序堆积是阻碍 C-S-H 凝胶性能提升的关键 [42,96]。为了引导 C-S-H
凝胶的组装并控制其形貌使其分布更均匀，提出了两条技术路线：一是通过可
控方式诱导 C-S-H 凝胶的组装；二是稳定早期晶核以形成尺寸和形状可控的
C-S-H 凝胶。

石墨烯氧化物 (GO) 是一种理想的调控 C-S-H 凝胶生长的框架材料，它既保
留了传统石墨烯 (GNS) 的二维材料属性，又有效解决了分散性差的问题 [96]。Lv

等 [162,163] 详细研究了 GO 纳米片尺寸和剂量对水泥体系 ($w/c = 0.3$) 中 C-S-H 凝胶形貌的影响，如图 3.13 所示。随着 GO 剂量的增加，外部 C-S-H 凝胶的形态由众多针棒状结构形成的簇变为花瓣状结构 ($< 0.03\%$)，并逐渐转为多面体或层状晶体 ($> 0.03\%$)，水泥净浆的抗折强度和抗压强度由于 C-S-H 凝胶微观结构的改变而得到提高。然而，C-S-H 凝胶的微观结构仍然有大量界面和缺陷的存在。最近，Souza 等 [96] 应用 GO 控制 C-S-H 凝胶的成核、生长和堆积，制备了微米级有序排列 (逐层) 的 GO-C-S-H 复合物，如图 3.14(a) 所示。GO 表面功能基团的存在可以有效诱导并支撑 C-S-H 凝胶在 GO 表面成核生长，使得 C-S-H 的折叠在动力学上无法实现，从而在 C-S-H 凝胶形成的最早阶段起到防止其产生纳米级变形的作用。这种自下而上的 C-S-H 形貌设计有助于了解 C-S-H 纳米结构的组装过程，并有效改善水泥基材料的脆性。

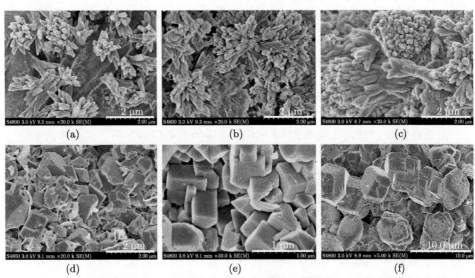

图 3.13　氧化石墨烯 GO 对针棒状 C-S-H 凝胶形态的影响：(a) GO 掺量 0.01%；(b) 0.02%；(c) 0.03%；(d) 0.04%；(e) 0.05%；(f) 0.06% ($w/c = 0.3$)[163]

调控早期形成的纳米晶核是另一种有效调控 C-S-H 凝胶微结构的方法。长期以来，通过有机分子分散的 C-S-H 晶核被用作高效促凝剂，以促进早期水化和提高力学性能 [164]。良好分散的纳米级 C-S-H 晶核改变了水化过程中产物形成的位置，从而增加了水泥浆体微观结构的密实程度。然而，这些晶核的存在只是为 C-S-H 凝胶提供了更多生长位点，之后 C-S-H 仍然在孔隙溶液中松散、随机地生长。Picker 等 [165] 通过高效分散剂以及控制 pH 值和 C-S-H/聚合物比率来稳定带电 C-S-H 晶核并控制随后的聚合行为，实现了三维空间中 C-S-H

凝胶纳米结构的有序排列 (SAED 图案中观察到单晶散射行为), 如图 3.14(b)
所示。几乎没有孔隙或缺陷的层状堆积结构使 C-S-H 凝胶的柔韧性和弹性得
到显著提高。Moghaddam 等 [166] 通过原位生成立方体碳酸钙晶核和表面活性
剂十六烷基三甲基溴化铵 (CTAB) 诱导将 C-S-H 纳米结构从皱褶状薄片重塑
为微立方体，实现了 C-S-H 凝胶微观结构的有序排列，如图 3.14(c) 所示。通
过调整 Ca/Si 比和 CTAB 浓度，C-S-H 凝胶的形状 (立方体、菱形、树枝状和
核壳状) 和结构尺寸均可得到有效控制。在此基础上，C-S-H"砖块" 面对面的
堆积可以显著降低孔隙率，提高力学性能。

图 3.14   使用 GO 诱导 C-S-H 凝胶有序堆积 (a)[96]、使用有机物稳定带电 C-S-H 晶核并控
制聚合行为实现 C-S-H 纳米结构的有序排列 (b)[165] 及诱导 C-S-H 纳米结构从皱褶状薄片重
塑为微立方体并实现有序堆积 (c)[166]

促凝剂和缓凝剂通过多种作用机制干扰水化动力学路径，以实现凝结时间的
调控。水泥水化放热过程与早期外部 C-S-H 凝胶的成核生长直接相关 [110]，调凝
剂的加入会直接或间接地影响 C-S-H 凝胶的成核生长，但在大多数情况下，C-S-H
凝胶的形态不会受到特别影响 [108]。Yan 等 [108,167,168] 研究了一种淀粉基水化温
升抑制剂，可以在不影响针棒状 C-S-H 凝胶生长历程的前提下持续抑制其成核过
程，并通过简单调节外加剂掺量 (水泥质量的 0.05%~0.15%) 实现早期水化放热
量的任意调节。在同一课题组的另一项研究中 [169]，开发了一种基于改性山梨糖醇
的液体型水化温升抑制剂。与固体型不同，液体型从成核和生长两个方面调控外
部 C-S-H 凝胶：在加速期开始时，更多的针棒状 C-S-H 凝胶在水泥表面形成松散
的簇状结构，并具有明显的垂直于颗粒表面生长的取向性；但随后的生长速度显
著降低，从空白水泥糊中的 1.2×10^{-11} nm/s 降至 2% 掺量时的 1.6×10^{-12} nm/s，
如图 3.15 所示。

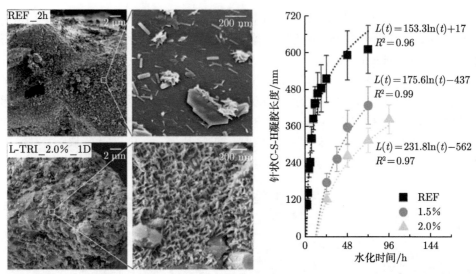

图 3.15   液体型水化温升抑制剂对针棒状 C-S-H 凝胶成核生长过程的影响 [169]

3.5   本章小结

本章讨论了 C-S-H 凝胶的表征手段、纳微观结构和影响因素。

最新的形貌表征技术可将 C-S-H 的形貌观察分辨率提升到几个纳米的尺度，也可以提供三维结构信息和动态变化的信息。这些直接的图像观察可以为间接的微结构表征技术提供有力的补充和支撑。同时也要注意到，C-S-H 对干燥、高温、电子束流非常敏感，应当在观察过程中给予充分保护，如采用低温冷冻环境、减少电子束流等。

C-S-H 凝胶表现出四种典型的形貌特征，即球粒状、褶皱状、针棒状和微观尺度的形态组合。受到养护条件 (温、湿度)、矿物组成 (水泥种类、是否掺加矿物掺合料)、化学外加剂等因素的影响，C-S-H 凝胶的形貌及其演化进程会进一步随外部环境的变化发生改变。需要注意的是，不同形貌 C-S-H 凝胶及各自之间的相互转化均是基于相同的纳米 (晶体) 结构，即在带缺陷的类托贝莫来石结构的基础上发生纳米结构的变形、重排 [103]。

那么，决定 C-S-H 凝胶纳微观结构的关键是什么呢？在 "Dreierketten" 结构之上，是否存在另一个基本结构单元，将 C-S-H 凝胶相对稳定的原子结构和多样化的微观结构联系起来？基于间接表征手段 (XRD，SANS/SAXS) 的测试结果，C-S-H 凝胶在几纳米尺度上存在着某种离散性。基于原位 TEM 的直接观察进一步证实了连续的褶皱状 C-S-H 凝胶在相似尺度下表现出灰度分布的差异，表明 C-S-H 凝胶存在一定的不连续性。然而在更多情况下，只能看到嵌在非晶衬底中的稀疏分布的 C-S-H 纳米晶体区域。样品制备和测试过程中的电子束损坏引起的脱水会严重影响 C-S-H 的结晶度，但如此高比例的非晶区是否完全由上述原因造成，非晶区是否也拥有和纳米晶区类似的物理化学性质，目前尚缺乏定论。可以肯定的是，这种敏感的纳米晶体单元是 C-S-H 结构的关键组成部分，对其微观结构和纳米性能起着决定性作用。至于它是否是所有 C-S-H 凝胶微观形态的基本结构单元，还需要更多高分辨率的原位观察加以验证。

参 考 文 献

[1] Richardson I G. Tobermorite/jennite- and tobermorite/calcium hydroxide-based models for the structure of C-S-H: applicability to hardened pastes of tricalcium silicate, β-dicalcium silicate, Portland cement, and blends of Portland cement with blast-furnace slag, metakaol[J]. Cement and Concrete Research, 2004, 34(9): 1733-1777.

[2] Goyal A, Ioannidou K, Tiede C, et al. Heterogeneous surface growth and gelation of cement hydrates[J]. Journal of Physical Chemistry C, 2020, 124(28): 15500-15510.

[3] Bauchy M, Qomi M J A, Bichara C, et al. Rigidity transition in materials: hardness is driven by weak atomic constraints[J]. Physical Review Letters, 2015, 114(12): 125502.

[4] Richardson I G. The calcium silicate hydrates[J]. Cement and Concrete Research, 2008, 38(2): 137-158.

[5] Richardson I G. Model structures for C-(A)-S-H(I)[J]. Acta Crystallographica Section B: Structural Science, Crystal Engineering and Materials, 2014, 70(6): 903-923.

[6] Papatzani S, Paine K, Calabria-Holley J. A comprehensive review of the models on the nanostructure of calcium silicate hydrates[J]. Construction and Building Materials, 2015, 74: 219-234.

[7] Duque-redondo E, Bonnaud P A, Manzano H. A comprehensive review of C-S-H empirical and computational models, their applications, and practical aspects[J]. Cement and Concrete Research, Elsevier Ltd, 2022, 156: 106784.

[8] Chen J J, Thomas J J, Taylor H F W, et al. Solubility and structure of calcium silicate hydrate[J]. Cement and Concrete Research, 2004, 34(9): 1499-1519.

[9] Lothenbach B, Nonat A. Calcium silicate hydrates: solid and liquid phase composition[J]. Cement and Concrete Research, 2015, 78: 57-70.

[10] Tian H, Stephan D, Lothenbach B, et al. Influence of foreign ions on calcium silicate hydrate under hydrothermal conditions: a review[J]. Construction and Building Materials, Elsevier Ltd, 2021, 301: 124071.

[11] Plank J, Sakai E, Miao C W, et al. Chemical admixtures - Chemistry, applications and their impact on concrete microstructure and durability[J]. Cement and Concrete Research, 2015, 78(1): 81-99.

[12] Monteiro P J M, Geng G, Marchon D, et al. Advances in characterizing and understanding the microstructure of cementitious materials[J]. Cement and Concrete Research,

Elsevier, 2019, 124: 105806.

[13] Heath G R, Kots E, Robertson J L, et al. Localization atomic force microscopy[J]. Nature, 2021, 594(7863): 385-390.

[14] Garrault S, Finot E, Lesniewska E, et al. Study of C-S-H growth on C_3S surface during its early hydration[J]. Materials and Structures, 2005, 38: 435-442.

[15] Pellenq R J M, van Damme H. Why does concrete set?: the nature of cohesion forces in hardened cement-based materials[J]. Mrs Bulletin, Cambridge University Press, 2004, 29(5): 319-323.

[16] Aili A, Maruyama I. Review of several experimental methods for characterization of micro- and nano-scale pores in Cement-based material[J]. International Journal of Concrete Structures and Materials, 2020, 14: 55.

[17] Muller A C A, Scrivener K L, Gajewicz A M, et al. Densification of C-S-H measured by 1H NMR relaxometry[J]. Journal of Physical Chemistry C, 2013, 117(1): 403-412.

[18] Yan Y, Yang S Y, Miron G D, et al. Effect of alkali hydroxide on calcium silicate hydrate (C-S-H)[J]. Cement and Concrete Research, 2022, 151: 106636.

[19] Allen A J, Thomas J J, Jennings H M. Composition and density of nanoscale calcium-silicate-hydrate in cement[J]. Nature Materials, 2007, 6(4): 311-316.

[20] Jansen D, Goetz-Neunhoeffer F, Lothenbach B, et al. The early hydration of ordinary portland cement (OPC): an approach comparing measured heat flow with calculated heat flow from QXRD[J]. Cement and Concrete Research, 2012, 42(1): 134-138.

[21] Geng G, Myers R J, Qomi M J A, et al. Densification of the interlayer spacing governs the nanomechanical properties of calcium-silicate-hydrate[J]. Scientific Reports, 2017, 7(1): 1-8.

[22] Song Y, Davy C A, Troadec D, et al. Pore network of cement hydrates in a high performance concrete by 3D FIB/SEM — Implications for macroscopic fluid transport[J]. Cement and Concrete Research, 2019, 115: 308-326.

[23] Pedrosa H C, Reales O M, Reis V D, et al. Hydration of Portland cement accelerated by C-S-H seeds at different temperatures[J]. Cement and Concrete Research, 2020, 129: 105978.

[24] Masoumi S, Ebrahimi D, Valipour H, et al. Nanolayered attributes of calcium-silicate-hydrate gels[J]. Journal of the American Ceramic Society, 2020, 103(1): 541-557.

[25] Nonat A. The structure and stoichiometry of CSH[J]. Cement and Concrete Research, 2004, 34(9): 1521-1528.

[26] Geng G, Taylor R, Bae S, et al. Atomic and nano-scale characterization of a 50-year-old hydrated C_3S paste[J]. Cement and Concrete Research, 2015, 77: 36-46.

[27] Li J, Geng G, Myers R, et al. The chemistry and structure of calcium (alumino) silicate hydrate: a study by XANES, ptychographic imaging, and wide- and small-angle scattering[J]. Cement and Concrete Research, 2019, 115(Iv): 367-378.

[28] Battocchio F, Monteiro P J M, Wenk H R. Rietveld refinement of the structures of 1.0 C-S-H and 1.5 C-S-H[J]. Cement and Concrete Research, 2012, 42(11): 1534-1548.

[29] Grangeon S, Claret F, Roosz C, et al. Structure of nanocrystalline calcium silicate hydrates: insights from X-ray diffraction, synchrotron X-ray absorption and nuclear magnetic resonance[J]. Journal of Applied Crystallography, 2016, 49: 771-783.

[30] Renaudin G, Russias J, Leroux F, et al. Structural characterization of C-S-H and C-A-S-H samples—Part I: long-range order investigated by Rietveld analyses[J]. Journal of Solid State Chemistry, 2009, 182(12): 3312-3319.

[31] Grangeon S, Claret F, Linard Y, et al. X-ray diffraction: a powerful tool to probe and understand the structure of nanocrystalline calcium silicate hydrates[J]. Acta Crystallographica Section B: Structural Science, Crystal Engineering and Materials, 2013, 69(5): 465-473.

[32] Grangeon S, Claret F, Lerouge C, et al. On the nature of structural disorder in calcium silicate hydrates with a calcium/silicon ratio similar to tobermorite[J]. Cement and Concrete Research, 2013, 52: 31-37.

[33] Grangeon S, Fernandez-Martinez A, Baronnet A, et al. Quantitative X-ray pair distribution function analysis of nanocrystalline calcium silicate hydrates: a contribution to the understanding of cement chemistry[J]. Journal of Applied Crystallography, 2017, 50(1): 14-21.

[34] Rößler C, Steiniger F, Ludwig H M. Characterization of C-S-H and C-A-S-H phases by electron microscopy imaging, diffraction, and energy dispersive X-ray spectroscopy[J]. Journal of the American Ceramic Society, 2017, 100(4): 1733-1742.

[35] Li J, Zhang W, Monteiro P J M. Structure and intrinsic mechanical properties of nanocrystalline calcium silicate hydrate[J]. ACS Sustainable Chemistry and Engineering, 2020, 8: 12453-12461.

[36] Kumar A, Walder B J, Kunhi M A, et al. The atomic-level structure of cementitious calcium silicate hydrate[J]. Journal of Physical Chemistry C, 2017, 121(32): 17188-17196.

[37] F B de Souza, Sagoe-Crentsil K, Duan W. Determining the disordered nanostructure of calcium silicate hydrate (C-S-H) from broad X-ray diffractograms[J]. Journal of the American Ceramic Society, 2021, 105(2): 1502.

[38] Skinner L B, Chae S R, Benmore C J, et al. Nanostructure of calcium silicate hydrates in cements[J]. Physical Review Letters, 2010, 104: 195502.

[39] Bauchy M, Qomi M J A, Ulm F J, et al. Order and disorder in calcium-silicate-hydrate[J]. Journal of Chemical Physics, 2014, 140: 214503.

[40] Klur I, Pollet B, Virlet J, et al. C-S-H structure evolution with calcium content by multinuclear NMR[J]. Nuclear Magnetic Resonance Spectroscopy of Cement-Based Materials, Springer, Berlin, Heidelberg, 1998: 119-141.

[41] Ye H. Creep mechanisms of Calcium-Silicate-Hydrate: an overview of recent advances and challenges[J]. International Journal of Concrete Structures and Materials, Korea Concrete Institute, 2015, 9(4): 453-462.

[42] Alizadeh R A. Nanostructure and Engineering Properties of Basic and Modified Calcium-

Silicate-Hydrate Systems[D]. Ottawa: University of Ottawa, 2009.

[43] Da Silva J C, Trtik P, Diaz A, et al. Mass density and water content of saturated never-dried calcium silicate hydrates[J]. Langmuir, 2015, 31(13): 3779-3783.

[44] Hu Q, Aboustait M, Ley M T, et al. Combined three-dimensional structure and chemistry imaging with nanoscale resolution[J]. Acta Materialia, Acta Materialia Inc., 2014, 77: 173-182.

[45] Jackson M D, Moon J, Gotti E, et al. Material and elastic properties of Al-tobermorite in ancient roman seawater concrete[J]. Journal of the American Ceramic Society, 2013, 96(8): 2598-2606.

[46] Moradian M, Hu Q, Aboustait M, et al. Multi-scale observations of structure and chemical composition changes of portland cement systems during hydration[J]. Construction and Building Materials, Elsevier Ltd, 2019, 212: 486-499.

[47] Hu Q, Aboustait M, Kim T, et al. Direct measurements of 3D structure, chemistry and mass density during the induction period of C_3S hydration[J]. Cement and Concrete Research, 2016, 89: 14-26.

[48] Hu Q, Aboustait M, Kim T, et al. Direct three-dimensional observation of the microstructure and chemistry of C_3S hydration[J]. Cement and Concrete Research, 2016, 88: 157-169.

[49] Geng G, Myers R J, Yu Y S, et al. Synchrotron X-ray nanotomographic and spectromicroscopic study of the tricalcium aluminate hydration in the presence of gypsum[J]. Cement and Concrete Research, Elsevier, 2018, 111: 130-137.

[50] Hemes S, Desbois G, Urai J L, et al. Multi-scale characterization of porosity in Boom Clay (HADES-level, Mol, Belgium) using a combination of X-ray μ-CT, 2D BIB-SEM and FIB-SEM tomography[J]. Microporous and Mesoporous Materials, 2015, 208: 1-20.

[51] Mac M J, Yio M H N, Desbois G, et al. 3D imaging techniques for characterising microcracks in cement-based materials[J]. Cement and Concrete Research, Elsevier Ltd, 2021, 140: 106309.

[52] Taylor R, Sakdinawat A, Chae S R, et al. Developments in TEM nanotomography of calcium silicate hydrate[J]. Journal of the American Ceramic Society, 2015, 98(7): 2307-2312.

[53] Viseshchitra P, Ercius P, Monteiro P J M, et al. 3D Nanotomography of calcium silicate hydrates by transmission electron microscopy[J]. Journal of the American Ceramic Society, 2020, 104(4): 1852-1862.

[54] Viseshchitra P. Characterization of the 3D Nanostructure of Calcium Silicate Hydrates by Using Transmission Electron Microscope (TEM)[D]. Berkeley: University of California, 2021.

[55] Roiban L, Li S, Aouine M, et al. Fast 'Operando' electron nanotomography[J]. Journal of Microscopy, 2018, 269(2): 117-126.

[56] Koneti S, Roiban L, Dalmas F, et al. Fast electron tomography: applications to beam sensitive samples and in situ TEM or operando environmental TEM studies[J]. Materials

Characterization, Elsevier, 2019, 151: 480-495.

[57] Flannigan D J, Barwick B, Zewail A H. Biological imaging with 4D ultrafast electron microscopy[J]. Proceedings of the National Academy of Sciences of the United States of America, 2010, 107(22): 9933-9937.

[58] Zewail A H. Four-dimensional electron microscopy[J]. Science, 2010, 328: 187-194.

[59] Liu Z, Jin L, Chen J, et al. A survey on applications of deep learning in microscopy image analysis[J]. Computers in Biology and Medicine, Elsevier Ltd, 2021, 134: 104523.

[60] Ge M, Su F, Zhao Z, et al. Deep learning analysis on microscopic imaging in materials science[J]. Materials Today Nano, 2020, 11: 100087.

[61] Bellmann F, Damidot D, Möser B, et al. Improved evidence for the existence of an intermediate phase during hydration of tricalcium silicate[J]. Cement and Concrete Research, Elsevier Ltd, 2010, 40(6): 875-884.

[62] Zhang Z, Scherer G W. Supercritical drying of cementitious materials[J]. Cement and Concrete Research, Elsevier, 2017, 99: 137-154.

[63] Rößler C, Stark J, Steiniger F, et al. Limited-dose electron microscopy reveals the crystallinity of fibrous C-S-H phases[J]. Journal of the American Ceramic Society, 2006, 89(2): 627-632.

[64] Liao H G, Zheng H. Liquid cell transmission electron microscopy[J]. Annual Review of Physical Chemistry, 2016, 67: 719-747.

[65] Pu S, Gong C, Robertson A W. Liquid cell transmission electron microscopy and its applications[J]. Royal Society Open Science, 2020, 7: 191204.

[66] Park J, Elmlund H, Ercius P, et al. 3D structure of individual nanocrystals in solution by electron microscopy[J]. Science, 2015, 349(6245): 290-295.

[67] Gaboreau S, Grangeon S, Claret F, et al. Hydration properties and interlayer organization in synthetic C-S-H[J]. Langmuir, 2020, 36(32): 9449-9464.

[68] Liu Z, Shao C, Jin B, et al. Crosslinking ionic oligomers as conformable precursors to calcium carbonate[J]. Nature, 2019, 574(7778): 394-398.

[69] Wang L, Chen J, Cox S J, et al. Microscopic kinetics pathway of salt crystallization in graphene nanocapillaries[J]. Physical Review Letters, 2021, 126: 136001.

[70] Dong P, Allahverdi A, Andrei C M, et al. Liquid cell transmission electron microscopy reveals C-S-H growth mechanism during Portland cement hydration[J]. Materialia, Elsevier B.V., 2022, 22: 101387.

[71] Bergold S T, Goetz-Neunhoeffer F, Neubauer J. Quantitative analysis of C-S-H in hydrating alite pastes by in-situ XRD[J]. Cement and Concrete Research, 2013, 53: 119-126.

[72] Fylak M, Pöllmann H, Wenda R. Application of cryo scanning electron microscopy for the investigation of early OPC-hydration[C]. 34th International Conference on Cement Microscopy 2012, 2012(April): 116-137.

[73] Huang L, Tang L, Gu H, et al. New insights into the reaction of tricalcium silicate (C_3S) with solutions to the end of the induction period[J]. Cement and Concrete Research,

Elsevier Ltd, 2022, 152: 106688.

[74] Pustovgar E, Sangodkar R P, Andreev A S, et al. Understanding silicate hydration from quantitative analyses of hydrating tricalcium silicates[J]. Nature communications, 2016, 7: 10952.

[75] John E, Stephan D. Calcium silicate hydrate—in situ development of the silicate structure followed by infrared spectroscopy[J]. Journal of the American Ceramic Society, 2021, 104(12): 6611-6624.

[76] Ectors D, Goetz-Neunhoeffer F, Hergeth W D, et al. In situ 1H-TD-NMR: quantification and microstructure development during the early hydration of alite and OPC[J]. Cement and Concrete Research, Elsevier Ltd, 2016, 79: 366-372.

[77] Muller A C A, Scrivener K L, Skibsted J, et al. Influence of silica fume on the microstructure of cement pastes: new insights from 1H NMR relaxometry[J]. Cement and Concrete Research, Elsevier Ltd, 2015, 74: 116-125.

[78] Viehland D, Li J, Yuan L, et al. Mesostructure of calcium silicate hydrate (C-S-H) gels in portland cement paste: short-range ordering, nanocrystallinity, and local compositional order[J]. Journal of the American Ceramic Society, Wiley Online Library, 1996, 79(7): 1731-1744.

[79] Zhang X, Chang W, Zhang T, et al. Nanostructure of calcium silicate hydrate gels in cement paste[J]. Journal of the American Ceramic Society, 2000, 83(10): 2600-2604.

[80] Zhang Z, Scherer G W, Bauer A. Morphology of cementitious material during early hydration[J]. Cement and Concrete Research, 2018, 107: 85-100.

[81] Elmlund D, Elmlund H. Cryogenic electron microscopy and single-particle analysis[J]. Annual Review of Biochemistry, 2015, 84: 499-517.

[82] Russias J, Frizon F, Cau-Dit-Coumes C, et al. Incorporation of aluminum into C-S-H structures: from synthesis to nanostructural characterization[J]. Journal of the American Ceramic Society, 2008, 91(7): 2337-2342.

[83] Sakalli Y, Trettin R. Investigation of C_3S hydration mechanism by transmission electron microscope (TEM) with integrated super-XTMEDS system[J]. Journal of Microscopy, 2017, 267(1): 81-88.

[84] Wenzel O, Schwotzer M, Müller E, et al. Investigating the pore structure of the calcium silicate hydrate phase[J]. Materials Characterization, Elsevier, 2017, 133: 133-137.

[85] Zingg A, Winnefeld F, Holzer L, et al. Adsorption of polyelectrolytes and its influence on the rheology, zeta potential, and microstructure of various cement and hydrate phases[J]. Journal of Colloid and Interface Science, 2008, 323(2): 301-312.

[86] Kleiner F, Matthes C, Rößler C. Argon broad ion beam sectioning and high resolution scanning electron microscopy imaging of hydrated alite[J]. Cement and Concrete Research, 2021, 150: 106583.

[87] Egerton R F. Radiation damage to organic and inorganic specimens in the TEM[J]. Micron, Elsevier, 2019, 119: 72-87.

[88] Bae S, Taylor R, Shapiro D, et al. Soft X-ray ptychographic imaging and morphological

quantification of calcium silicate hydrates (C-S-H)[J]. Journal of the American Ceramic Society, 2015, 98(12): 4090-4095.

[89] Geng G, Myers R J, Li J, et al. Aluminum-induced dreierketten chain cross-links increase the mechanical properties of nanocrystalline calcium aluminosilicate hydrate[J]. Scientific Reports, Nature Publishing Group, 2017, 7: 1-10.

[90] Kanchanason V, Plank J. Role of pH on the structure, composition and morphology of C-S-H–PCE nanocomposites and their effect on early strength development of Portland cement[J]. Cement and Concrete Research, 2017, 102: 90-98.

[91] Zou F, Zhang M, Hu C, et al. Novel C-A-S-H/PCE nanocomposites: design, characterization and the effect on cement hydration[J]. Chemical Engineering Journal, Elsevier B.V., 2021, 412: 128569.

[92] Kamali M, Ghahremaninezhad A. Effect of biomolecules on the nanostructure and nanomechanical property of calcium-silicate-hydrate[J]. Scientific Reports, 2018, 8(1): 1-16.

[93] Schönlein M, Plank J. A TEM study on the very early crystallization of C-S-H in the presence of polycarboxylate superplasticizers: transformation from initial C-S-H globules to nanofoils[J]. Cement and Concrete Research, 2018, 106: 33-39.

[94] Krautwurst N, Nicoleau L, Dietzsch M, et al. Two-step nucleation process of calcium silicate hydrate, the nanobrick of cement[J]. Chemistry of Materials, 2018, 30(9): 2895-2904.

[95] Gartner E M. A proposed mechanism for the growth of C-S-H during the hydration of tricalcium silicate[J]. Cement and Concrete Research, Elsevier, 1997, 27(5): 665-672.

[96] Souza F, Shamsaei E, Chen S, et al. Controlled growth and ordering of poorly-crystalline calcium-silicate-hydrate nanosheets[J]. Communications Materials, Springer US, 2021, 2(1): 1-12.

[97] Henderson E, Bailey J E. Sheet-like structure of calcium silicate hydrates[J]. Journal of Materials Science, 1988, 23(2): 501-508.

[98] Chiang W S, Fratini E, Baglioni P, et al. Microstructure determination of calcium-silicate-hydrate globules by small-angle neutron scattering[J]. Journal of Physical Chemistry C, 2012, 116(8): 5055-5061.

[99] Rossen J E. Composition and Morphology of C-A-S-H in Pastes of Alite and Cement Blended with Supplementary Cementitious Materials[D]. Lausanne: EPFL, 2014.

[100] Wu J, Zhu Y J, Chen F. Ultrathin calcium silicate hydrate nanosheets with large specific surface areas: synthesis, crystallization, layered self-assembly and applications as excellent adsorbents for drug, protein, and metal ions[J]. Small, 2013, 9(17): 2911-2925.

[101] Shen W, Zhang W, Wang J, et al. The microstructure formation of C-S-H in the HPC paste from nano-scale feature[J]. Journal of Sustainable Cement-Based Materials, Taylor & Francis, 2019, 8(4): 199-213.

[102] Moshiri A, Stefaniuk D, Smith S K, et al. Structure and morphology of calcium-silicate-hydrates cross-linked with dipodal organosilanes[J]. Cement and Concrete Research,

Elsevier, 2020, 133: 106076.

[103] Cong X, James K R. ^{29}Si MAS NMR study of the structure of calcium silicate hydrate[J]. Advanced Cement Based Materials, 1996, 3(3-4): 144-156.

[104] Morales-Florez V, Findling N, Brunet F. Changes on the nanostructure of cementitius calcium silicate hydrates (C-S-H) induced by aqueous carbonation[J]. Journal of Materials Science, 2012, 47(2): 764-771.

[105] Zhang L, Yamauchi K, Li Z, et al. Novel understanding of calcium silicate hydrate from dilute hydration[J]. Cement and Concrete Research, Elsevier, 2017, 99: 95-105.

[106] Deboodt T, Ideker J H, Isgor O B, et al. Quantification of synthesized hydration products using synchrotron microtomography and spectral analysis[J]. Construction and Building Materials, Elsevier Ltd, 2017, 157: 476-488.

[107] Deboodt T, Wildenschild D, Ideker J H, et al. Comparison of thresholding techniques for quantifying portland cement hydrates using synchrotron microtomography[J]. Construction and Building Materials, Elsevier Ltd, 2021, 266: 121109.

[108] Yan Y, Ouzia A, Yu C, et al. Effect of a novel starch-based temperature rise inhibitor on cement hydration and microstructure development[J]. Cement and Concrete Research, Elsevier, 2020, 129: 105961.

[109] Bazzoni A. Study of Early Hydration Mechanisms of Cement by Means of Electron Microscopy[D]. Lausanne: EPFL School of Engineering, 2014.

[110] Ouzia A, Scrivener K. The needle model: a new model for the main hydration peak of alite[J]. Cement and Concrete Research, 2019, 115: 339-360.

[111] Hadley D W, Dolch W L, Diamond S. On the occurrence of hollow-shell hydration grains in hydrated cement paste[J]. Cement and Concrete Research, 2000, 30(1): 1-6.

[112] Nicoleau L. New calcium silicate hydrate network[J]. Transportation Research Record, 2010, (2142): 42-51.

[113] Gallucci E, Mathur P, Scrivener K. Microstructural development of early age hydration shells around cement grains[J]. Cement and Concrete Research, 2010, 40(1): 4-13.

[114] Mathur P C. Study of Cementitious Materials Using Transmission Electron Microscopy [D]. Lausanne: EPFL, 2007.

[115] Kirby D M, Biernacki J J. The effect of water-to-cement ratio on the hydration kinetics of tricalcium silicate cements: testing the two-step hydration hypothesis[J]. Cement and Concrete Research, 2012, 42(8): 1147-1156.

[116] Nicoleau L, Nonat A. A new view on the kinetics of tricalcium silicate hydration[J]. Cement and Concrete Research, 2016, 86: 1-11.

[117] Bazzoni A, Ma S, Wang Q, et al. The effect of magnesium and zinc ions on the hydration kinetics of C$_3$S[J]. Journal of the American Ceramic Society, 2014, 97(11): 3684-3693.

[118] Mota B, Matschei T, Scrivener K. The influence of sodium salts and gypsum on alite hydration[J]. Cement and Concrete Research, 2015, 75: 53-65.

[119] Kjellsen K O, Lagerblad B. Microstructure of tricalcium silicate and Portland cement systems at middle periods of hydration-development of Hadley grains[J]. Cement and

Concrete Research, 2007, 37(1): 13-20.

[120] Kjellsen K O, Justnes H. Revisiting the microstructure of hydrated tricalcium silicate—a comparison to Portland cement[J]. Cement and Concrete Composites, 2004, 26(8): 947-956.

[121] Königsberger M, Hellmich C, Pichler B. Densification of C-S-H is mainly driven by available precipitation space, as quantified through an analytical cement hydration model based on NMR data[J]. Cement and Concrete Research, Elsevier Ltd, 2016, 88: 170-183.

[122] Taylor H F W. Cement Chemistry[M]. London: Thomas Telford, 1997.

[123] Baldermann A, Landler A, Mittermayr F, et al. Removal of heavy metals (Co, Cr, and Zn) during calcium-aluminium-silicate-hydrate and trioctahedral smectite formation[J]. Journal of Materials Science, Springer US, 2019, 54(13): 9331-9351.

[124] Georget F, Wilson W, Scrivener K L. edxia: microstructure characterisation from quantified SEM-EDS hypermaps[J]. Cement and Concrete Research, Elsevier Ltd, 2021, 141: 106327.

[125] Li X, Scrivener K L. Impact of ZnO on C3S hydration and C-S-H morphology at early ages[J]. Cement and Concrete Research, Elsevier Ltd, 2022, 154: 106734.

[126] Zhang Z, Wang Q, Zhang M, et al. Incorporation of Al in C-A-S-H gels with various Ca/Si and Al/Si ratio: microstructural and structural characteristics with DTA/TG, XRD, FTIR and TEM analysis[J]. Construction and Building Materials, 2017, 155: 643-653.

[127] Zhang Z, Wang Q, Zhang M, et al. A new understanding of the effect of filler minerals on the precipitation of synthetic C-S-H[J]. Journal of Materials Science, Springer US, 2020, 55(35): 16455-16469.

[128] Garrault-Gauffinet S, Nonat A. Experimental investigation of calcium silicate hydrate (CSH) nucleation[J]. Journal of crystal growth, 1999, 200(3-4): 565-574.

[129] Quennoz A, Scrivener K L. Interactions between alite and C_3A-gypsum hydrations in model cements[J]. Cement and Concrete Research, 2013, 44: 46-54.

[130] Bergold S T, Goetz-Neunhoeffer F, Neubauer J. Interaction of silicate and aluminate reaction in a synthetic cement system: implications for the process of alite hydration[J]. Cement and Concrete Research, Elsevier Ltd, 2017, 93: 32-44.

[131] L'Hôpital E, Lothenbach B, Scrivener K, et al. Alkali uptake in calcium alumina silicate hydrate (C-A-S-H)[J]. Cement and Concrete Research, Elsevier Ltd, 2016, 85: 122-136.

[132] Skibsted J, Snellings R. Reactivity of supplementary cementitious materials (SCMs) in cement blends[J]. Cement and Concrete Research, Elsevier, 2019, 124: 105799.

[133] Roosz C, Gaboreau S, Grangeon S, et al. Distribution of water in synthetic calcium silicate hydrates[J]. Langmuir, 2016, 32(27): 6794-6805.

[134] Korpa A, Trettin R. The influence of different drying methods on cement paste microstructures as reflected by gas adsorption: comparison between freeze-drying (F-drying), D-drying, P-drying and oven-drying methods[J]. Cement and Concrete Research, 2006, 36(4): 634-649.

[135] Dong P, Allahverdi A, Andrei C M, et al. Application of liquid cell-TEM in hydration reactions of nano portland cement[J]. Microscopy and Microanalysis, 2018, 24(S1): 294-295.

[136] Mouret M, Bascoul A, Escadeillas G. Microstructural features of concrete in relation to initial temperature-SEM and ESEM characterization[J]. Cement and Concrete Research, 1999, 29(3): 369-375.

[137] Fonseca P C, Jennings H M. The effect of drying on early-age morphology of C-S-H as observed in environmental SEM[J]. Cement and Concrete Research, Elsevier Ltd, 2010, 40(12): 1673-1680.

[138] Maruyama I, Ohkubo T, Haji T, et al. Dynamic microstructural evolution of hardened cement paste during first drying monitored by 1H NMR relaxometry[J]. Cement and Concrete Research, Elsevier, 2019, 122: 107-117.

[139] Scherer G W. Structure and properties of gels[J]. Cement and Concrete Research, 1999, 29(8): 1149-1157.

[140] Thomas J J, Allen A J, Jennings H M. Structural changes to the calcium-silicate-hydrate gel phase of hydrated cement with age, drying, and resaturation[J]. Journal of the American Ceramic Society, 2008, 91(10): 3362-3369.

[141] Zhu X, Jiang Z, He B, et al. Investigation on the physical stability of calcium-silicate-hydrate with varying CaO/SiO$_2$ ratios under cryogenic attack[J]. Construction and Building Materials, Elsevier Ltd, 2020, 252: 119103.

[142] Jia Z, Chen C, Shi J, et al. The microstructural change of C-S-H at elevated temperature in Portland cement/GGBFS blended system[J]. Cement and Concrete Research, Elsevier, 2019, 123: 105773.

[143] Zhu X, Qian C, He B, et al. Experimental study on the stability of C-S-H nanostructures with varying bulk CaO/SiO$_2$ ratios under cryogenic attack[J]. Cement and Concrete Research, Elsevier, 2020, 135: 106114.

[144] Gallucci E, Zhang X, Scrivener K L. Effect of temperature on the microstructure of calcium silicate hydrate (CSH)[J]. Cement and Concrete Research, 2013, 53: 185-195.

[145] Myers R J, L'Hôpital E, Provis J L, et al. Effect of temperature and aluminium on calcium (alumino)silicate hydrate chemistry under equilibrium conditions[J]. Cement and Concrete Research, Elsevier Ltd, 2015, 68: 83-93.

[146] Gajewicz-Jaromin A M, McDonald P J, Muller A C A, et al. Influence of curing temperature on cement paste microstructure measured by 1H NMR relaxometry[J]. Cement and Concrete Research, Elsevier, 2019, 122: 147-156.

[147] Escalante-García J I, Sharp J H. Effect of temperature on the hydration of the main clinker[J]. Cement and Concrete Research, 1998, 28(9): 1245-1257.

[148] White C E. Effects of temperature on the atomic structure of synthetic calcium-silicate-deuterate gels: a neutron pair distribution function investigation[J]. Cement and Concrete Research, Elsevier Ltd, 2016, 79: 93-100.

[149] Cong X, Kirkpatrick R J. Effects of the temperature and relative humidity on the

structure of CSH gel[J]. Cement and Concrete Research, 1995, 25(6): 1237-1245.

[150] Alizadeh R, Beaudoin J J, Raki L. C-S-H (I) - A nanostructural model for the removal of water from hydrated cement paste?[J]. Journal of the American Ceramic Society, 2007, 90(2): 670-672.

[151] Zheng Q, Jiang J, Li X, et al. In situ TEM observation of calcium silicate hydrate nanostructure at high temperatures[J]. Cement and Concrete Research, Elsevier Ltd, 2021, 149: 106579.

[152] Liu X, Feng P, Li W, et al. Effects of pH on the nano/micro structure of calcium silicate hydrate (C-S-H) under sulfate attack[J]. Cement and Concrete Research, Elsevier Ltd, 2021, 140: 106306.

[153] Liu L, Sun C, Geng G, et al. Influence of decalcification on structural and mechanical properties of synthetic calcium silicate hydrate (C-S-H)[J]. Cement and Concrete Research, 2019, 123: 105793.

[154] Reches Y. A multi-scale review of the effects of gamma radiation on concrete[J]. Results in Materials, Elsevier Ltd, 2019, 2: 100039.

[155] Tajuelo R E, Hunnicutt W A, Mondal P, et al. Examination of gamma-irradiated calcium silicate hydrates. Part I: chemical-structural properties[J]. Journal of the American Ceramic Society, 2020, 103(1): 558-568.

[156] Hou D, Yang T, Tang J, et al. Reactive force-field molecular dynamics study on graphene oxide reinforced cement composite: functional group de-protonation, interfacial bonding and strengthening mechanism[J]. Physical Chemistry Chemical Physics, Royal Society of Chemistry, 2018, 20(13): 8773-8789.

[157] Kai M F, Zhang L W, Liew K M. Graphene and graphene oxide in calcium silicate hydrates: chemical reactions, mechanical behaviors and interfacial sliding[J]. Carbon, Elsevier Ltd, 2019, 146: 181-193.

[158] Chiang W S, Fratini E, Ridi F, et al. Microstructural changes of globules in calcium-silicate-hydrate gels with and without additives determined by small-angle neutron and X-ray scattering[J]. Journal of Colloid and Interface Science, Elsevier Inc., 2013, 398: 67-73.

[159] Cappelletto E, Borsacchi S, Geppi M, et al. Comb-shaped polymers as nanostructure modifiers of calcium silicate hydrate: A ^{29}Si solid-state NMR investigation[J]. Journal of Physical Chemistry C, 2013, 117(44): 22947-22953.

[160] Minet J, Abramson S, Bresson B, et al. Organic calcium silicate hydrate hybrids: A new approach to cement based nanocomposites[J]. Journal of Materials Chemistry, 2006, 16(14): 1379-1383.

[161] Zhu Z, Wang Z, Zhou Y, et al. Synthesis and structure of calcium silicate hydrate (C-S-H) modified by hydroxyl-terminated polydimethylsiloxane (PDMS)[J]. Construction and Building Materials, Elsevier Ltd, 2021, 267: 120731.

[162] Lv S, Ma Y, Qiu C, et al. Effect of graphene oxide nanosheets of microstructure and mechanical properties of cement composites[J]. Construction and Building Materials,

Elsevier Ltd, 2013, 49: 121-127.

[163] Lv S, Liu J, Sun T, et al. Effect of GO nanosheets on shapes of cement hydration crystals and their formation process[J]. Construction and Building Materials, Elsevier Ltd, 2014, 64: 231-239.

[164] John E, Matschei T, Stephan D. Nucleation seeding with calcium silicate hydrate – A review[J]. Cement and Concrete Research, 2018, 113: 74-85.

[165] Picker A, Nicoleau L, Burghard Z, et al. Mesocrystalline calcium silicate hydrate: A bioinspired route toward elastic concrete materials[J]. Science Advances, 2017, 3(11): 1701216.

[166] Moghaddam S E, Hejazi V, Hwang S H, et al. Morphogenesis of cement hydrate[J]. Journal of Materials Chemistry A, Royal Society of Chemistry, 2017, 5(8): 3798-3811.

[167] Yan Y, Scrivener K L, Yu C, et al. Effect of a novel starch-based temperature rise inhibitor on cement hydration and microstructure development: the second peak study[J]. Cement and Concrete Research, Elsevier Ltd, 2021, 141: 106325.

[168] Yan Y, Wang R, Wang W, et al. Effect of starch-based admixtures on the exothermic process of cement hydration[J]. Construction and Building Materials, Elsevier, 2021, 289: 122903.

[169] Yan Y, Wang R, Liu J, et al. Effect of a liquid-type temperature rise inhibitor on cement hydration[J]. Cement and Concrete Research, Elsevier Ltd, 2021, 140: 106286.

第 4 章   C-S-H 凝胶团微结构与胶凝力演变

4.1   引   言

混凝土材料的耐久性问题和机械损伤导致大量现有基础设施的劣化甚至失效。混凝土的所有损伤都以开裂为途径,而其中的胶凝相黏结强度决定了混凝土的抗裂能力。

混凝土的黏结强度来源于 C-S-H 凝胶,C-S-H 凝胶具有多晶结构特征,C-S-H 晶粒彼此黏结构成一个整体 [2,3],保证了混凝土体系的完整性并使之具有强度。C-S-H 胶凝力的发展及其在服役过程中的衰退,是水泥和混凝土材料性能演变的基础 [4]。探索 C-S-H 胶凝力的物理机制是推进水泥技术的关键。密实的微结构通常被认为是 C-S-H 晶粒密集堆积的结果,晶粒的堆积在纳米尺度上具有高度的不均匀性,而在微观尺度上则近似均匀 [5,6]。当前,在晶粒堆积的介观尺度仍存在大量未解决的难题,例如力是如何从分子传递到微结构的,以及如何决定水泥和混凝土的多尺度力学行为。

此外,探索晶粒系统聚集变形承载的物理性质对其他多晶材料或颗粒材料同样具有重要意义,例如山坡土壤的剪切滑动和多晶体金属的力学性质。

本章定义了 C-S-H 的胶凝力,并基于实验和纳米胶体单元空间填充的粗粒化模型对其进行了量化。这种保留关键因素的粗粒化模型有益于捕捉潜在的物理机制 [12-14]。该研究揭示了控制胶凝力的两个关键因素,即 C-S-H 晶粒间相互作用和孔隙率,并定量研究了二者在结构演化、力学性能和应力承载模式中发挥的重要作用。基于 C-S-H 胶凝力讨论了混凝土性能的发展、衰减和强化途径。

4.2   实验与模拟方法

4.2.1   样品制备与处理

混合水泥和水并搅拌震动去气泡制备水泥净浆,样品规格为 10 mm × 10 mm × 10 mm,水灰比为 0.4,标准养护 28 天。然后,用环氧树脂包裹净浆试样,制备直径约为 1.0 cm、高 0.5 cm 的圆柱形样品,用于纳米压痕测试。然后打磨抛光过程:首先使用 400、600 和 1200 粒度的砂纸手动均匀打磨样品,然后使用自动抛光机 (UNIPOL-1200 M,中国) 进行抛光,抛光悬浮液分别使用 3 μm、1 μm、0.2 μm 粒度,抛光时间分别为 15~20min。

对上述成形的水泥净浆进行脱钙预处理。将样品置于 6 mol/L 的 NH_4NO_3 溶液中进行脱钙 [15,16]，单面暴露的水泥净浆的脱钙时间分别为 30 min、1 h、3 h、9 h。基于 NH_4NO_3 的脱钙能够极大加速进程，反应过程中钙离子溶解度随着 NH_3 的生成与逃逸使反应速率显著加快，脱钙时间由几周或几个月加快到几小时，之前的研究表明，使用该方法能够保持 C-S-H 分子结构的完整性，硅相不易溶出，因此该方法可脱钙至极低的 Ca/Si。

4.2.2　实验表征

100 个 EDS 点扫描进行确定水泥净浆中 C-S-H 物相的 Ca/Si 比。

孔隙率和孔径分布使用低场核磁仪进行表征，仪器型号为 MesoMR12-060V-I，产自苏州纽迈分析仪器股份有限公司，其关键参数为：磁场强度为 0.3 T（12 MHz），磁场均匀度 ≤30 ppm，磁场稳定性 ≤200 Hz/h。基于孔径尺寸 d，孔隙类别作如下区分：层间孔（$d = 0.5 \sim 1.35$ nm）、凝胶孔（$d = 1.35 \sim 5$ nm）、水化物间隙（$d = 5 \sim 15$ nm）、毛细孔（$d = 15 \sim 2000$ nm）、大孔（$d \geqslant 2000$ nm）。使用氮吸附测试水泥净浆比表面积，仪器型号为 Autosorb-IQ2。

环氧包裹的水泥净浆经过脱钙处理后，迅速进行纳米压痕测试。设置下压过程的最大力为 2 mN，加载卸载速率恒定，为 12 mN/min，加载至最大力后静止时间为 5s。压痕点阵为 10 × 10 的正交网格，每个方向上点与点的间距为 10 μm，点阵间距保证了测量点之间互不干扰。根据 Oliver 和 Pharr 方法 [17,18] 对压入曲线进行修正，并计算获取压痕硬度 H 和压痕模量 M。在进一步统计分析之前，要将异常的压痕曲线过滤掉，例如，大的孔隙、多相分层都会导致金刚石探针在下压过程中发生应力的骤增或骤减。

4.2.3　C-S-H 晶粒间相互作用的微观力学计算

基于微观力学理论所构建的颗粒材料纳米压痕模型 [12]，代入纳米压痕实验数据，获取水泥浆体中 C-S-H 相的堆积分数分布和晶粒间本征力学参数。在该微观力学理论模型中 C-S-H 晶粒被视为颗粒状黏性摩擦颗粒，构成 C-S-H 凝胶多孔介质，因此每个压痕所得到的压痕模量和硬度其实是一个由水化产物的固相和孔相组成的多孔材料的复合响应，它们之间存在以下函数关系。

$$\frac{H}{h_s\left(c_s, \alpha_s\right)} = \Pi_H\left(\alpha_s, \eta, \eta_0\right), \quad \frac{M}{m_s} = \Pi_M\left(\nu_s, \eta, \eta_0\right) \tag{4.1}$$

其中，H 和 M 分别为实验测得的 C-S-H 凝胶的压痕硬度和模量；h_s 和 m_s 分别为晶粒间界面的硬度和刚度；c_s 为晶粒间黏结力；α_s 为晶粒间摩擦角；ν_s 为晶粒间界面泊松比；η 为局部堆积分数；η_0 为渗流阈值，将 C-S-H 晶粒堆积看作多晶体系，$\eta_0 = 50\ \%$ 为最低承载堆积密度；Π_H 和 Π_M 分别为硬度和压痕模量的无

量纲尺度关系。Π_M 对泊松比不敏感，故将 ν_s 设为 0.2，相关公式由线性微观力学确定，

$$\Pi_M\left(\nu_s = 0.2, \eta_i, \eta_0 = 1/2\right) = 2\eta_i - 1 \geqslant 0 \tag{4.2}$$

Π_H 由如下的非线性细观力学公式[17]确定，并且其中 $a = -5.3678$，$b = 12.1933$，$c = -10.3071$，$d = 6.7374$，$e = -39.5893$，$f = 34.3216$，$g = -21.2053$，该参数与纳米压痕 Berkovich 压头几何形状相关，其渗流阈值 $\eta_0 = 1/2$。

$$\Pi_H\left(\alpha_s, \eta_i, \eta_0 = 1/2\right) = \Pi_1\left(\eta_i, \eta_0\right) + \alpha_s(1-\eta) \times \Pi_2\left(\alpha_s, \eta_i, \eta_0\right) \tag{4.3}$$

$$\Pi_1\left(\eta_i, \eta_0\right) = \frac{\sqrt{2(2\eta-1)} - (2\eta-1)}{\sqrt{2}-1} \times \left(1 + a(1-\eta) + b(1-\eta)^2 + c(1-\eta)^3\right) \tag{4.4}$$

$$\Pi_2\left(\alpha_s, \eta_i, \eta_0\right) = \frac{2\eta-1}{2}\left(d + e(1-\eta) + f(1-\eta)\alpha_s + g\alpha_s^3\right) \tag{4.5}$$

通过大量的压痕实验得到的压痕模量值和硬度值，根据上述关系式，搜索实验测量值 $X = (M; H)$ 与模型预测值之间的误差最小区间，可以求得 m_s、h_s、α_s 晶粒间相互作用以及各个压痕点处的堆积密度 η_i。简而言之，通过求解超定方程组，以搜索误差最小解。

4.2.4 C-S-H 凝胶团的粗粒化计算

建立介观尺度 C-S-H 凝胶结构模型模拟硬化水泥浆体 C-S-H 物相。使用基于泊松-玻尔兹曼分布的蒙特卡罗法向盒子中丢置刚性小球，以模拟 C-S-H 凝胶的沉淀过程[13,18]。该循环过程在正则系综 (NVT) 下进行，包括 C-S-H 小球的插入、删除，过程中小球可以位移，每运行 100 步进行一次小球插入，因此盒子内小球数量围绕几个原始成核位点不断增加。当在 10000 步内小球数量变化小于 10 时，认为该堆积结构已达致密 (即高密度 C-S-H 相)，可作为初始 C-S-H 凝胶结构。颗粒间的势能场使用如下的广义 Lennard-Jones 函数

$$U_{ij}\left(r_{ij}\right) = 4\varepsilon\left(\bar{\sigma}_{ij}\right)\left[\left(\frac{\bar{\sigma}_{ij}}{r_{ij}}\right)^{2\gamma} - \left(\frac{\bar{\sigma}_{ij}}{r_{ij}}\right)^{\gamma}\right] \tag{4.6}$$

其中，r_{ij} 为达到平衡态时颗粒间的距离，$r_{ij} = 2^{1/\gamma} \cdot \sigma_{ij}$，$\varepsilon_{ij}$ 是直径为 σ_i 和 σ_j 的两个颗粒间的井深 (well depth)，$\sigma_{ij} = (\sigma_i + \sigma_j)/2$，$\gamma = 12$。在 LAMMPS 的标准单位 (LJ unit) 下，温度 $T = 0.15$，化学势 $\mu = -1$。粒径 σ 在 $6 \sim 9$ nm 之间随机分布。设定 C-S-H 颗粒间的黏结强度即为 C-S-H 分子层间的黏强度，故而，颗粒间刚度为 MA/r，其中 M 为 C-S-H 分子垂直层间方向的杨氏模量，根

据下文全原子分子动力学计算结果 (下文的图 4.6)，其值为 58 GPa，$A = \pi r_{ij}^2$ 为承载面。

将上述所得的堆积构型置于等温等压系综 (NPT) 下松弛，设置压强为 0，温度为室温。凝胶收缩由 C-S-H 粒径减小来模拟，C-S-H 晶粒间相互作用的衰减则由减小井深来模拟。

图 4.1 描述了粗粒化模型的物理含义。粗粒化模型的本质是，将连续的基体用若干刚性小球表示，小球之间相互作用构成整体。因此，对于上述堆积结构，其微结构特征的计算不能基于粗粒化参数中的小球半径。本节根据比表面积和孔隙率的实验结果假设了小球放大系数 ψ，使计算结果与实际值相符。本节采用放大系数 $\psi = 0.37$。

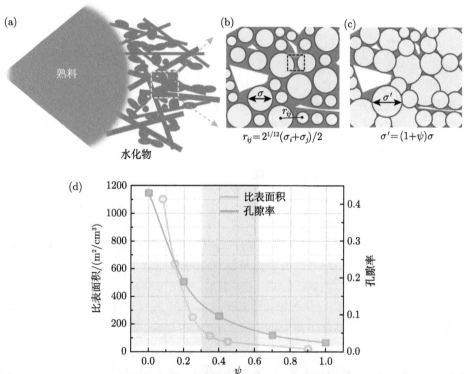

图 4.1　在粗粒化模型中设置晶粒尺寸进行微结构量化。以比表面积和孔隙率实验结果为基准 (d)，对粗粒化模型 (b) (c) 中的晶粒尺寸参数放大，以较为准确地量化 C-S-H 微结构。(d) 图中的绿色和黄色阴影区分别为孔隙率和比表面积的适宜范围，蓝色区域对应合适的放大系数 ψ，本节采用 $\psi = 0.37$ 进行结构特征计算

孔径分布的计算方法为，通过正交网格，将 C-S-H 颗粒离散为一系列物质单元，除此外便是孔隙单元，于是便可统计出孔径分布和孔隙率。局部填充率的计算方法为，基于上述正交网格点，在每个网格点周围 20nm 的球形区域内计算填

充分数。

介观尺度 C-S-H 堆积结构的力学性能计算方法如下, 在 LAMMPS 中进行单轴拉伸实验, 在正则系综下, 以 0.08/ps 的应变率沿 a 轴方向 (该结构为各向同性结构) 进行盒子整体的拉伸。记录 C-S-H 晶粒在该过程中的位移和作用在晶粒上的应力。

4.3 堆积结构演变特征

4.3.1 堆积结构劣化

内部物质的流失导致水泥浆体 [19] 收缩, 致使微观结构劣化。一方面这是由 C-S-H 凝胶自身收缩所引起, 另一方面则与氢氧化钙的溶解有关。本实验采用硝酸铵进行脱钙预处理, 即使脱钙至极低 Ca/Si 比, 也可以很大程度保持脱钙后 C-S-H 分子的完整性 [15,16]。

不同孔隙等级的体积分布如图 4.2 所示。低场核磁和粗粒化计算均发现, 随

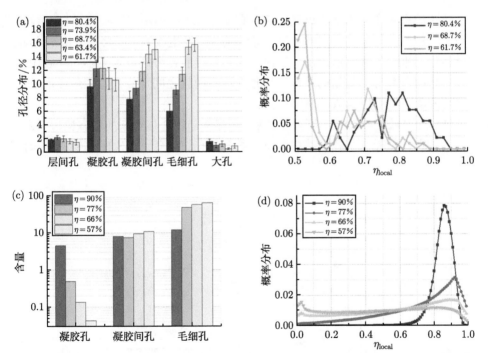

图 4.2 脱钙引起的孔结构演变。通过 (a) 低场核磁共振、(b) 纳米压痕和 (c) (d) 粗粒化模型计算表征的不同类别孔隙的体积分布和微结构局部体积分数分布。图 (b) 中测试的结果所对应的有效单位体积与探针的压痕深度有关 (对照组为 100 ~ 200 nm, 填充率小于 68 % 的样品为 500 ~ 1500 nm), 图 (d) 中所测试的局部单位体积为 20 nm × 20 nm × 20 nm

着脱钙的进行，层间孔和凝胶孔的体积减小，而大孔隙 (如水化物间隙、毛细孔和大孔) 体积增加。这反映了 C-S-H 晶粒堆积结构的演化过程，即凝胶收缩导致 C-S-H 晶粒分离，致使晶粒间狭窄的间隙变大，因此减少了层间孔和凝胶孔的体积，对于相对大的孔隙，其体积则进一步增大。

　　微结构的演变也可通过体积填充率的统计进行量化表征。图 4.2(b) 中的局部填充率的统计描述了堆积密度由高向低的转变过程。对于脱钙后的水泥净浆，填充率小于 50 ％的区间没有显示，这是因为孔隙率高的测试区域水化产物分布不均匀且存在孔洞，导致纳米压痕压头在下压过程中，受力不稳定，所获曲线无法有效分析其压痕模量和硬度，因此这些数据被过滤掉。从曲线的分布可知，当脱钙至孔隙率小于 68 ％时，已存在大量局部填充率小于 50 ％的区域。对于测试区域大小需说明：对照组压头下压深度为 100 ~ 200 nm，所以其有效测试区域为 100 ~ 200 nm；而脱钙至孔隙率小于 68 ％的样品，有效测试区域一般大于 500 nm，最大不超过 1500 nm。

4.3.2　晶粒迁移与微结构重组

　　体积填充率在较小体积单元内的分布如图 4.2(c)、(d) 所示。C-S-H 晶粒收缩打破了晶粒间初始相互作用的平衡，导致凝胶团发生收缩、团聚的二次结构演化，这使得局部堆积密度有所增加。同时，大体积凝胶被分裂成若干小的凝胶团，这个过程伴随着晶粒间黏结的断裂，导致在这些团簇之间形成孔隙，最终形成由彼此胶连的凝胶团簇所构成的网络结构。

　　C-S-H 晶粒的收缩打破了原本的稳态，促使晶粒迁移至新的稳态构型 (图 4.3、图 4.4)。在此过程中，孔隙结构由小裂纹向大孔隙演变，C-S-H 晶粒的堆积构型

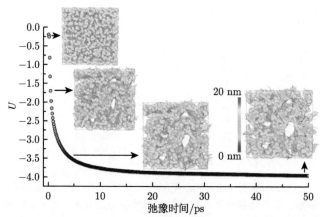

图 4.3　C-S-H 凝胶收缩所导致的结构弛豫及自由能的变化。其中的彩色箭头表示位移矢量，其大小用不同颜色表示

由致密结构转变为网状结构，大量孔隙分布在该网络结构之中，充填分数为零的孔隙体积也逐渐增多。

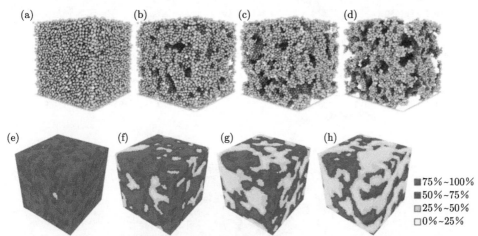

图 4.4 C-S-H 凝胶堆积结构和空间局部填充率的空间分布。C-S-H 晶粒体积收缩导致微结构重组，使填充率分别降低至 (a)(e) 90 %、(b)(f) 77 %、(c)(g) 66 %、(d)(h) 57 %。(e)(f)(g)(h) 中的颜色表示局部填充率，计算凝胶体积为 150 nm×150 nm×150 nm

4.4 水泥基体系中 C-S-H 晶粒间相互作用

4.4.1 晶粒间相互作用演变

C-S-H 晶粒间的相互作用是 C-S-H 胶凝力的源头。第 3 章基于合成 C-S-H 凝胶基于全原子模拟阐释了 C-S-H 分子的演变机制，本节首次捕获了水泥浆体中胶凝力的演变。众所周知，对于水泥水化产物，内部和外部水化产物的模量和硬度在不同水泥基体系中是相近的，例如，内部水化产物的压痕模量一般为 30 GPa 左右，而外部水化产物则在 20 GPa 附近 [17,20]。然而，对于脱钙试样，在相同的体积分数下，模量和硬度大幅下降，如图 4.5 所示。显然，这是由 C-S-H 晶粒间相互作用的减弱而引起的。一个极端的例子是，一堆散沙不会有任何的外形和力学性能。本节中，基于纳米压痕实验数据和微观力学理论的结合实现了 C-S-H 晶粒间相互作用的量化，结果列于表 4.1。晶粒间的刚度、黏结和硬度随着脱钙程度的增加而降低。

晶粒间相互作用的影响可以从能量的角度来解释。图 4.5(c) 展示了凝胶体系自由能的演变。在粗粒化模型中，采用晶粒间刚度 m_s 描述 C-S-H 晶粒间的相互作用强度，它控制着凝胶体系最小承载单元晶粒间界面的变形和承载能力。m_s 的减小与 C-S-H 分子的劣化有关，体积填充率 η 的减小则与微观结构的劣化有关。

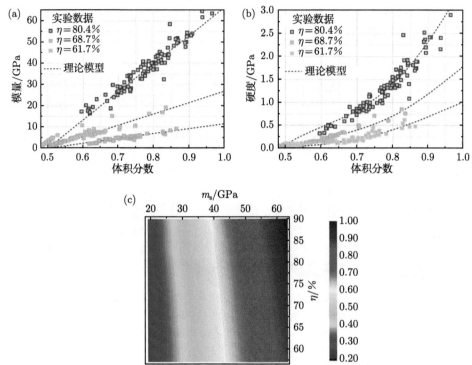

图 4.5　(a) 水泥水化相的压痕模量和 (b) 硬度随填充率的演变。其中的理论模型见公式 (4.1)。(c) 由 C-S-H 晶粒间相互作用弱化和填充率降低所引起的结构自由能降低率

表 4.1　基于压痕实验和计算所得到的 C-S-H 晶粒间的本征物理参数

Ca/Si 比 *	3.1	2.45	1.35	0.8
晶粒间刚度, m_s/GPa	66.24	42.50	26.90	11.52
晶粒间黏结, c_s/GPa	0.34	0.24	0.20	0.10
摩擦系数, α_s	0.32	0.30	0.26	0.30
晶粒间硬度, h_s/GPa	3.52	2.36	1.77	0.98

＊C-S-H 晶粒间的物理性能衰减是通过脱钙预处理实现的。

　　整个结构的自由能,即完全解体所需要的能量,基本上只与晶粒间相互作用强度有关,受体积填充率的影响较小。表明了晶粒间相互作用对水泥和混凝土的关键作用。同时,这也强调了裂纹的危害,因为裂纹区域的自由能为零,裂纹会成为失效的起点,使其他晶粒之间的强黏结作用失去意义。

4.4.2　晶粒间相互作用表征方法

　　表 4.1 给出了基于压痕测试所获得的 C-S-H 晶粒间相互作用本证参数,除此方法外,还可直接通过拉伸测试计算该本证参数,本节展示了基于全原子分

子动力学方法的计算结果，如图 4.6 所示。介观尺度的开裂主要由拉应力所引起，因此，基于拉伸实验所计算的晶粒间相互作用，与 C-S-H 胶凝力的定义更加吻合。

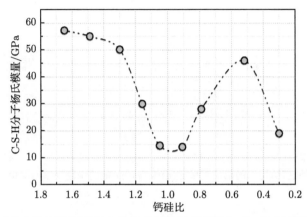

图 4.6 基于分子动力学计算的脱钙 C-S-H 分子的杨氏模量与 Ca/Si 比的关系。C-S-H 分子具有层状结构，在层间钙完全溶出后，其拉伸性能最弱。完全溶出时的 Ca/Si 约为 1.1，该数值针对 C-S-H 初始 Ca/Si 比为 1.65 左右的普通硅酸盐水泥胶凝体系

通过分子动力学进行拉伸测试所计算的 C-S-H 凝胶杨氏模量如图 4.6 所示，一系列杨氏模量是通过 C-S-H 脱钙预处理而得到的，在第 3 章中进行了详细的研究和讨论。如上文所述，在室温下使 C-S-H 晶粒间相互作用减弱的唯一方法便是脱钙，各种类型的混凝土劣化，如溶蚀、冲刷、硫酸盐侵蚀和碳化，均可引起脱钙。

4.4.3 晶粒间相互作用对微结构的影响

晶粒间相互作用对微结构的影响如图 4.7 和图 4.8 所示，晶粒堆积结构、体积填充率分布、孔径分布均没有随着晶粒间相互作用演变而发生变化。

明显可得结论，晶粒间相互作用的变化对微结构几乎没有影响。晶粒间相互作用决定了晶粒堆积体系的势能场，本研究结果表明，势能场的增强或减弱对已达到稳态的晶粒堆积结构体系几乎没有影响。从受力的角度分析，在该构型下每个晶粒的受力已达到平衡，势能场均匀覆盖于每个晶粒，其增强或减弱也无法改变每个晶粒受力平衡的现状，所以晶粒也不会因势能场的变化而发生再迁移。

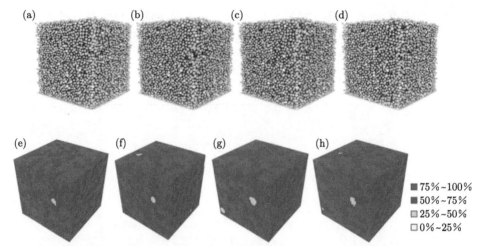

图 4.7　C-S-H 晶粒间刚度为 (a)(e) 57.5 GPa、(b)(f) 52.3 GPa、(c)(g) 47.7 GPa 和 (d)(h) 43.1 GPa 样品的堆积结构和局部填充率。(e)(f)(g)(h) 中的颜色表示局部填充率，凝胶体积约为 150nm × 150nm × 150 nm

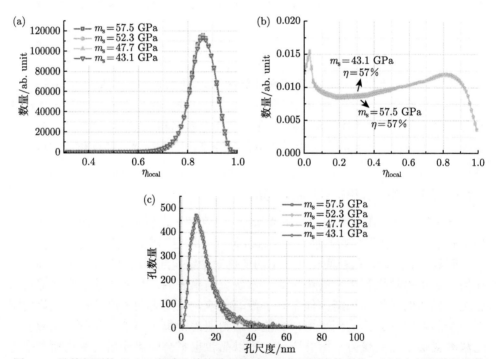

图 4.8　计算得到的 C-S-H 凝胶孔结构随晶粒间相互作用刚度的变化。(a)(b) 局部体积分数分布，(c) 填充率为 90 % 的 C-S-H 凝胶孔径分布

4.5 C-S-H 胶凝力的量化

4.5.1 C-S-H 堆积体系拉伸性能

对照组的拉伸行为如图 4.9 所示。C-S-H 凝胶在介观尺度的应力-应变关系曲线可分为弹性、峰值、屈服和破坏阶段,这与宏观的应力-应变关系相似,但是介观尺度的抗拉强度 (855 MPa) 和延性 (0.6ε) 远远优于宏观尺度。在破坏阶段,C-S-H 凝胶所产生的裂缝在图 4.9(a) 中用的黄色圆圈标记,随着进一步的拉伸,条状 C-S-H 凝胶从凝胶基体中拉出,在应力统计中发现,裂纹和条状 C-S-H 凝胶边缘的晶粒所承受应力接近于 0,意味着它们几乎不再承受载荷。

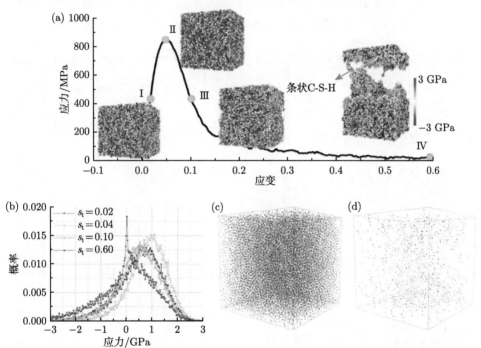

图 4.9 对照组 C-S-H 的拉伸性能。(a) 应力-应变关系曲线,其中的介观构型分别对应弹性、峰值、屈服和破坏阶段,颜色表示 C-S-H 晶粒上在拉伸方向上的应力。堆积结构中的黄色圆圈标记了裂纹。(b) 不同应变下 C-S-H 晶粒的应力分布。(c)(d) 应变为 0.04 时的应力空间分布,正值 (红色) 表示拉应力,负值 (蓝色) 表示压应力

加载过程中 C-S-H 晶粒的应力分析如图 4.9 所示。在凝胶结构处于在弹性阶段时,受拉应力和压应力所作用的晶粒共存且均匀分布。在拉伸过程中,拉应力起主导作用,随着进一步拉伸,拉应力逐渐增大,受拉应力作用的晶粒数增多。其中,晶粒所承受的最大应力不超过 3 GPa,这是 C-S-H 晶粒间界面承载力的极

限。此外，3 GPa 的数值恰巧与 C-S-H 凝胶薄弱方向 c 方向 (垂直于分子层间方向) 的拉伸强度相吻合。

4.5.2　C-S-H 胶凝力衰退

C-S-H 凝胶在介观尺度的拉伸性能统计如图 4.10 所示，该结果由图 4.11 中的应力-应变关系曲线计算所得，它很好地解答了分子尺度和宏观尺度之间存在巨大性能差距的本质原因，例如，C-S-H 分子沿 b 轴的抗拉强度可达 5 GPa[21]，但水泥浆体和混凝土的拉伸强度一般不超过 10 MPa。如图 4.9 所示，最小承载单元 C-S-H 晶粒界面的最大承载高达 3 GPa，而 C-S-H 晶粒紧密堆积结构的抗拉强度仅为 855 MPa。这是因为在很多位置的 C-S-H 晶粒处于未受力或受力较小的状态；随着 C-S-H 晶粒相互作用和体积填充率的降低，模量和抗拉强度大幅下降，分别从 40 GPa 下降到 4 GPa、850 MPa 下降到 40 MPa (图 4.10)。

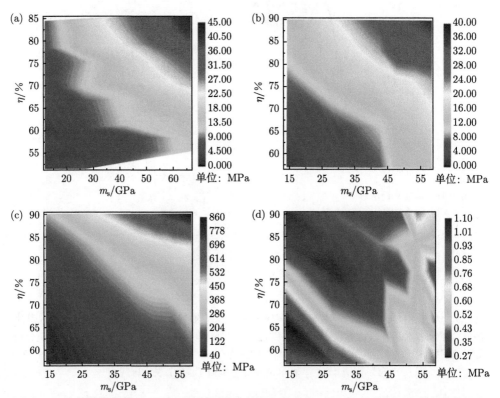

图 4.10　力学性能随着 C-S-H 晶粒间刚度和填充率的变化。(a) 基于纳米压痕所获得的压痕模量和 (b) 基于粗粒化计算所获得的杨氏模量；基于粗粒化计算的 (c) 拉伸强度和 (d) 断裂应变。晶粒间刚度的衰减与 C-S-H 分子的劣化有关，即化学损伤；体积填充率与微结构劣化有关，即物理损伤

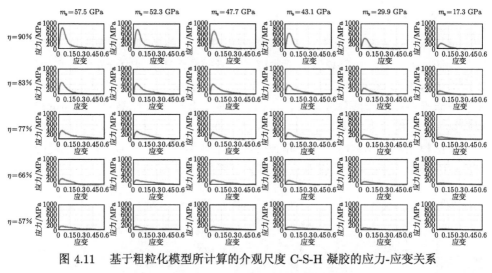

图 4.11 基于粗粒化模型所计算的介观尺度 C-S-H 凝胶的应力-应变关系

上述体积填充率的影响意味着，孔隙对力从纳米尺度向宏观尺度的传递有着重要的影响，亚微米宽的裂缝可以完全中断力的传递。然而，在普通硅酸盐水泥 (OPC) 混凝土中，这种尺度的裂缝是非常常见的，同时这也解释了具有致密微结构和超低孔隙缺陷的超高性能混凝土 (UHPC) 的抗拉强度相对较高的原因 [22]。

混凝土在服役过程中，C-S-H 晶粒相互作用的衰减非常普遍，它与各类混凝土劣化方式有关，如溶蚀、冲刷、硫酸盐侵蚀、碳化，所有这些劣化方式都能够通过脱钙的途径引起 C-S-H 分子劣化。尽管上述劣化方式最终都是以开裂的形式破坏混凝土，但 C-S-H 晶粒相互作用的衰减起到了不可忽视的加速作用，例如，经脱钙处理的水泥浆体收缩开裂尤为严重。

此外，本研究也明晰了提高水泥和混凝土性能的两条途径，即提高 C-S-H 晶粒相互作用和降低孔隙率。对于后者，广泛采用的方法是降低水灰比，这也被证明是最有效的，例如极低水灰比的超高性能混凝土，也有学者提出无缺陷混凝土的概念，可通过热压的方式成型，其实也是进一步降低水灰比，只是水灰比低到传统方法无法成型，所以改用热压成型法。

对于前者，提高 C-S-H 晶粒间相互作用的方法之一是强化 C-S-H 分子本身，调控方向为提高脱钙所需的反应能垒 [23,24] 或者提高分子层间区域的拉伸性能，常见的方法是掺入铝相 (如矿渣、粉煤灰、纳米氧化铝)，铝相能够进入 C-S-H 分子生成 C-A-S-H，使原本 C-S-H 的层状结构相互交联，进而提高层状结构的拉伸性能 [25-27]；另一种方法是添加长径比大的纳米材料，如长链聚合物、石墨烯和碳纳米管，能够起到串联 C-S-H 晶粒的作用，提高多晶材料的整体性，实现宏观拉伸性能的攀升 [31-34]。

4.5.3　承载模式

虽然体积填充率和 C-S-H 晶粒相互作用的降低都能减弱介观尺度 C-S-H 凝胶的拉伸性能，但二者所导致的承载模式有所差异，其从应力分布特征可以区分。在应力-应变曲线峰值顶部时的应力分布如图 4.12 所示。体积填充率的降低导致了参与承受荷载的凝胶体积减小，进而致使应力集中，因此晶粒界面的承载力上限轻微增加，略大于 3 GPa，且大量应力分布趋于 0，应力向两个极端发展；而 C-S-H 晶粒相互作用衰减则导致单位体积的承载力的下降，当晶粒间刚度降低到 17.3 GPa 时，单位极限承载力从 3 GPa 下降到 1 GPa 以下。

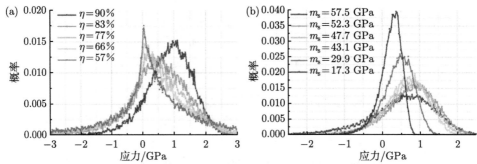

图 4.12　对于不同 (a) 体积填充率和 (b) 晶粒间刚度的 C-S-H 凝胶，应力-应变曲线峰值时的应力分布统计，方向为沿拉伸方向

模量和抗拉强度随着体积填充率和 C-S-H 晶粒相互作用的衰减而减小，而断裂应变的变化并不遵循此规律。在图 4.12 中，仅 C-S-H 晶粒相互作用下降的体系，断裂应变最低，似乎体积填充率的降低有利于韧性的提高。拉伸过程中的凝胶体系变形和晶粒位移的研究如图 4.13 所示。堆积致密样品中的 C-S-H 晶粒分布均匀，则其应力的分布也较为均匀，因此断面相对整齐，这也意味着材料的拉伸断裂韧性较低；而对于结构致密且晶粒相互作用弱的凝胶体系，其韧性则更差；相

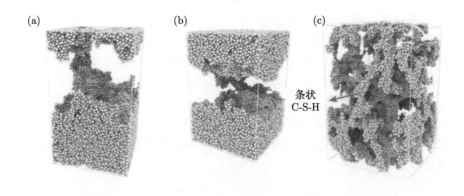

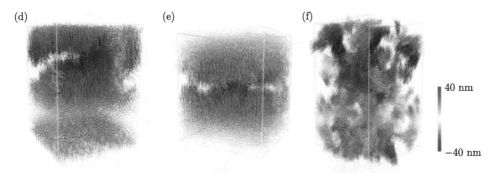

图 4.13　破坏阶段的堆积构型和晶粒位移向量。(a)(d) 晶粒间刚度为 57.5 GPa、体积填充率为 90 ％的样品，(b)(e) 晶粒间刚度为 17.3 GPa、体积填充率为 90 ％的样品，(c)(f) 晶粒间刚度为 57.5 GPa、体积填充率为 57 ％的样品。颜色表示位移向量的方向，正方向为向上。图 (c) 的断裂面极其曲折，拉伸过程中，该样品中的环形结构被拉开并拉直成条状，在此期间，局部条状结构旋转和摩擦以消耗能量图 (f)

比之下，孔结构疏松的网状多孔结构具有较好的韧性，如图 4.13(c) 所示，因为多孔凝胶体系具有应力集中的特征 (图 4.12)，因此其断裂面较为曲折，在图 4.13(c) 所展示的拉伸过程中，环状结构被拉开乃至拉直成条状结构，在此过程中条状结构旋转、摩擦消耗能量 (图 4.13(f))。

4.6　C-S-H 胶凝力的物理意义和影响因素讨论

4.6.1　物理意义

　　C-S-H 凝胶具有多晶特征，晶粒相互黏结构成一个整体，C-S-H 凝胶为水泥混凝土体系提供黏结强度，保证了混凝土体系的完整性和宏观性能。C-S-H 胶凝力的源头是 C-S-H 晶粒之间的黏结 [8−11]，而目前对 C-S-H 胶凝力本身的认识仍是模糊和定性的。本章拟用 C-S-H 凝胶在介观尺度上的抗拉能力描述 C-S-H 胶凝力，其可通过介观尺度 C-S-H 的拉伸性能而进行量化。介观尺度大小为几十到数百纳米，这是描述 C-S-H 晶粒排列的尺度，混凝土的所有损伤皆以开裂为途径，而大多数开裂都可追溯到 C-S-H 晶粒间的黏结断裂，例如，耐久性问题大多由内部拉应力引起，如干燥收缩、硫酸盐侵蚀膨胀、钢筋锈蚀膨胀；机械损伤也与拉伸剪切应力相关，例如拉伸荷载、弯曲荷载，甚至包括压缩荷载，其破坏过程也与混凝土的侧向胀裂有关。因此，这个定义几乎与混凝土绝大多数行为密切相关，有助于水泥和混凝土性能最本质的理解，且很好地服务于其研究 (图 4.14)。

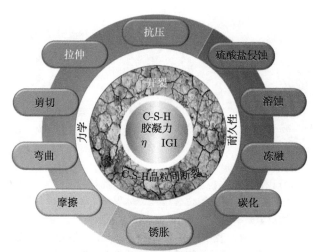

图 4.14　拟将混凝土各种行为融入 C-S-H 胶凝力框架。混凝土的所有损伤都以开裂为途径，如耐久性问题和力学损伤，而大部分开裂都与 C-S-H 晶粒间黏结的断裂有关，所以 C-S-H 胶凝力体现了其抗裂能力。IGI 为晶粒间的相互作用；η 反映了参与承载的凝胶体积大小

4.6.2　关键影响因素：堆积密度和晶粒间相互作用

基于上述 C-S-H 胶凝力意义讨论，可明晰决定 C-S-H 胶凝力的最本质因素，即 C-S-H 晶粒间相互作用和堆积密度，前者决定了 C-S-H 凝胶单位体积的承载能力，后者意味着能够参与承载的凝胶体积。

C-S-H 晶粒间相互作用的变化与 C-S-H 分子结构演变有关，脱钙、高温破坏均能够极大地降低晶粒间相互作用；对于堆积密度，其随着水灰比、养护时间的变化而变化，并受到耐久性劣化和力学损伤的影响。能够看出，晶粒间相互作用的降低由 C-S-H 分子的劣化引起，该过程通常为化学反应，而微观结构的劣化则是物理损伤。

4.7　本 章 小 结

C-S-H 凝胶收缩导致 C-S-H 晶粒分离，致使晶粒间狭窄的间隙变大，因此，一部分层间孔和凝胶孔转变为大孔；随着晶粒的迁移，致密的 C-S-H 凝胶结构逐渐转变为由相互交联的凝胶团所构成的多孔网络结构。

C-S-H 胶凝力定量地解答了分子尺度和宏观尺度间在性能上巨大差异的原因，如拉伸强度从 5 GPa 下降到 10 MPa 以下。因为每次的尺度跨越都将导致性能的下降，例如，从单个晶粒界面到堆积结构，从局部致密堆积结构到多孔结构和亚微米裂纹。

堆积密度降低导致承受载荷的凝胶体积减小，进而导致应力集中现象；C-S-H晶粒相互作用的衰减则导致单位体积的承载力下降。致密的 C-S-H 凝胶结构应力分布均匀，但断裂面平整，所以其表现出较低的韧性，对于结构致密且 C-S-H 晶粒相互作用弱的试样，其韧性则更低。相比之下，多孔网络结构的断裂面是极其曲折的，较好的延性是由于局部结构的扭转和摩擦作用。

C-S-H 晶粒团簇的拉伸和开裂行为是硬化水泥混凝土抗裂性的基础，本章研究成果有助于确定多种劣化类型下混凝土的开裂阈值。

参 考 文 献

[1] Zhang Y, Guo L, Shi J, et al. Full process of calcium silicate hydrate decalcification: molecular structure, dynamics, and mechanical properties[J]. Cement and Concrete Research, 2022, 161: 106964.

[2] Papatzani S, Paine K, Calabria-Holley J. A comprehensive review of the models on the nanostructure of calcium silicate hydrates [J]. Constr Build Mater, 2015, 74: 219-234.

[3] Cho B H, Chung W, Nam B H. Molecular dynamics simulation of calcium-silicate-hydrate for nano-engineered cement composites—a review [J]. Nanomater, 2020, 10: 2158.

[4] Bullard J W, Jennings H M, Livingston R A, et al. Mechanisms of cement hydration [J]. Cem Concr Res, 2011, 41: 1208-1223.

[5] Jennings H M. Refinements to colloid model of C-S-H in cement: CM-II [J]. Cem Concr Res, 2008, 38: 275-289.

[6] Constantinides G, Ulm F J. The nanogranular nature of C-S-H [J]. J Mech Phys Solids, 2007, 55: 64-90.

[7] Plassard C, Lesniewska E, Pochard I, et al. Nanoscale experimental investigation of particle interactions at the origin of the cohesion of cement [J]. Langmuir, 2005, 21: 7263-7270.

[8] Bonnaud P A, Labbez C, Miura R, et al. Interaction grand potential between calcium-silicate-hydrate nanoparticles at the molecular level [J]. Nanoscale, 2016, 8: 4160-4172.

[9] Masoumi S, Ebrahimi D, Valipour H, et al. Nanolayered attributes of calcium-silicate-hydrate gels [J]. J Am Ceram Soc, 2020, 103: 541-557.

[10] Jönsson B, Nonat A, Labbez C, et al. Controlling the cohesion of cement paste [J]. Langmuir, 2005, 21: 9211-9221.

[11] Goyal A, Palaia I, Ioannidou K, et al. The physics of cement cohesion [J]. Science Advances, 2021, 7: eabg5882.

[12] Ioannidou K, Krakowiak K J, Bauchy M, et al. Mesoscale texture of cement hydrates [J]. Proc Natl Acad Sci., 2016, 113: 2029.

[13] Ioannidou K, Kanduč M, Li L, et al. The crucial effect of early-stage gelation on the mechanical properties of cement hydrates [J]. Nature Communications, 2016, 7: 1-9.

[14] Masoero E, del Gado E, Pellenq R M, et al. Nanostructure and nanomechanics of cement: polydisperse colloidal packing [J]. Physical review letters, 2012, 109: 155503.

[15] Chen J J, Thomas J J, Taylor H F, et al. Solubility and structure of calcium silicate hydrate [J]. Cem Concr Res, 2004, 34: 1499-1519.

[16] Thomas J J, Chen J J, Allen A J, et al. Effects of decalcification on the microstructure and surface area of cement and tricalcium silicate pastes [J]. Cem Concr Res, 2004, 34: 2297-2307.

[17] Vandamme M, Ulm F J, Fonollosa P. Nanogranular packing of C-S-H at substochiometric conditions [J]. Cem Concr Res, 2010, 40: 14-26.

[18] Ioannidou K, Pellenq R J, Del G E. Controlling local packing and growth in calcium-silicate-hydrate gels [J]. Soft Matter, 2014, 10: 1121-1133.

[19] Chen J J, Thomas J J, Jennings H M. Decalcification shrinkage of cement paste [J]. Cem Concr Res, 2006, 36: 801-809.

[20] Ulm F J, Vandamme M, Bobko C, et al. Statistical indentation techniques for hydrated nanocomposites: concrete, bone, and shale [J]. J Am Ceram Soc, 2007, 90: 2677-2692.

[21] Hou D, Zhang J, Li Z, et al. Uniaxial tension study of calcium silicate hydrate (C-S-H): structure, dynamics and mechanical properties [J]. Mater Struct, 2015, 48: 3811-3824.

[22] Wang D, Shi C, Wu Z, et al. A review on ultra high performance concrete: Part II. Hydration, microstructure and properties [J]. Constr Build Mater, 2015, 96: 368-377.

[23] Dupuis R, Dolado J S, Surga J, et al. Doping as a way to protect silicate chains in calcium silicate hydrates [J]. ACS Sustainable Chem Eng, 2018, 6: 15015-15021.

[24] Ozçelik V O, White C E. Nanoscale charge-balancing mechanism in alkali-substituted calcium-silicate-hydrate gels [J]. J Phys Chem Lett, 2016, 7: 5266-5272.

[25] Yang J, Hou D, Ding Q. Structure, dynamics and mechanical properties of cross-linked calcium aluminosilicate hydrate: A molecular dynamics study [J]. ACS Sustainable Chem Eng, 2018, 6(7): 9403-9417.

[26] Myers R J, Bernal S A, San Nicolas R, et al. Generalized structural description of calcium–sodium aluminosilicate hydrate gels: the cross-linked substituted tobermorite model [J]. Langmuir, 2013, 29: 5294-5306.

[27] Hou D, Li Z, Zhao T. Reactive force field simulation on polymerization and hydrolytic reactions in calcium aluminate silicate hydrate (C-A-S-H) gel: structure, dynamics and mechanical properties [J]. RSC Adv, 2015, 5: 448-461.

[28] Veiga K K, Gastaldini A L G. Sulfate attack on a white Portland cement with activated slag [J]. Constr Build Mater, 2012, 34: 494-503.

[29] Komljenović M, Baščarević Z, Marjanović N, et al. External sulfate attack on alkali-activated slag [J]. Constr Build Mater, 2013, 49: 31-39.

[30] Mohamed O A. A review of durability and strength characteristics of alkali-activated slag concrete [J]. Materials, 2019, 12: 1198.

[31] Afzal A, Kausar A, Siddiq M. A review on polymer/cement composite with carbon nanofiller and inorganic filler [J]. Polym-Plast Technol Eng, 2016, 55: 1299-1323.

[32] Zhang Y, Zhang Q, Hou D, et al. Tuning interfacial structure and mechanical properties of graphene oxide sheets/polymer nanocomposites by controlling functional groups of polymer [J]. Appl Surf Sci, 2020, 504: 144152.

[33] Wan H, Zhang Y. Interfacial bonding between graphene oxide and calcium silicate hydrate gel of ultra-high performance concrete [J]. Mater Struct, 2020, 53: 34.

[34] Zhang Y, Yang T, Jia Y, et al. Molecular dynamics study on the weakening effect of moisture content on graphene oxide reinforced cement composite [J]. Chem Phys Lett, 2018, 708: 177-182.

第 5 章　水泥浆体微结构

5.1　引　　言

　　水泥浆体是一种复杂的多相材料,其内部结构和微观形态对其力学性能、物理性质以及耐久性等方面有着非常重要的影响。因此,对水泥浆体微结构进行准确表征、深入探究其内部结构和形态变化规律,对于提高水泥浆体的性能、设计更加有效的材料调控策略具有重要意义。目前,对水泥浆体微结构的表征主要分为两大类,即间接方法和直接方法。

　　间接方法是利用一些宏观物性的测试手段来间接地反映水泥浆体微观结构的特征。常见的间接测试方法包括 MIP 实验、氮气吸附测试等。其中,MIP 实验可以反映水泥浆体的孔隙大小、孔隙分布等信息,可以定量反映孔隙结构特征;氮气吸附测试可以通过测试氮气吸附量来表征水泥浆体表面积及孔径分布等信息。这些方法的优点是易于实施,能够定量反映物质的某些特征,但缺点是不能为某些微观结构提供详细直观的信息,不够全面。

　　直接方法是通过一系列显微和成像技术来直接观察和分析水泥浆体微结构的形态和分布,以获得更加准确和直观的结构信息。常见的直接测试方法包括 X 射线计算机断层成像 (X-CT) 技术、背散射电子成像 (BSE) 技术等。其中,X-CT 技术是一种非破坏性的表征方法,可以刻画水泥浆体内部空间的三维结构和微观形态,包括孔隙分布、孔隙形态、孔径大小等关键信息。背散射电子成像则是一种显微成像技术,能够通过浆体内部背散射电子的强度来表征材料的微观结构和颗粒形态。这些方法的优点是能够为水泥浆体的微结构提供更加直观和全面的信息,但需要高度专业的设备和测试技术。

　　水泥浆体微结构的表征是材料科学研究中非常重要的一步,常规的间接方法和直接方法可以相互补充,用于不同方面、不同深度的结构表征。水泥浆体结构的准确表征将有助于更好地理解材料的性能机制,为优化水泥浆体性能,提高材料的性能和应用提供重要参考。本章选取三种常用的表征方法及对应的数据分析进行详细介绍。

5.2 微结构表征方法介绍

5.2.1 MIP 实验

目前测量水泥基复合材料孔隙率大小常用的方法有光学法、氮吸附法、MIP、热孔计法等，其中，利用 MIP 测试孔结构的方法测试范围较大，能够测量水泥基复合材料中的凝胶孔以及毛细孔，因此被广泛应用于水泥基多孔材料的研究中 [1]。本节选择 MIP 测试水泥净浆试样的孔隙率。汞作为一种对于一般固体非浸润的液态，通过压力作用能够进入多孔材料的内部，且压力越大，能进入的孔径越小。根据 Washburn 公式 [2]，假设样品中所有的孔隙均为圆柱形，且所有的孔隙均能延伸到试样的外表面，从而使样品在测定时和外部的水银相接触，则外部压力 P 和孔径 D 的关系可表示为

$$D = -\frac{4\gamma\cos\theta}{P} \tag{5.1}$$

式中，γ 为表面张力，θ 为汞与材料的接触角。由于进汞量是外部压力 P 的函数，因此通过测试不同压力作用下的进汞量可以得到相应孔径的进汞量，即确定相应孔径的孔隙率，孔径分布可以表示为

$$D_V(d) = -\frac{\mathrm{d}V}{\mathrm{d}D} = \frac{P}{D}\left(\frac{\mathrm{d}V}{\mathrm{d}P}\right) \tag{5.2}$$

式中，$D_V(d)$ 为体积孔径分布函数，V 为进汞量。

具体实验步骤：首先取一定量尺寸小于膨胀剂尺寸的样品并用无水乙醇浸泡试样 48 h 以上终止水化，随后取出放置在 60℃ 的真空干燥箱中真空干燥 2 天，再放入压汞仪中测试。

5.2.2 三维 X 射线衍射仪法

本节采用的实验仪器是德国制造的蔡司 Xradia 510 型号 X 射线显微镜，其中 X 射线工作电压为 30～160 kV，功率为 10 W，设备极限分辨率为 0.9 μm，最小有效体素尺寸为 70 μm。X 射线三维显微镜是通过将传统 CT 技术和光学显微技术相结合，采用几何放大和可见光光学放大的两级放大系统，获得了较高的空间分辨率，第一级放大是传统的 X 射线几何放大，第二级放大是将 X 射线用闪烁体转化为可见光之后用镜头进行的光学放大。结合局部 CT 成像，在较大样品、较大工作距离下实现了亚微米的空间分辨率。

工作原理：其成像系统主要由微焦点射线源、精密样品台、高分辨率探测器、控制系统、成像和分析系统组成，经射线源发射出来的 X 射线束穿过待测试样时，

其不同部位物质对射线的吸收作用不同，最终投射至探测器上形成不同图像。在 X 射线与物质作用时，不同材料吸收 X 射线光子量取决于 X 射线的能量 E、材料的密度 ρ 和原子序数 Z。若记 X 射线源发出射线强度为 I_0，当 X 射线穿过物体路径为 L 时，探测器检测到的 X 射线强度记为 $I_d(L)$，忽略散射时，有如下关系 [3]：

$$I_d(L) = I_0 \exp\left(-\int \mu(x, E)\mathrm{d}L\right) \tag{5.3}$$

式中，μ 为被测物的吸收系数，x 为空间位置。给定位置处的吸收系数依赖于不同材料空间分布。对于简单的材料，吸收系数可以表示为

$$\mu(E) = \rho\left(a + b\frac{z^{3.8}}{E^{3.2}}\right) \tag{5.4}$$

式中，a 是一个能量依赖较弱的参数，b 为常数。因此，经三维 X 射线显微镜扫描得到的灰度值图像与材料对 X 射线的吸收率有关，材料密度的大小影响其对 X 射线的吸收率，从而产生不同灰度值的图像，以原子和分子尺度分析，当材料具有较大相对原子质量时，对 X 射线的吸收率较大，即灰度值越大。

5.2.3   背散射电子成像

背散射电子成像是一种在电子显微镜中常用的表征材料表面的先进技术，该技术利用高能电子束与样品相互作用产生的背散射电子，获取有关样品的组成、结构和形貌等信息。在背散射电子成像过程中，高能的初级电子束轰击样品表面，与样品中的原子发生碰撞，从而发生弹性散射和非弹性散射等过程，其中一部分电子经由背向散射，被探测器捕获并记录下来。

背散射电子的强度和能量分布与样品中的原子序数和密度相关，其图像呈现出不同区域的对比度，亮区表示具有较高原子序数或较高密度的区域，而暗区则表示较低原子序数或较低密度的区域。这种对比度使我们能够可视化和分析样品表面的成分变化、晶体结构分布、表面缺陷和地形特征。

背散射电子成像广泛应用于材料科学、地质学、冶金学和半导体研究等领域。它为研究人员提供了深入了解材料的微观结构、化学元素分布、晶界分析、相识别和表面形貌的能力。

5.3   MIP 实验下水泥浆体孔结构分形类型

水泥基复合材料内部具有高度无序的微观结构特性，考虑到孔隙大小、形状、表面积和连通性在微观层次上都表现出不同程度的复杂性，通过传统的欧氏几何

学 (简单的点、线、面和立体组成的整数维形体) 无法描述和解决, 因此, 分形学科的发展为混凝土材料领域的科学研究提供了新的途径, 近年来, 众多学者借助分形理论分析评价水泥基材料的微观孔隙结构是十分有效的。

分形理论是非线性科学的一个重要分支, 它可以准确地定量表征物质的复杂程度, 基于分形理论在水泥基材料中开展的研究, 人们根据不同的孔结构测试方法建立了适用于不同条件下的孔结构分形模型。为深入研究水泥基材料中孔隙的分形特征, 在分形理论的指导下, 本章用压汞仪法探讨了水泥净浆内部孔结构存在的分形特征, 计算得到不同龄期, 不同水灰比以及不同矿粉掺量条件下净浆孔结构的分形维数。

5.3.1 水泥浆体孔结构特征

硬化水泥浆体的孔隙结构主要和胶凝材料的组成以及其后期的水化过程有关, 胶凝体系水化产生的水化产物是填充孔隙的主要材料, 部分胶凝材料由于粒径较小也具有一定的填充作用, 从而降低水泥浆体的孔隙率。

MIP 由于操作简单且覆盖的测试孔径范围较大, 广泛地应用于多孔材料的分形研究。利用 MIP 测量水泥基材料的孔结构, 其孔隙率是指在最大压力和最小等效孔径下的累计孔隙率, 即样品最大进汞体积与样品体积的比值; 临界孔径定义为孔隙率曲线 (或累计进汞体积与孔径曲线) 斜率的突变点, 是压入汞体积具有明显增加趋势段对应的最大孔径; 最可几孔径是出现概率最大的孔径, 是最大的连续孔径, 通常为汞注入量与孔径对数微分曲线的最高点。对制备好的水泥净浆样品进行 MIP, 施加的侵入压力从 0 增加到 240 MPa。本章设置三组不同影响因素分别为不同水灰比, 不同龄期和选用不同掺量的矿粉替代水泥进行的水泥净浆实验, 其配合比和样品编号见表 5.1。表 5.2 给出了不同龄期, 不同水灰比以及不同矿粉掺量条件下的所有水泥净浆的 MIP 实验结果。

孔径分布 (PSD) 是根据孔隙直径 d 的增量侵入体积 V 来表示的, 汞注入量与孔直径的对数的差分曲线实际上反映了不同大小的孔径分布情况。不同水泥净浆的 MIP 结果表明大部分试样的临界孔径分布小于 200nm, 最可几孔径小于 100nm, 这为我们在后文中讨论孔径分形的尺寸范围提供了关键的前提。

图 5.1(a) 为纯水泥净浆孔在四个不同水灰比条件下的孔结构信息, 由图 5.1(a) 和表 5.1 可得, 随着水灰比的增加, 水泥净浆的孔隙率逐渐增大, 最可几孔径增大, 浆体内大孔增多, 临界孔径也略微增大。图 5.1(b)、(c)、(d)、(e) 分别为 0%、10%、20% 以及 50% 矿粉掺量下的水泥净浆孔在四个不同递增龄期下的孔结构信息, 由图可得, 在早期的 3d 龄期, 水泥和矿粉胶凝材料没有充分水化时, 随着加入的矿粉越多, 水泥净浆的孔隙率明显增大, 但是孔隙尺寸是明显变小的, 主要是因为早期矿粉的火山灰活性反应较弱, 水化速率要慢于纯水泥体系, 导致

表 5.1　样品编号及配合比

样品编号	胶凝材料组成/%		水胶比	养护龄龄期/d
	水泥	矿粉		
P0D25	100	0	0.25	28
P0D30	100	0	0.30	3 7 28 56
P0D35	100	0	0.35	28
P0D40	100	0	0.40	28
P10D30	90	10	0.30	3 7 28 56
P20D30	80	20	0.30	3 7 28 56
P50D30	50	50	0.30	3 7 28 56

表 5.2　水泥净浆的孔隙率、累计进汞量与孔径分布信息

样品编号	龄期/d	孔隙率/%	累计进汞量/(ml/g)	临界孔径/nm	最可儿孔径/nm
P0D25	28	7.7	0.0384	131	31
P0D30	3	14.2	0.0849	760	159
	7	12.2	0.0677	368	92
	28	11.0	0.0568	134	49
	56	10.9	0.0554	126	45
P0D35	28	17.8	0.0897	146	62
P0D40	28	20.9	0.1136	150	98
P10D30	3	19.72	0.1047	156	78
	7	17.07	0.1001	134	56
	28	11.22	0.0684	130	45
	56	10.7	0.0568	115	27
P20D30	3	23.47	0.1329	151	75
	7	18.45	0.0878	124	51
	28	12.12	0.0725	116	26
	56	10.3	0.0620	104	25
P50D30	3	26.35	0.1540	176	85
	7	20.06	0.1068	154	32
	28	12.50	0.0668	151	20
	56	9.6	0.0545	119	19

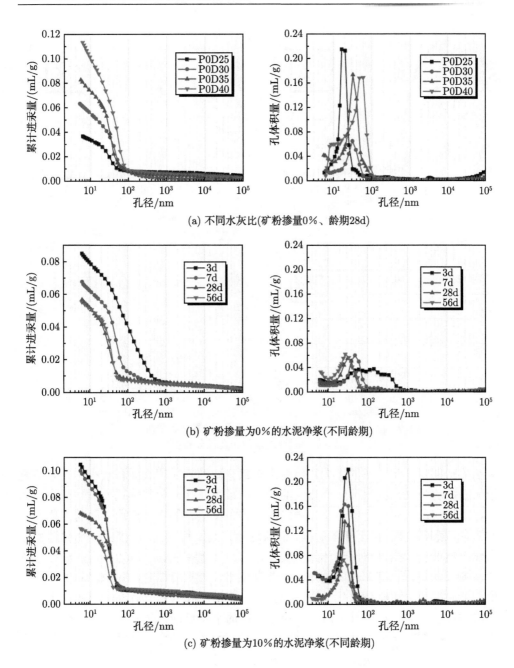

(a) 不同水灰比(矿粉掺量0%、龄期28d)

(b) 矿粉掺量为0%的水泥净浆(不同龄期)

(c) 矿粉掺量为10%的水泥净浆(不同龄期)

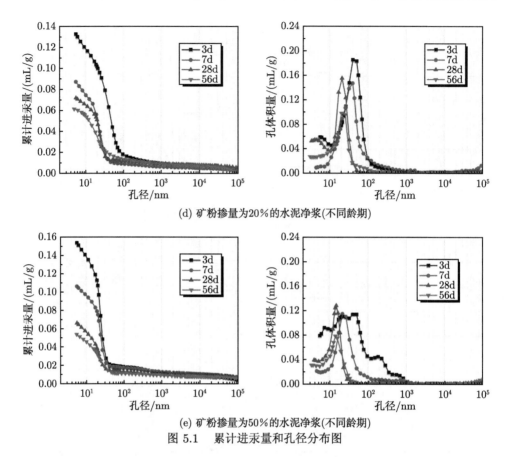

(d) 矿粉掺量为20％的水泥净浆(不同龄期)

(e) 矿粉掺量为50％的水泥净浆(不同龄期)

图 5.1　累计进汞量和孔径分布图

了水化初期浆体孔隙率的增大，但是由于部分微细矿粉比表面积较小，具有填充较大孔隙的效果，使得孔隙率增大的同时，最可几孔径和整体孔径尺寸减小。因此，水化初期矿粉掺合料主要起稀释水灰比和微集料的填充作用。随着水化反应的进行，龄期在 7d 和 28d 的时候，矿粉逐渐开始发挥其火山灰效应，水化速率和水化产物增加，提高水泥浆体的密实度，因此孔隙率明显下降，不同矿粉掺量条件下的水泥浆体孔隙率之间的差距也逐渐缩小，28d 龄期时，孔隙率基本保持一致，此时，纯水泥浆体水化反应基本完成，而矿粉掺合料仍存在一定的火山灰活性参与反应，56d 龄期时，由于矿粉在后期的水化反应，进一步生成水化产物填充浆体，孔隙率相较于纯水泥浆体变小，且矿粉掺量越多，孔隙率降低越多。因此，由于矿粉的火山灰延迟效应，其水化过程可持续 56d 以上。

5.3.2　基于 MIP 实验的水泥浆体孔结构分形类型

1. 孔隙体积分形

水泥净浆中通常存在固相、液相和气相三相。其中，固相由 C-S-H 凝胶、

Ca(OH)$_2$、其他水泥水合物和无水水泥颗粒组成；液相包括 C-S-H 凝胶中的层间水，以及孔隙中残存的游离水；气相包括水泥浆中的孔隙和微裂纹。在 MIP 实验中，液相 (或水) 总是在高真空作用下抽出，因此在分形模型中只考虑固相和气相 (孔隙)。

与 MIP 实验测量孔结构的前提一样，假设水泥净浆中的孔隙网络 (连续和不连续) 由直径为 φ、长度为 h 的圆柱体孔隙组成。从 MIP 实验结果中，我们利用增量孔隙体积可以计算出经典的累积孔隙体积 V，它是按从大孔径到小孔径的顺序积累的。然而，这里我们需要定义一个新的累积孔隙体积 V^*，通过以相反的顺序积累增量孔隙体积，即从小孔径到大孔径，则孔径范围从 φ 到 $\varphi + \mathrm{d}\varphi$ 的孔数 $\mathrm{d}M$ 为

$$\mathrm{d}M = \frac{\mathrm{d}V^*}{\pi\rho^2 h(\rho)}\mathrm{d}\rho/\mathrm{d}\rho = \frac{\mathrm{d}V^*}{\mathrm{d}\rho}\frac{\mathrm{d}\rho}{[\pi\rho^2 h(\rho)]} \tag{5.5}$$

根据分形几何的原理，我们引入一种半径为 r 的空气分子作为理想的尺度来标准量化孔的度量，r 应不大于最小孔径，假设空气分子在孔隙表面形成单体层吸附，对于每个直径为 $\varphi > r$ 的孔隙，一个气孔可接受的半径为 r 的空气分子数 n 为

$$n_a = \frac{2\pi\rho h(\rho)}{\pi r^2} = \frac{2\rho h(\rho)}{r^2} \tag{5.6}$$

此时，孔结构可以看作是半径为 r 的空气分子组成，若假设孔隙结构的体积分形维数为 D_{PM}，则整个孔隙网络可接受的空气分子 N 的总数为

$$N_a = \int_r^{\rho_{\max}} \mathrm{d}M \times n_a = \int_r^{\rho_{\max}} \frac{\mathrm{d}V^*}{\mathrm{d}\rho}\frac{2\mathrm{d}\rho}{\pi\rho r^2} = c_1 r^{-D_{PM}} \tag{5.7}$$

计算可得

$$\frac{\mathrm{d}V^*}{\mathrm{d}\rho} = \frac{c\pi}{2}(D_{PM} - 2)\rho^{2-D_{PM}} \tag{5.8}$$

假设最小孔径对应的孔隙体积为 0，对于上式中 V^* 的积分可得

$$\begin{aligned} V^* &= \int_0^{V^*} \mathrm{d}V^* = \int_0^p \frac{\pi c}{2}(2 - D_{PM})\rho^{2-D_{PM}}\mathrm{d}\rho \\ &= \frac{\pi c(D_{PM} - 2)\rho^{3-D_{PM}}}{3 - D_{PM}} = c_2 \rho^{3-D_{PM}} \end{aligned} \tag{5.9}$$

与 Ji 等 [4] 在文献中描述的一致，水泥净浆中反向累计孔隙体积和孔径之间满足关系：$V^* \propto d^{3-D_{PM}}$，D_{PM} 为孔隙体积分形维数，$\log V^*$ 和 $\log d$ 的曲线斜

率即为 $3 - D_{PM}$。通过 MIP 的孔结构实验结果，我们可以画出不同水泥净浆的反向累计孔隙体积和孔径之间的对数曲线图并进行拟合，结果如图 5.2 所示。

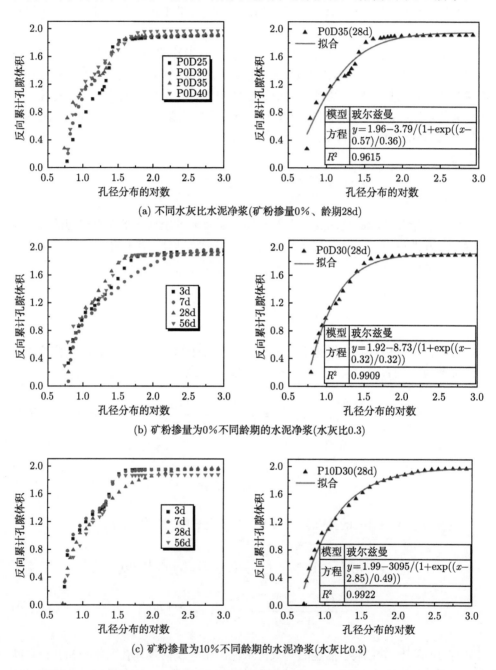

(a) 不同水灰比水泥净浆(矿粉掺量0%、龄期28d)

(b) 矿粉掺量为0%不同龄期的水泥净浆(水灰比0.3)

(c) 矿粉掺量为10%不同龄期的水泥净浆(水灰比0.3)

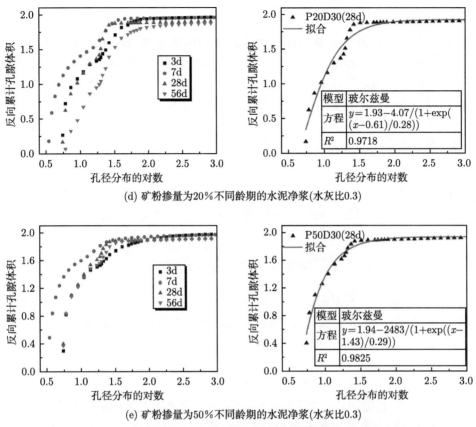

(d) 矿粉掺量为20%不同龄期的水泥净浆(水灰比0.3)

(e) 矿粉掺量为50%不同龄期的水泥净浆(水灰比0.3)

图 5.2 反向累计孔隙体积和孔径分布的对数关系和拟合曲线图

图 5.2(a) 为纯水泥净浆孔在不同龄期下的反向累计孔隙体积和孔径分布的对数关系图及其中一组的拟合曲线,图 5.2(b)、(c)、(d)、(e) 分别为 0%、10%、20% 以及 50%矿粉掺量下的水泥净浆孔在不同龄期下的反向累计孔隙体积和孔径分布的对数关系图及其中一组的拟合曲线。

从多组水泥净浆的 $\log V^*$ 和 $\log d$ 关系图中,这里只考虑大小在 1 μm 尺寸内的孔径分形特征,是因为在后续的 X-CT 实验中,我们选取的最小分辨率是 1 μm,我们假设一个 1 μm 大小的像素点是一个独立的分形单元,其内部存在的孔隙必然都小于或者等于 1 μm,且通过上述的 MIP 实验结果也证明水泥净浆内的孔径分布均在 1 μm 以下,因此,我们可以只考虑 1 μm 以下的孔,从多组水泥净浆的 $\log V^*$ 和 $\log d$ 关系图中可以得出不同组的水泥净浆,在 1 μm 尺寸的孔径范围内不存在线性关系,或者只在少部分孔径范围内存在一定的线性关系,而在事实上它们更倾向于满足玻尔兹曼 (Boltzmann) 方程,因此,用孔隙体积分形模型来描述水泥浆体内部孔结构的分形特征并不具有代表性。

2. 孔隙表面积分形

对于任意给定的分形曲面可以由不同平均曲率半径的内切等曲率曲面来近似，随着曲率半径的减小，相对应的内切等曲率曲面可以近似描述更小的孔隙表面，即反映了更微观的孔隙特征，当曲率半径无限趋向于 0，此时的等曲率曲面可以看成与最小孔径表面分形维数的分形曲面，假设一个给定的自相似曲面被分割成 λ 个相同的部分，尺度减小为原来的 $1/N$，且与整体相似，则 λ 和 n 满足下列的幂律关系：

$$\lambda = n^{D_{PS}} \tag{5.10}$$

同理，将一个给定的曲率半径为 R 和表面积为 S 的等曲率曲面等分为 λ 个相同的部分，每个部分自相似于半径为 NR 的另一曲面，该曲面的面积表示为 $S(NR)$，则有

$$S_c\left(a_c\right) = \lambda S_c\left(na_c\right) n^{-2} = S_c\left(na_c\right) n^{-(2-D_{PS})} \tag{5.11}$$

结合上述经典的覆盖理论和 MIP 实验的基本原理，Neimark 从汞侵入过程中的能量守恒定律出发，其内部孔隙表面积和侵入压力的关系如下 [5]：

$$S = -\frac{1}{\gamma\cos\theta}\int_0^V P\mathrm{d}V \tag{5.12}$$

式中，γ 为汞的表面张力，约等于 0.458 N/m；θ 为汞与孔表面的接触角，可假定为 130°；S、V 分别代表孔表面和侵入汞体积。

将孔隙理想化为具有不同半径的圆柱形管，Pfeifer 和 Avnir[6] 表明，具有分形性质的内部孔隙表面的充分必要条件是

$$S \propto d^{2-D_{PS}} \tag{5.13}$$

式中，D_{PS} 为孔隙表面积分形维数，显而易见，其取值范围在 2~3 之间。

Neimark 是第一个通过孔隙表面和孔隙半径关系来表示分形维数的作者，孔隙表面分形也被称为 Neimark 模型。基于该模型，并从 MIP 实验的结果中，我们对不同孔径下汞入侵的累积孔表面积取对数关系，通过线性拟合不同孔径范围内的曲线斜率即可获得相应的孔隙表面积分形维数，所得结果如图 5.3 所示。

图 5.3(a) 为纯水泥净浆孔在不同水灰比条件下的累计孔隙表面积和孔径分布的对数关系图及其不同孔径范围孔隙表面积分形维数分布，图 5.3(b)、(c)、(d)、(e) 分别为 0%、10%、20% 以及 50% 矿粉掺量下的水泥净浆孔在不同龄期下的反累计孔隙表面积和孔径分布的对数关系图及其不同孔径范围孔隙表面积分形维数分布。

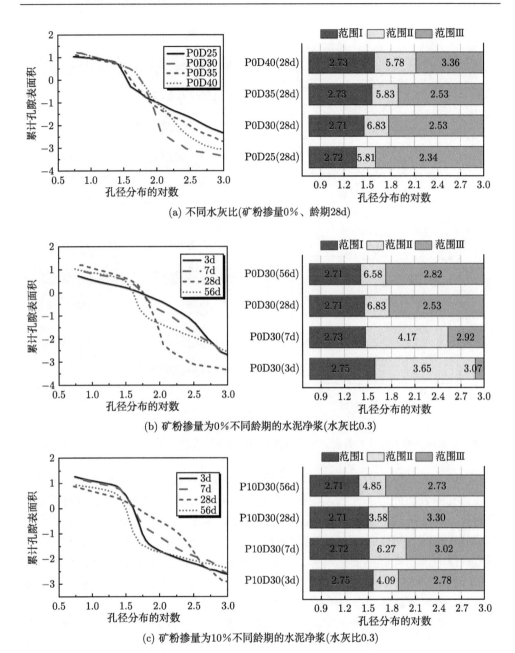

(a) 不同水灰比(矿粉掺量0%、龄期28d)

(b) 矿粉掺量为0%不同龄期的水泥净浆(水灰比0.3)

(c) 矿粉掺量为10%不同龄期的水泥净浆(水灰比0.3)

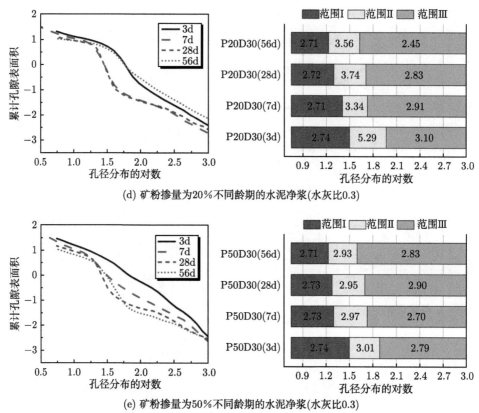

(d) 矿粉掺量为20％不同龄期的水泥净浆(水灰比0.3)

(e) 矿粉掺量为50％不同龄期的水泥净浆(水灰比0.3)

图 5.3　累计孔隙表面积和孔径分布的对数关系图及不同孔径范围孔隙表面积分形维数分布

　　由图 5.3 可得，所有水泥净浆在不同孔隙范围内表现出的差异事实上可以反映浆体孔隙表面分形的性质，根据实验结果，所有水泥净浆内的孔隙都可以被大致划分为三个范围，在最小的孔径范围内 (如 C-S-H 晶间孔)，其孔隙表面积分形维数基本相同，从图 5.3 中我们可以看出，五组不同水泥净浆累积表面积和孔径的对数曲线表现出同样的变化趋势，无法作为区分不同配合比水泥净浆的度量，而在中间孔范围 (主要为过渡孔隙) 内，则体现出较大的差异性，但是这种差异是不合理的，大部分浆体的分形维数已经超过 3 的取值范围，只有矿粉掺量为 50％的浆体分形维数取值在合理范围内，因此，过渡孔隙是不满足孔隙表面积分形的，最后，大孔范围内 (如毛细管) 经计算呈现合理的孔隙表面积分形特征，而实际中，这部分孔隙占比极少。因此，在水泥净浆体系中，特别是在大孔和小孔孔隙范围内的表面可以被识别为孔隙表面分形，而在过渡孔隙范围内的表面则被识别为非分形，孔隙表面积分形理论也并不能广泛地描述水泥基材料内部孔结构存在的分形特征。

3. 固相体积分形

固相体积分形的理论最早是由 Usteri 等 [7] 提出的，用于检验多孔材料中的分形特征，对于多孔介质中的固相体积分形模型，组成部分可以看作两相：孔隙相和迭代相。首先，在 E 维的欧氏几何空间中定义一个长度为 L 的空白体，并可以将其划分为 N 个相同的相似于整体的子区域，尺度变为原来的 $1/n(n > 2)$，即 $N = n^E$，再假设其中迭代相的数量和比例分别为 b 和 ω，$b = N\omega$，则空白体的迭代过程如下。

第一次迭代后：孔隙相和迭代相的数量变为 ωN 和 $(1 - \omega N)$，新生成的孔径大小变为 $d_1 = L/n$；

第二次迭代后：孔隙相和迭代相的数量变为 $(\omega N)^2$ 和 $(1 - \omega)\omega N^2$，新生成的孔径大小变为 $d_2 = L/n^2$；

以此类推，当第 i 次迭代后，孔隙相和迭代相的数量则变为 $(\omega N)^i$ 和 $(1 - \omega)\omega^{i-1}N^i$，新生成的孔径大小变为 $d_i = L/n^i$；图 5.4 给出了二维空间中的平面几何以尺度的 $1/3$ 进行 3 次迭代产生的结果。

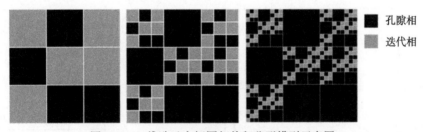

图 5.4 二维欧氏空间固相体积分形模型示意图

对于生成的多孔介质，其固相的体积分数 χ 可表示为

$$\chi = \frac{V_{\text{tot}} - V}{V_{\text{tot}}} \tag{5.14}$$

式中，V_{tot} 代表总体积，V 代表孔隙体积，当迭代第 i 次后，$\chi_i = \omega_i$，根据固相分形模型的原理，分形维数定义为 $D = \log(N\omega)/\log(n)$，已知 $d_i = L/n_i$，$N = nE$，可得

$$\chi_i = \left(\frac{d_i}{L}\right)^{E-D} \tag{5.15}$$

对于三维结构的水泥净浆孔隙结构，固相所占的体积分数与孔径之间满足关系：

$$\chi \propto d^{3-D_{SM}} \tag{5.16}$$

D_{SM} 为孔隙表面积分形维数，图 5.5(a) 为纯水泥净浆孔在不同水灰比条件下的固相体积分数和孔径分布的对数关系图及其固相体积分形拟合曲线算例，图 5.5(b)、(c)、(d)、(e) 分别为 0%、10%、20% 以及 50% 矿粉掺量下的水泥净浆孔在不同龄期下的固相体积分数和孔径分布的对数关系图及其固相体积分形拟合曲线算例。

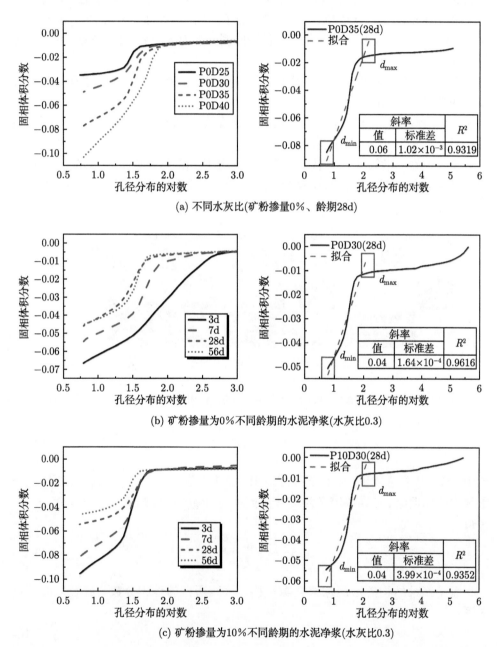

(a) 不同水灰比(矿粉掺量0%、龄期28d)

(b) 矿粉掺量为0%不同龄期的水泥净浆(水灰比0.3)

(c) 矿粉掺量为10%不同龄期的水泥净浆(水灰比0.3)

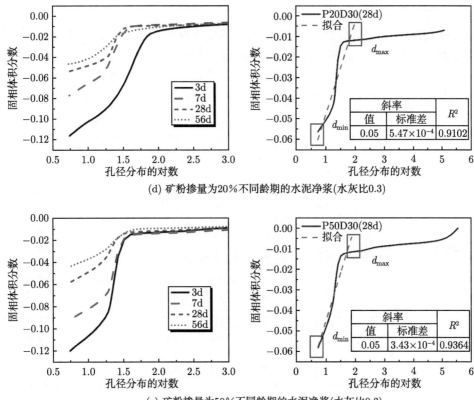

(d) 矿粉掺量为20%不同龄期的水泥净浆(水灰比0.3)

(e) 矿粉掺量为50%不同龄期的水泥净浆(水灰比0.3)

图 5.5 固相体积分数和孔径分布的对数关系图及拟合曲线图

从图 5.5 中我们可以得出，在不同水灰比、不同龄期以及不同矿粉掺量条件下的分形维数不同，除此之外，我们还可以注意到不同孔径范围对应的分形维数也不同，间接地反映了水泥浆体内部存在的多重分形特征，后文中会详细展开讨论，这里我们只考虑单一的分形维数。对于每组曲线，基于线性拟合定理，从 $\log \chi$ 和 $\log d$ 的关系图中我们可以拟合出从最小孔径 $d_{\min}$ 到临界孔径 $d_{\max}$ 之间的直线，其斜率等于 $3 - D_{SM}$，同时图中还给出了曲线的拟合误差和吻合程度，我们从每组水泥净浆中选取一例进行说明，通过拟合的曲线斜率计算分形维数。

同理，所有水泥净浆的固相体积分形参数如表 5.3 所示，在不同水灰比、不同龄期和不同矿粉掺量的影响因素下，水泥浆体的分形维数关系如图 5.6 所示。由表 5.3 和图 5.6 可得，在相同的养护龄期下，对于纯水泥净浆体系随着水灰比的增加，水泥浆体的孔隙率明显增加，且在不同孔径范围内的孔隙都有所增多，分形维数变大，致密度降低；对于同一配合比，随着龄期的增加，大孔逐渐被填充成小孔，纯水泥净浆体系孔隙率随着孔径的减小而减小，分形维数不变，而掺矿粉的净浆体系中，由于其水化初期矿粉掺合料主要起稀释水灰比和微集料的填充作用，初始孔隙率变高，但是孔隙都为小孔，在后续水化过程中，水化产物取代矿粉填充孔隙，孔隙率降低，但是孔径范围没有变化，因此，分形维数变大，浆体更密实；矿粉掺量越多，这种效应越明显。符合固相体积分形的孔径范围占总孔隙的 90% 以上，因此，我们认为固相体积分形是水泥净浆中存在的最可能的分形类型，而且其分形维数随孔隙尺寸变化而不同，更趋向于满足多重分形理论。

表 5.3　水泥净浆固相体积分形孔隙率、孔径分布及分形维数

样品编号	龄期/d	孔径范围/nm	斜率	R^2	分形维数	孔隙率/%	总孔隙率/%
P0D25	28	6~151	0.02	0.8778	2.98	6.0	7.7
P0D30	3	6~760	0.03	0.9863	2.97	13.2	14.2
	7	6~368	0.03	0.9507	2.97	10.4	12.2
	28	6~154	0.03	0.9554	2.97	9.7	11.0
	56	6~151	0.03	0.9062	2.97	8.6	10.9
P0D35	28	6~176	0.06	0.9232	2.94	14.5	17.8
P0D40	28	6~180	0.07	0.9755	2.93	19.4	20.9
P10D30	3	6~156	0.08	0.9224	2.92	17.8	19.72
	7	6~134	0.06	0.9258	2.94	15.6	17.07
	28	6~106	0.04	0.9313	2.96	9.7	11.22
	56	6~95	0.03	0.9092	2.96	8.0	10.7
P20D30	3	6~151	0.09	0.9531	2.91	19.7	23.47
	7	6~124	0.07	0.9626	2.93	17.3	18.45
	28	6~116	0.05	0.9160	2.95	9.5	12.12
	56	6~101	0.03	0.9377	2.97	8.0	10.3
P50D30	3	6~151	0.11	0.9192	2.89	20.2	26.35
	7	6~145	0.08	0.9177	2.92	15.3	20.06
	28	6~128	0.05	0.9364	2.95	9.9	12.50
	56	6~108	0.03	0.9442	2.97	7.5	9.6

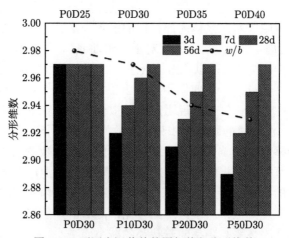

图 5.6　不同水泥浆体的固相体积分形维数

5.3.3 水泥基材料的孔结构建模

在上述固相体积分数和孔径的对数关系图中 (图 5.5), 应用线性拟合的方法得到符合固相体积分形模型的孔径范围, 最小孔径 d_{min} 为 MIP 实验测试的最小孔径, 最大临界孔径 d_{max} 由最小二乘法线性拟合得出, 拟合误差和吻合度也在图 5.5 中给出, 分形维数从拟合斜率中计算得出, 已知 d_{min}、d_{max} 和 D 的值, 可以对固相体积分形模型进行参数分析, 在上文中我们已经讨论过 n 和 i 的物理含义, 固相体积分形成立的条件需满足 $n \geqslant 2$, $i \geqslant 2$, 以及 $b = nD \geqslant 1$ 且均为整数, 迭代相的占比 $\omega = n(D-3) = 0.96$, $b = \omega n^3 = 26$, 表 5.4 ~ 表 5.6 分别给出了不同水灰比、不同龄期以及不同矿粉掺量的固相体积分形计算分析结果。

表 5.4 不同水灰比的纯水泥净浆的固相分形模型参数

样品编号	龄期/d	n	i	b	d_{min}	d_{max}	模拟孔隙率/%
P0D25	28	3	3	26	6	151	10.70
P0D30	28	3	3	26	6	154	10.70
P0D35	28	3	3	25	6	176	20.62
P0D40	28	3	3	24	6	180	23.45

表 5.5 不同龄期的纯水泥净浆的固相分形模型参数

样品编号	龄期/d	n	i	b	d_{min}	d_{max}	模拟孔隙率/%
	3	5	3	119	6	760	13.72
P0D30	7	4	3	61	6	368	13.41
	28	3	3	26	6	154	10.70
	56	3	3	26	6	151	9.60

表 5.6 不同矿粉掺量水泥净浆 28d 龄期的固相分形模型参数

样品编号	龄期/d	n	i	b	d_{min}	d_{max}	模拟孔隙率/%
P0D30	28	3	3	26	6	154	10.70
P10D30	28	3	3	26	6	146	10.70
P20D30	28	3	3	26	6	142	10.70
P50D30	28	3	3	26	6	136	10.70

通过测定 n、i、b、d_{min} 和 d_{max} 的值, 可以模拟水泥基材料内部的孔隙结构, 由表 5.4 ~ 表 5.6 中的数据我们可以得到列出的水泥净浆总共满足五种迭代模型, 通过 Matlab 程序迭代模拟其孔隙结构, 图 5.7(a)、(b)、(c)、(d)、(e) 分别给出了不同浆体结构通过固相分形理论迭代生成的孔固结构模型, 黑色代表孔隙相, 白色代表固相, 生成分形模型的总孔隙率与 MIP 测试孔隙率十分接近, 此外为了验证该模型的合理性, 从累计孔隙率和孔径关系的角度, 将建模的孔隙分布 (虚线) 和测试的孔径分布 (实线) 进行了比较, 对于多组相同参数的模型 ($n = 3, i = 3, b = 26$), 这里我们以 P10D30(28d) 为例, 图 5.7(a)、(b)、(c)、(d)、(e) 中给出了 5 组分别代表 5 种不同类型固体分形孔固结构的孔隙率随孔径变化

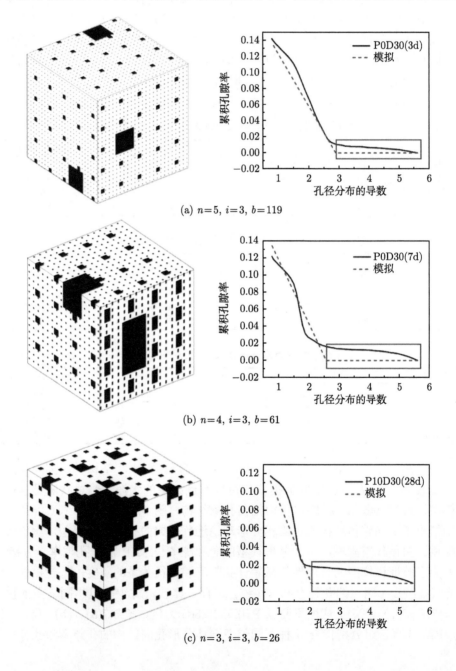

的关系图，虽然部分浆体的模拟和实验结果存在一定的差异 (以蓝色矩形标出)，即单一分形维数在表征水泥净浆的分形特征时仍具有一定的局限性，但固体体积分形模型的孔径分布在很大程度上可以再现 MIP 的实验结果，进一步证明固体体积分形模型相比于其他两种分形模型更适用于水泥基材料内部的孔结构表征。

(a) $n=5$, $i=3$, $b=119$

(b) $n=4$, $i=3$, $b=61$

(c) $n=3$, $i=3$, $b=26$

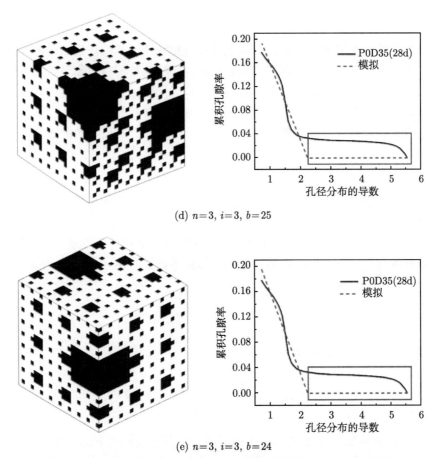

(d) $n=3$, $i=3$, $b=25$

(e) $n=3$, $i=3$, $b=24$

图 5.7　水泥净浆的模拟孔固结构及其孔隙和实验孔径分布的比较图

5.4　基于 X-CT 的多重分形理论及水泥净浆非均质性研究

　　水泥基材料作为一种典型的多孔材料，其内部微观孔隙结构与宏观力学性能有着密切的联系，水泥净浆表现出明显的分形行为，并且满足固相体积分形模型，虽然单一的分形维数可以较为准确地表征水泥浆体结构的孔隙率以及孔径分布，然而，现实情况却更为复杂，结果表明，水泥浆体中的分形维数还取决于测量的尺度；另外，对于无序的多孔介质，其离子渗透等相关性能除了与前面提到的孔隙率、孔径分布以及曲折度等相关，在很大程度上可能受到孔隙的空间排列的影响，因此，孔隙结构需要被定义一个能反映其孔隙空间分布规律的新特征量。多重分形分析在局部奇异性和尺度依赖性方面为无序多孔介质提供了一种新的描述，与单一维数的分形概念相比，多重分形理论提出了一个相对更合理的表征，其中孔的大小分布和空间排列无需任何预先假设。

5.4.1　分形理论

分形的性质表现为它在不同尺度上具有自相似性，其特征量为分形维数，是用来衡量一个分形介质复杂程度的重要参数。判断一种材料对象是否显示分形特性最常见的方法是盒计数法。该方法要求在每个尺度上记录用于覆盖对象的框的数量。这里，对于利用 X-CT 图像重构出的水泥基材料孔隙结构，会重复使用不同大小的立方体盒子覆盖孔隙空间。对于分形集，用于 δ 尺度的框数 $N(\delta)$ 满足：

$$N(\delta) \propto \delta^{-D} \tag{5.17}$$

式中，D 表示分形维数，δ 为尺度。在 $N(\delta)$ 对 δ 的对数关系图中，斜率的值等于 $-D$。

使用 L 和 f 分别表示水泥浆体结构孔隙的总长度和总孔隙率，然后用 N 个盒子去覆盖整个三维结构，包括孔隙空间和实体骨架，在 δ 尺度上 $N = (L/\delta)^3$，综上所述，可以得到如下关系：

$$(L/\delta)^3 f \leqslant N(\delta) \leqslant (L/\delta)^3 \tag{5.18}$$

结合式 (5.17) 和式 (5.18) 可得

$$P(\delta) = \frac{N(\delta)}{N} = \frac{\delta^{-D}}{(L/\delta)^3} \propto \delta^{3-D} \tag{5.19}$$

$P(\delta)$ 实际上表示的就是在 δ 尺度上找到覆盖孔隙空间的盒子的概率。利用 $P(\delta)$ 的定义，可以很容易地将分形的概念扩展到多重分形。Gao 等 [8] 在早期的文章中对利用 HYMOSTRUC 水化模型生成的水泥浆体三维结构的分形特征进行了研究，数值模拟在 128 μm×128 μm×128 μm 的立方系统中实现，空间分辨率规定在 1 μm，即最小孔隙体积也为 1 μm，同样，使用盒计数法分析分形性质，其中尺度以 2^k 像素的形式增加，$k = 0 \sim 7$；$\ln P(\delta)$ 与 $\ln \delta$ 的关系不是单纯的线性关系，如图 5.8 所示，说明分形维数取决于测量的尺度。

5.4.2　多重分形理论

事实上，单一的分形维数不足以描述多孔介质内部孔隙结构的几何规律，而多重分形理论能更好地表征多孔材料内在结构的分布规律，即非均质性。与单分形相比，多重分形理论也描述了物质在不同尺度上的自相似性，不同的是多重分形的特征参数是一个连续的函数，即多重分形谱。

$P(\delta)$ 的定义描述了在 δ 尺度上找到一个覆盖孔隙空间的盒子的概率度量。正如 5.4.1 节所提到的，对于分形孔隙空间，$P(\delta)$ 与 δ 之间存在一个幂律关系。然

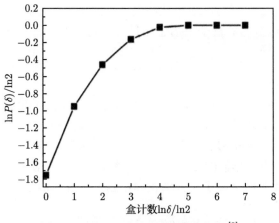

图 5.8 $\ln P(\delta)$ 与 $\ln\delta$ 的关系曲线 [8]

而，在实际中，由于局部孔隙率的波动，$P(\delta)$ 对 δ 的理想幂律形式往往不存在。特别是，如果我们绘制 $P(\delta)$ 与 δ 的对数关系图，则相应的斜率随尺度的变化而变化，即分形维数的尺度依赖性，为了反映这种现象，提出了多重分形的概念。

基于前文中对 $P(\delta)$ 的定义，这里我们用 $P_i(\delta)$ 表示在 δ 尺度上第 i 个盒子覆盖孔隙的归一化概率：

$$P_i(\delta) = \frac{m_i(\delta)}{\sum\limits_i m_i(\delta)} \tag{5.20}$$

$m_i(\delta)$ 为第 i 个盒子的度量，即为

$$m_i(\delta) = \sum_j I_j, \quad j \in \Omega_i(\delta) \tag{5.21}$$

本节中，I_j 表示的是第 i 个盒子中每个像素点的归一化度量，可进一步描述为每个像素点的固相体积分数或者孔隙率，针对局部孔隙率的波动，我们可以定义第 i 个框的奇异性指数 α_i，即 Hölder 指数 [9]，则 $P_i(\delta)$ 又可以表示为

$$P_i(\delta) \sim \delta^{\alpha_i} \tag{5.22}$$

$P_i(\delta)$ 反映的是一个可以用 α_i 表示的局部孔隙率，换句话说，就是反映了孔隙的大小，当尺度 δ 减小时，α_i 将趋于一个极值，即在一个区域内有界：

$$\alpha_{\min} \leqslant \alpha \leqslant \alpha_{\max} \tag{5.23}$$

其中，$\alpha_{\min}$ 和 $\alpha_{\max}$ 分别对应最小孔和最大孔的指数。孔隙结构可以用一组具有奇异性指数 α 连续分布的盒子来描述。具有相同 α 的盒子数量为

$$n(\delta, \alpha) \sim \delta^{-f(\alpha)} \tag{5.24}$$

式中，$f(\alpha)$ 是具有奇异性指数 α 的盒子的 Hausdorff 分形维数。$f(\alpha)$ 与 α 的函数关系被称为多重分形谱。多重分形谱反映了孔径分布，或者更准确地说，是孔隙分布的空间浓度，其中对孔隙的几何形状无需预先假设。

目前，计算多重分形谱的方法主要有两种，包括矩阵法和直接法 [9–11]，无论哪种方法中，必须对所有盒子执行加权和，以产生分区函数 $\chi(q, d)$ 如下：

$$\chi(q, \delta) = \sum_i [P_i(\delta)]^q \tag{5.25}$$

变量 q 表示 P_i 的矩阵顺序，它的取值从 $-\infty$ 到 $+\infty$，本质上，不同的 q 值划分了具有不同 $P_i(\delta)$ 的盒子对整体的影响程度。比如，当 q 取负值时，$\chi(q, \delta)$ 由 $P_i(\delta)$ 值小的盒子主导，当 q 取正值时，$\chi(q, \delta)$ 由 $P_i(\delta)$ 值大的盒子主导。对于一个多重分形测度而言：

$$\chi(q, \delta) \sim \delta^{\tau(q)} \tag{5.26}$$

其中，标度指数 $\tau(q)$ 是 q 的非线性函数，但与 δ 无关。此外，$\tau(q)$ 常表述如下 [12]

$$\tau(q) = (q - 1) D_q \tag{5.27}$$

D_q 被称为广义维数，当 q 取不同值时代表不同含义的分形维数，例如，D_0 代表容量维数，D_1 代表信息维数，D_2 代表关联维数。

如果使用矩阵方法求解缩放指数 $\tau(q)$ 和分形维数 D_q，通过 Legendre 变换可以确定 Hölder 指数 $\alpha(q)$ 和 Hausdorff 维数 $f(\alpha)$：

$$\alpha(q) = \frac{\mathrm{d}\tau(q)}{\mathrm{d}q} \tag{5.28}$$

$$f(\alpha) = q \cdot \alpha(q) - \tau(q) \tag{5.29}$$

另一方面，参考 Chhabra 和 Jensen 在文献中提出的归一化概率测度 $\zeta_i(q, \delta)$，可以用直接法来求解 α 和 $f(\alpha)$ [9]：

$$\zeta_i(q, \delta) = \frac{[P_i(\delta)]^q}{\sum_i [P_i(\delta)]^q} \tag{5.30}$$

$$\alpha(q) = \frac{\sum \zeta_i(q,\delta) \cdot \ln[P_i(\delta)]}{\ln \delta} \qquad (5.31)$$

$$f(\alpha) = \frac{\sum_i \zeta_i(q,\delta) \cdot \ln[\zeta_i(q,\delta)]}{\ln \delta} \qquad (5.32)$$

从上式中，我们可以得出 $f(\alpha)$ 和 $\alpha(q)$ 的值取决于 q，而与 δ 无关。$f(\alpha)$ 与 $\alpha(q)$ 的关系图，即多重分形谱定义了一个钟形曲线，其宽度 $\Delta\alpha = (\alpha_{\max} - \alpha_{\min})$ 与分布的聚类程度相关；反映到多孔材料的均质性中，即材料内部结构分布越均匀，$\Delta\alpha$ 值越小，反之亦然；当材料内部完全均匀分布时，$\Delta\alpha = 0$。

5.4.3 X-CT 图像重构的水泥净浆结构的非均质性

对于 X-CT 图像，可以根据灰度值 h 定义两种局部度量，即相对密度 h/h_0 和相对孔隙率 $1 - h/h_0$，其中无量纲常数 $h_0 = 255$，是 X-CT 图像中的绝对灰度值，如图 5.9 所示[13]。从图像中可以看出，h/h_0 或 $1 - h/h_0$ 都显示出不规则的分布，这从本质上说明两种度量均可以反映水泥浆体三维重构微观结构的异质性。此外，还计算了 h/h_0 和 $1 - h/h_0$ 的平均值，如图 5.10 所示[13]。可以注意到，对于 $\delta = 128\ \mu m$，$<h/h_0>$ 和 $<1 - h/h_0>$ 已经达到了稳定值，与水泥浆体具有代表性的最小基本尺寸 (RVE) 为 $100\ \mu m$ 的说法相一致。

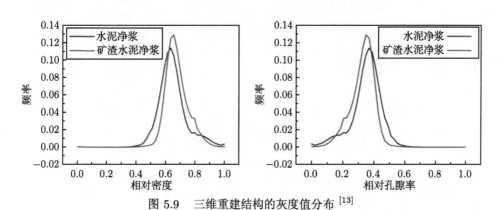

图 5.9　三维重建结构的灰度值分布[13]

1. **基于相对密度的多重分形性质**

首先令 $I = h/h_0$，考察水泥净浆相对密度分布的多重分形性质。根据式 (5.26) 的推导结果可得，分区函数 $\chi(q,\delta)$ 和尺度 δ 之间存在一个 $\tau(q)$ 的幂律关系，且 $\tau(q)$ 的值只与 q 值有关，而与 δ 无关。我们以 P0D30(28d) 的试件为例，图 5.11 给出了其 $\ln\chi(q,\delta)$ 与 $\ln\delta$ 的关系曲线，两者的变化表现出良好的线性关系，这是进一步考虑多重分形性质的必要前提；经过计算，所有水泥净浆相对密度分布的分区函数均满足这一前提条件，进一步证明，多重分形理论应用于水泥基材料是可行的。

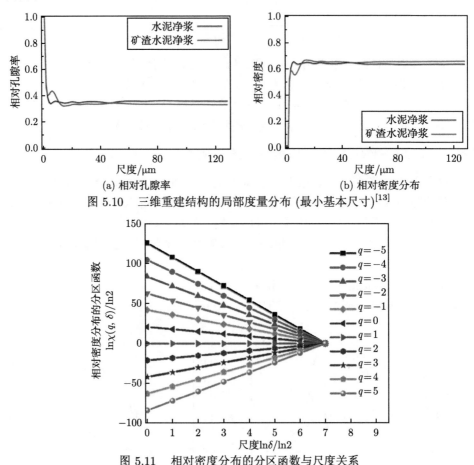

图 5.10   三维重建结构的局部度量分布 (最小基本尺寸)[13]

图 5.11   相对密度分布的分区函数与尺度关系

在此基础上，我们可以通过式 (5.27)、式 (5.28) 和式 (5.29) 分别得到 D_q、$\alpha(q)$ 和 $f(\alpha)$ 等其他参数，以上所有计算过程都是依托 gcc 编译器处理完成，我们给定 q 的取值范围为 $(-20 \sim 20)$，且为整数。

本章主要探讨不同水灰比、不同龄期以及不同矿粉掺量对水泥净浆内部结构非均质性的影响，图 5.12(a) 为不同水灰比纯水泥净浆 28d 龄期时的相对密度分布的多重分形谱 $f(\alpha)$ 和广义分形维数 D_q，图 5.12(b)、(c)、(d)、(e) 则分别为矿粉掺量为 0%、10%、20%、50% 的水泥净浆在 3d、7d、28d 以及 56d 龄期下相对密度分布的多重分形参数多重分形谱 $f(\alpha)$ 和广义维数 D_q。从图 5.12 中可以观察到，不同水灰比的水泥净浆分形谱宽和广义维数的分布差异并不明显，同样，对于矿粉掺量为 0%、10%、20% 的水泥净浆各参数也没有明显的差异，只有当矿粉掺量为 50% 时，$f(\alpha)$ 和 D_q 的随龄期的增加变化较为明显，事实上，除了矿粉掺量为 50% 的这一组试块，其他试块的 $f(\alpha)$ 和 D_q 的值都非常接近于欧氏几何维数 3，特别是纯水泥净浆试块，图 5.12(a) 中用绿色的虚线标出；另外，我们还注意到 $f(\alpha)$ 和 D_q 在已给 q 的取值范围内并不收敛，因此，多重分形并不适合用于描述相对密度的分布。

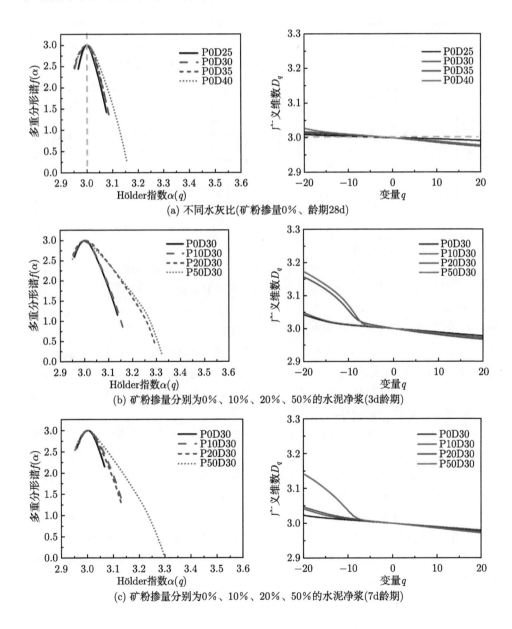

(a) 不同水灰比(矿粉掺量0%、龄期28d)

(b) 矿粉掺量分别为0%、10%、20%、50%的水泥净浆(3d龄期)

(c) 矿粉掺量分别为0%、10%、20%、50%的水泥净浆(7d龄期)

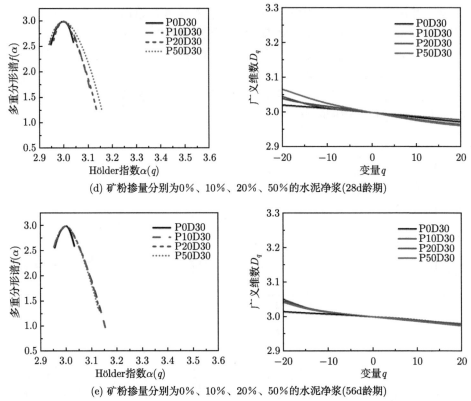

(d) 矿粉掺量分别为0%、10%、20%、50%的水泥净浆(28d龄期)

(e) 矿粉掺量分别为0%、10%、20%、50%的水泥净浆(56d龄期)

图 5.12　相对密度分布的多重分形参数：多重分形谱 $f(\alpha)$ 和广义维数 D_q

2. 基于相对孔隙率的多重分形性质

令 $I = 1 - h/h_0$，考察水泥净浆相对孔隙率分布的多重分形性质。同理，我们以 P0D30(28d) 的试件为例，图 5.13 给出了其 $\ln \chi(q, \delta)$ 与 $\ln(\delta)$ 的关系曲线，两者的变化表现出良好的线性关系，经过计算，所有水泥净浆相对孔隙率分布的分区函数均满足这一前提条件。

图 5.14(a) 为不同水灰比纯水泥净浆 28d 龄期时的相对孔隙率分布的多重分形谱 $f(\alpha)$ 和广义分形维数 D_q，图 5.14(b)、(c)、(d)、(e) 则分别为矿粉掺量为 0%、10%、20%、50% 的水泥净浆在 3d、7d、28d 以及 56d 龄期下相对孔隙率分布的多重分形参数多重分形谱 $f(\alpha)$ 和广义维数 D_q。从图中我们可以得到，用相对孔隙率作为度量计算得到的 D_q 以及 $f(\alpha)$ 值与相对密度相比具有更明显的差异，很好地区分于欧氏几何维数，并且是收敛的，符合我们基于盒计数法推导的理论结果。因此，我们认为多重分形理论更适用于描述水泥基材料相对孔隙率的分布。

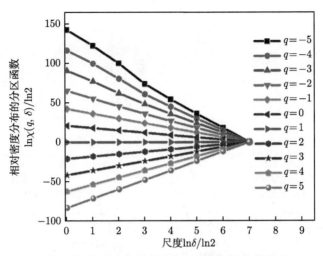

图 5.13 相对密度分布的分区函数与尺度的关系

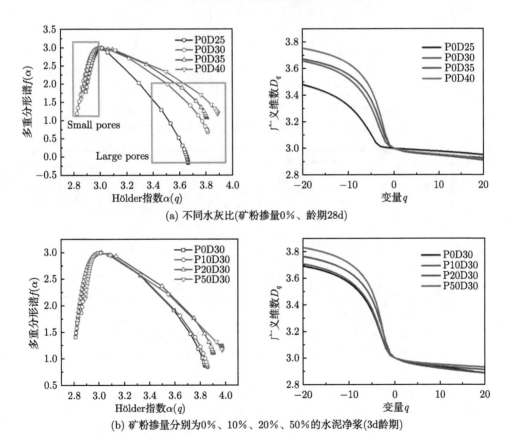

(a) 不同水灰比(矿粉掺量0%、龄期28d)

(b) 矿粉掺量分别为0%、10%、20%、50%的水泥净浆(3d龄期)

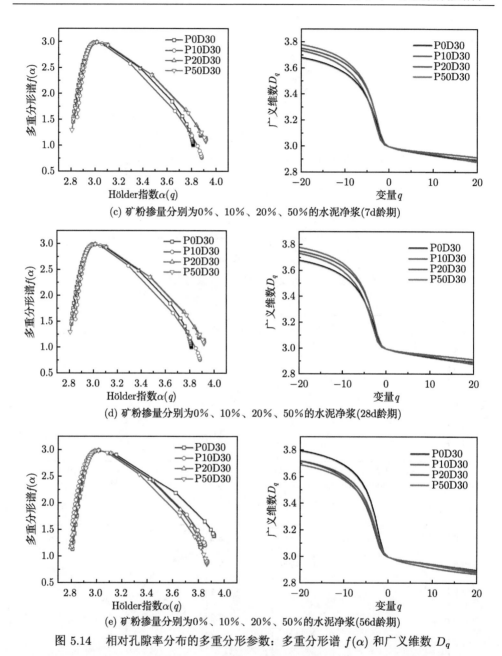

(c) 矿粉掺量分别为0％、10％、20％、50％的水泥净浆(7d龄期)

(d) 矿粉掺量分别为0％、10％、20％、50％的水泥净浆(28d龄期)

(e) 矿粉掺量分别为0％、10％、20％、50％的水泥净浆(56d龄期)

图 5.14　相对孔隙率分布的多重分形参数：多重分形谱 $f(\alpha)$ 和广义维数 D_q

　　前文中，我们已经证明了水泥基材料最可能存在的分形特征为固相体积分形，即满足 $h/h_0 = (l_{\min}/l_{\max})^{3-D}$，然而，从我们的实际计算结果中发现，其分形特征更趋向于满足 $1 - h/h_0 = (l_{\min}/l_{\max})^{3-D}$，导致这种现象的主要原因是，前者是基于 MIP 实验，其测量的孔径范围大多在 200nm 以内，然而关于水泥净浆多重分形性质探索的最小尺度为 1 μm。无论是基于相对密度还是相对孔隙率考虑，水泥浆体的微观结构都可以看作由一组具有不同尺寸分布维数的严格分形组成。

根据多重分形谱的定义，在一定程度上反映了多孔材料内部结构的均异性分布特征，即 $\Delta\alpha$ 量化了多重分形分布的聚类程度，$\Delta\alpha$ 越小意味着结构分布越均匀。水灰比对于水泥基材料谱宽的影响较大，随着水灰比的增加，水泥基材料内部结构变得更为松散，孔隙缺陷和微裂纹增加，密实度降低，因此，低水灰比浆体比高水灰比具有更均匀的微观结构。采用部分矿粉取代水泥胶凝材料，在水化初期 3d 和 7d 的时候，矿粉的火山灰效应还不明显，相较于纯水泥净浆，其内部结构更为松散，表现出更低的聚类程度。随着水化反应的进行，矿粉逐渐发挥其火山灰效应，水化速率和水化产物增加，另一方面，部分细矿粉发挥一定的填充作用，提高水泥浆体的密实度，内部孔隙缺陷明显减少，当 28d 龄期时，矿粉掺量为 10% 和 20% 的水泥浆体的 $\Delta\alpha$ 值已经小于纯水泥净浆，而掺量为 50% 的浆体因掺量较多，28d 龄期时未完全发挥其火山灰活性，$\Delta\alpha$ 较大；当 56d 龄期所有水泥净浆都完成水化后，可以发现掺矿粉水泥净浆体系比纯水泥净浆具有更均匀的微观结构，因此，矿粉由于具有更大的比表面积和更细的粒度分布，水化反应程度更高，浆体结构更为致密，且随着矿粉掺量的增加，浆体内部的聚类程度越高。

此外，在 $\alpha \in (2.8, 3)$ 的较小范围内，多重分形谱几乎相同，而在 $\alpha \in (3, 4)$ 的较大范围内，表现出相当大的差异。于是我们提出了在 $\alpha \in (2.8, 3)$ 范围内的多重分形谱反映了小孔或 C-S-H 凝胶孔的分布，在 $\alpha \in (3, 4)$ 范围内反映了大孔或毛细孔的分布。换句话说，加入不同掺量的矿粉实际上是通过减少毛细孔的尺寸来细化微观结构，使得其分布更加均匀，这与 MIP 的实验结果也相一致，当加入矿粉后，孔径分布更趋向小孔，水泥水化反应 28d 时已经基本完成，而矿粉的水化过程可以持续 56d 以上，最终的水化反应程度也更高，多重分形谱宽 $\Delta\alpha$ 更小。

5.5 基于 BSE 的水泥净浆高分辨率可视化分析

5.5.1 样品制备与处理

本节所用样品选取普通波特兰水泥 (OPC) 作为对照组，同时采用加入不同尺寸的氧化石墨烯二氧化硅复合纳米强化剂 (GOS-10, GOS-30) 的水泥净浆作为实验组，均选用水灰比为 0.5 以及 7d 龄期，不添加减水剂。在水泥净浆试样养护完毕后，从中心取约 5 mm × 5 mm × 5 mm 大小的样品，放入装有无水酒精的离心管中以停止其后续水化反应，随后将样品保存在真空皿中一周，使内部液体充分排出。选用低熔点的菲尔德金属，利用其温度相变原理，借助万能测试机作为外力, 使金属充分压入干燥后的样品后固化, 最后进行抛光直至水泥浆体清晰可见。

将需表征的样品表面进行镀层 (如碳), 采用扫描电子显微镜的背散射电子模式获取微结构图像。以放大 1000 倍为例, 选用分辨率为 6144×4096 像素点, 像素精度可达 67.6 nm, 在该分辨率下, 每个样品需至少拍摄 3 张图像 (约含 750 万像素点) 即可满足水泥浆体微结构数据分析要求。

背散射电子发射系数随原子序数增大而增大, 散射信号越强, 其反映在 BSE 图像里的规律为图像灰度值的变化 (范围为 0~255), 即原子序数越大的样品区域所对应的图像灰度值越大 (颜色越偏白, 255 为白色), 原子序数越小的区域所对应的图像灰度值越小 (颜色越偏黑, 0 为黑色)。因此, 水泥浆体微结构的组成可以基于图像灰度值进行精确区分, 如图 5.15 所示。

图 5.15　水泥浆体 BSE 灰度图

5.5.2　微结构可视化

不同水泥浆体微观结构图像如图 5.16 所示, 上图是采用 BSE 图像技术呈现的水泥基复合材料典型的微观结构, 其中深灰色区域表征未水化熟料和水化产物, 白色区域表示金属侵入的孔。很显然, 通过肉眼直接观察 BSE 灰度图, 难以区分不同样品间微观结构的差异。通过图像处理方式分割固相和孔隙区域, 并根据孔隙等效直径 (d_p) 对孔隙区域进行着色, 即可获得基于孔径大小的微结构可视化彩色图像 (图 5.16 的下图), 其中等效直径公式计算如下:

$$孔隙等效直径 (d_p) = 2 \times \sqrt{孔隙面积/\pi} \tag{5.33}$$

固相如未水化颗粒和水化产物被着色为黑色, 而所有的孔隙可以根据颜色的不同来清晰直观地判断它们的等效直径大小。例如, 在对照样品 OPC 中, 存在几个等效直径为 30 μm 的大孔区域 (绿色), 同时整体颜色为亮橙色。相比之下, GOS-10 和 GOS-30 样品的整体颜色偏深, 表明孔隙的总体尺寸更小。此外, 几乎不存在大尺寸孔隙 (等效直径 ⩾ 30 μm), 这证明了纳米强化剂的加入使水泥浆体的微观结构致密化。基于 BSE 技术的微结构图像可视化方法为直接观察不同水泥样品之间的微观结构差异提供了一个定性的途径。

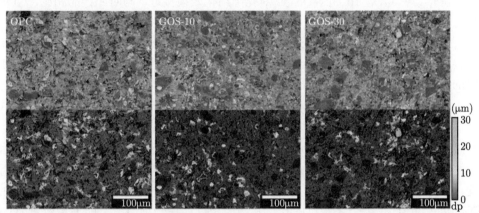

图 5.16 OPC、GOS-10 和 GOS-30 样品 BSE 灰度图像 (上)，以及基于孔径大小的可视化彩色图 (下)

5.5.3 孔结构物理特征分析

微观结构的物理特征分析对材料进行定量表征非常重要，其中孔径分布是提供孔隙结构基本信息的一种常用且重要的分析方法。

图 5.17 是对照组 OPC 和两个实验组 GOS-10、GOS-30 样品的累积孔径分布曲线 $F(d_p)$。由图 5.17 可见，加入氧化石墨烯二氧化硅复合纳米强化剂 (GOS) 后，总孔隙体积即孔隙率明显减少，同时随着所添加的 GOS 厚度增大，孔隙率进一步降低，该结果与基于传统 MIP 测量结果 [14] 一致。在孔径分布区间方面，加入 GOS 后，水泥浆体的最大孔径从 60 μm 减小到 40 μm，证明了纳米强化剂对孔隙结构的致密作用。通过 $F(d_p)$ 对 d_p 求导得到的孔径分布曲线可以看出，对

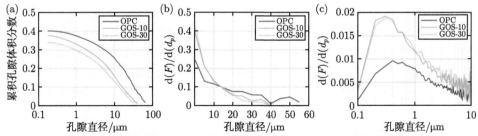

图 5.17 不同水泥浆体孔隙结构孔径分析。(a) 孔隙体积分数随孔隙等量直径的累积分布曲线；(b) 基于累积曲线求导得到的孔径分布占比分数曲线；(c) (b) 中孔径在 0.1～10 μm 范围内的详细分布曲线

照样品在孔径大于 20 μm 的孔隙体积分数较高，而 GOS-OPC 样品具有更多孔径小于 10 μm 的孔。图 5.17(c) 展示了在 0.1~10 μm 孔径范围内的详细的孔隙分布情况，其中 GOS-10 和 GOS-30 对孔隙细化效果接近，与对照样品相比，GOS 水泥样品的微观结构中的小孔比例更高，特别是直径约为 0.2~0.6 μm 的小孔。

密实度是衡量孔隙壁特征和孔隙延展性的形状参数，可通过式 (5.34) 进行计算。其中，凸面积是能够完全包围孔隙的凸壳面积，相当于孔隙壁没有粗糙特征时的孔隙面积 [15]。

$$密实度 = \frac{孔隙面积}{孔隙凸面积} \tag{5.34}$$

基于水泥浆体 BSE 微观结构图像，所有可识别的孔隙密实度分布情况如图 5.18 所示。值得注意的是，孔隙在图像中的可识别性取决于像素点数量，因此，当孔隙的像素点数量较少时，其潜在凸面积的理论形貌存在数量限制。例如，对于仅占 1 个和 2 个像素点的孔，其凸面积仅存在一种情况，即理论数量为 1；对于占 3 个像素点的孔，存在两种凸面积理论形貌，因此理论数量为 2；对于占 4 个像素点的孔则为 4。只有当像素数大于 4 时，将有超过十种情况的凸面积，并且该理论值随着孔径的进一步增大而急剧增加。因此，此处不讨论面积 ⩽ 4 像素点 (即 $d_p \leqslant 0.13$ μm) 的孔隙，以避免大量小颗粒或噪声对参数统计的扭曲。

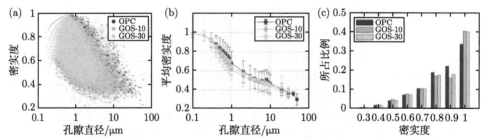

图 5.18　不同水泥浆体孔隙结构密实度分析。(a) 密实度与孔隙直径关系散点图；(b) 平均密实度随孔隙直径的统计分布曲线；(c) 密实度比例分布柱状图

图 5.18(a)、(b) 分别是以密实度随孔径大小的分布散点图和统计曲线。当孔径越大时，理论存在的凸面积情况越多，因此从统计层面来看，往往表现出较低的密实度，这是显而易见的，也是合乎逻辑的。值得注意的是，当孔径大于 0.6 μm 时，不存在密实度为 1 的孔。尽管孔径有所变化，三种不同水泥浆体的密实度分布范围都非常相似。GOS 的加入使等效孔径大小在 0.4~10 μm 范围内的孔的平均密实度略有下降，说明纳米材料对孔隙结构具有一定的均匀化作用。

图 5.18(c) 是密实度比例分布的柱状图。在密实度 ⩽ 0.7 范围内，水泥浆体对照组 OPC 和实验组 GOS 样品没有明显差异。然而，与 GOS 水泥样品相比，

对照组样品在孔密实度为 0.8 和 0.9 的比例明显更高, 同时在孔密实度为 1 的比例明显下降。考虑到不同水泥样品的孔密实度为 0.8~1 的总占比非常接近, 因此, 合理推测纳米材料 GOS 的加入改变了水泥浆体中孔隙的形状, 使其在空间上更加均匀, 特别是对于那些密实度较高即 ≥ 0.8 的孔。

这些发现为现有文献中报道的纳米增强机制提供了证据 [16,17], 并揭示了纳米片在水泥水化过程中的潜在的动力学机理。首先, 均匀分散的纳米片在水泥浆体孔结构中作为纳米填充物铺展, 并且由于晶种效应, 纳米片可作为水化产物生长的成核位点, 加速水化过程。此外, 纳米片上的涂覆二氧化硅表现出火山灰反应活性, 并形成额外的 C-S-H 凝胶 [14]。这些额外的水化产物随时间增长, 最终沉积在先前的水化产物上或阻塞较大孔结构中存在的狭长细小的孔隙通道, 这导致总体孔隙率的减少, 并且使一个大孔被分割为几个小孔。该发现符合孔径分布分析结果。结合孔结构密实度分析的结果, GOS 纳米片对水泥浆体孔结构演变的纳米强化效果总结如下。

(1) 一些孔具有复杂的形貌 (即低的孔密实度) 和狭窄的通道, 特别是在对照组 OPC 样品中等效孔径大于 30 μm 的孔。当纳米片存在时, 额外的水化产物可以较容易地堵塞这些狭窄的孔道, 因此大孔会被分割成几个相对较小的孔, 因此 GOS 水泥的最大孔径相应的从 60 μm 降低到 40 μm。当这些分割得到的孔的等效直径仍然较大时 (如 $d_p \geqslant 10$ μm), 添加纳米片后它们的平均孔密实度会存在一定波动。

(2) 对于不存在狭窄通道的孔 (通常是毛细孔), 在纳米片上形成的水化产物会减少孔隙面积并保持凸起区域的整体形状, 从而导致孔隙密实度的降低。这种现象可在图 5.18(b) 中观察到, $d_p < 10$ μm 的孔隙的平均密实度曲线在添加 GOS 后略微向左移动。此外, 更厚的 GOS 可以产生更多的水化产物, 因此更容易与其他固体相形成互锁。这也导致孔壁上的粗糙特征减少, 使凸面积区域更接近孔隙面积。

(3) 由于大部分 GOS 纳米片的尺寸大于 1 μm, 因此部分体积较小的毛细孔会被纳米片所包裹。在水化过程中, 这些孔受到来自各个方向的压缩而缩小, 导致孔隙密实度的增加。由于这些孔的初始孔隙密实度已经大于 0.8, 因此它们中的大部分能够在纳米片密实作用下在空间上变得更加均一。具体结果即 GOS 样品中孔隙密实度为 1 的比例明显大于对照组样品, 如图 5.18(c) 所示。

5.5.4 孔结构空间分布研究

两点相关函数是统计函数之一, 常用于随机非均质材料的表征和重构 [19]。图 5.19(a) 是对代表水泥微观结构的二值图像进行两点相关函数计算的示意图。设

X 表示二值图像的正方形晶格，则微观结构可描述为

$$\boldsymbol{X}_{uv} = \begin{cases} 1, & uv \in \text{phase 1} \\ 0, & \text{其他} \end{cases} \tag{5.35}$$

其中，u、v 是像素指数，决定了像素在图像中的位置；在微结构二值图像中，存在两种物相，其中 0 表示固相，1 表示孔相。基于给定位置向量 r，两点相关函数定义为

$$S_2(r_1, r_2) = \langle X_{r1}, X_{r2} \rangle \tag{5.36}$$

其中，$\langle \cdot \rangle$ 表示线性期望运算符，其可以被解释为位置 r_1、r_2 处的两个像素属于相同物相的概率。当仅考虑任意一对位置之间的距离时，公式可以简化为 $S_2(r)$，其中 $r = |r_1 - r_2|$。此处通过蒙特卡罗方法计算该相关函数。

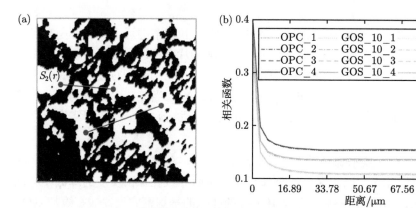

图 5.19　(a) 微结构二值图像的两点相关函数计算示意图及 (b) 水泥浆体不同样品和不同分辨率下的两点相关函数结果

图 5.19(b) 比较了对照组 OPC、实验组 GOS-10 和 GOS-30 样品微观结构的两点函数结果。对于每个样品图像采用了四种不同的图像分辨率，发现其变化不影响该样品图像的空间相关性。此外，二元微观结构图像必须具有以下性质 [18,19]：① 当距离为 0 时，$S_2(0)$ 等于该相体积分数 ϕ，此处即为孔隙率；② 渐近值 $\lim\limits_{r \to L} S_2(r) = \phi^2$，其中 L 代表一个足够大的尺寸，当超过该尺寸后空间就没有长程相关性。

基于这两种性质，孔隙率可通过相关函数表示，对照组 OPC、实验组 GOS-10 和 GOS-30 样品的孔隙率分别为 0.395、0.371 和 0.334。该值与前面孔径分布分析中揭示的值一致，这保证了所计算相关函数的可靠性。根据渐近值，空间相关性的代表性体积单元可以通过找到 $S_2(r) = \phi^2$ 的最小距离来估计。经计算，对照

组样品和 GOS-10 样品的最小 L 值约为 33.78 μm，而 GOS-30 样品的最小 L 值为 40.53 μm。这表明 GOS-30 对水泥浆体微观结构的影响比 GOS-10 更大，主要原因是 GOS-30 表面具有更厚的二氧化硅，其提供的火山灰反应有助于生成更多的水化产物，从而改善了水泥浆体微观结构之间的长期空间相关性。

5.6　本 章 小 结

本章主要围绕水泥浆体微结构研究，介绍了 MIP、X-CT 和 BSE 三种表征方法，并用具体示例深入讨论了这三种利用不同的分析技术来研究水泥净浆微结构的各种性质特征。

第一项研究应用 MIP 测试来表征水泥浆体的微结构，通过比较不同水胶比、矿粉掺量、龄期的水泥浆体样品，详细介绍了累积孔隙率和孔径分布曲线等最为常用的水泥浆体孔结构表征分析方法。另外，基于 MIP 实验，从孔隙体积、孔隙表面积、固相体积三个方面研究了水泥浆体孔结构的分形特征，通过系统比较分析，发现固相体积分形是水泥净浆中存在的最可能的分形类型，而且其分形维数随孔隙尺寸变化而不同，更趋向于满足多重分形理论，并通过孔结构建模，使该结论得到进一步证实。

第二项研究基于 X-CT 图像，进一步地探究水泥净浆的多重分形理论及其非均质性，通过计算上述不同水泥浆体的相对密度和相对孔隙率，发现多重分形并不适合用于描述水泥基材料相对密度的分布，而更适用于描述相对孔隙率的分布。通过多重分形谱反映多孔材料内部结构的均异性分布特征，比较了水胶比、矿粉掺量、龄期对水泥浆体内部聚类程度的影响规律，验证了对水泥浆体中微观孔隙的分布和形态结果。

第三项研究采用 BSE 成像技术，提供了高分辨率的水泥浆体可视化图像，聚焦于纳米材料对水泥浆体微结构的强化作用。研究通过设置对照组和两个纳米强化实验组，深入分析了在纳微尺度上的水泥浆体微结构演变机制。结果表明，BSE 技术可以成功识别出水泥净浆中的固体相、孔隙结构和分布，在此基础上，不仅可以得到常规的孔径分布规律分析，而且可以引入孔密实度等形貌分析和空间相关性等空间分布分析，揭示了水泥浆体微结构内部的相互作用以及纳米强化对微结构的作用机制。

总的来说，这些结果为研究水泥材料的孔隙结构特征、性质和性能提供了重要的见解。不同表征手段的结合，可以或定性、定量，或直接、间接地揭示水泥净浆微观结构的演变规律，未来的研究可以进一步探究不同因素对水泥浆体的微观作用机制，为水泥材料和建筑实践的改进提供更为全面的了解。

参 考 文 献

[1] Kumar R, Bhattacharjee B. Study on some factors affecting the results in the use of MIP method in concrete research [J]. Cement & Concrete Research, 2003, 33(3): 417-424.

[2] Vočka R, Gallé C, Dubois M, et al. Mercury intrusion porosimetry and hierarchical structure of cement pastes: theory and experiment [J]. Cement & Concrete Research, 2000, 30(4): 521-527.

[3] 中华人民共和国住房和城乡建设部. GB-T 50082—2009 普通混凝土长期性能和耐久性能实验方法标准 [S]. 北京: 中国建筑工业出版社, 2009.

[4] Ji X, Chan S, Feng N. Fractal model for simulating the space-filling process of cement hydrates and fractal dimensions of pore structure of cement-based materials[J]. Cement & Concrete Research, 1997, 27(11): 1691-1699.

[5] Neimark A. A new approach to the determination of the surface fractal dimension of porous solids[J]. Physica A: Statistical Mechanics & Its Applications, 1992, 191(191): 258-262.

[6] Pfeifer P, Avnir D. Chemistry in noninteger dimensions between two and three. I. Fractal theory of heterogeneous surfaces [J]. Journal of Chemical Physics, 1984, 79(7): 3558-3565.

[7] Usteri M, Bonny J D, Leuenberger H. Fractal dimension of porous solid dosage forms[J]. Pharmaceutica Acta Helvetiae, 1990, 65(2): 55-61.

[8] Gao Y, Jiang J, Schutter G D, et al. Fractal and multifractal analysis on pore structure in cement paste[J]. Construction & Building Materials, 2014, 69: 253-261.

[9] Chhabra A, Jensen R V. Direct determination of the $f(\alpha)$ singularity spectrum[J]. Physical Review Letters, 1989, 62(12): 1327-1330.

[10] Vicsek T, Family F, Meakin P. Multifractal geometry of diffusion-limited aggregates[J]. Europhysics Letters, 2007, 12(3): 217-222.

[11] Dathe A, Tarquis A M, Perrier E. Multifractal analysis of the pore- and solid-phases in binary two-dimensional images of natural porous structures[J]. Geoderma, 2006, 134(3-4): 318-326.

[12] Perfect E, Gentry R W, Sukop M C, et al. Multifractal Sierpinski carpets: theory and application to upscaling effective saturated hydraulic conductivity[J]. Geoderma, 2006, 134(3-4): 240-252.

[13] Gao Y, Gu Y, Mu S, et al. The multifractal property of heterogeneous microstructure in cement paste[J]. Fractals-Complex Geometry Patterns and Scaling in Nature and Society, 2021, 29(2): 2140006.

[14] Mowlaei R, Lin J, de Souza F B, et al. The effects of graphene oxide-silica nanohybrids on the workability, hydration, and mechanical properties of Portland cement paste[J]. Construction and Building Materials, 2021, 226: 121016.

[15] Hu Y, Li Y A, Ruan C K, et al. Transformation of pore structure in consolidated silty clay: new insights from quantitative pore profile analysis[J]. Construction and Building

Materials, 2018, 186: 615-625

[16] Pan Z, He L, Qiu L, et al. Mechanical properties and microstructure of a graphene oxide–cement composite[J]. Cem Concr Compos, 2015, 58: 140-147.

[17] Shamsaei E, de Souza F B, Yao X, et al. Graphenebased nanosheets for stronger and more durable concrete: A review[J]. Constr Build Mater, 2018, 183: 624-660.

[18] Bostanabad R, Zhang Y, Li X, et al. Computational microstructure characterization and reconstruction: review of the state-of-the-art techniques[J]. Prog Mater Sci, 2018, 95: 1-41.

[19] Rozman M, Utz M. Uniqueness of reconstruction of multiphase morphologies from two-point correlation functions[J]. Phys Rev Lett, 2002, 89 (13): 135501.

第 6 章　水泥浆体微结构与性能数值模拟

6.1　引　　言

胶凝材料水化形成的产物和微结构是决定混凝土力学性能和耐久性能的重要单元。超高性能混凝土 (UHPC) 的水胶比极低、掺有大量矿物掺合料以及化学外加剂，这里以 UHPC 胶凝体系为例，研究水泥浆体的微结构特征。UHPC 常用的胶凝体系，即水泥–粉煤灰–硅灰三元体系，除了水泥自身水化外，粉煤灰中活性 Al_2O_3、SiO_2 组分以及硅灰中大量 SiO_2 会与水泥水化产生的 $Ca(OH)_2$ 发生二次反应生成更多的 C-S-H 凝胶，同时该反应又促进了水泥的水化。因此，与普通混凝土相比，UHPC 胶凝体系的物理化学反应与微结构发展更加复杂，目前，通过实验手段难以准确反映微结构的真实演变信息，数值模拟技术为水泥基复合材料的水化进程研究提供了有效途径。

矿物掺合料是 UHPC 胶凝体系的重要组分，CEMHYD3D 原始模型未考虑水泥与粉煤灰、硅灰之间的相互作用，因而不能直接应用于 UHPC 的水化进程研究。本章基于 CEMHYD3D 水化模型，结合经典的水泥化学理论，将粉煤灰、硅灰的二次火山灰反应耦合入水化模型中，建立出极低水胶比条件下水泥粉煤灰硅灰三元胶凝体系的水化微结构演变模型，为水泥基材料的微观力学性能分析提供基础。

6.2　微结构重构

6.2.1　初始微结构

基于 CEMHYD3D 模型的水化微结构模拟主要分为三个步骤：投球、分相以及水化，下面简要介绍模型的构建机制。

投球指将胶凝材料颗粒投放至容器中，构建出胶凝体系的初始微结构。CEMHYD3D 的模型尺寸为 $100\ \mu m \times 100\ \mu m \times 100\ \mu m$ 的立方体，将其划分成最小体素单元为边长 $1\ \mu m$ 的立方体，其中，胶凝材料颗粒视为由若干体素点构成。建立初始微结构时，首先依据水胶比、胶凝材料的掺量以及粒径分布曲线 (图 6.1) 分别计算出容器中水泥、粉煤灰和硅灰颗粒的数量，随后分别将水泥、粉煤灰按粒径由大到小的顺序投入模型空间。投放过程中颗粒之间不允许重叠，模型边界条件为周期性边界条件，若颗粒的部分体积超出容器边界，则将超过的部分对称在立方体对应界面生成。实际上，颗粒形貌对水化进程的影响较大，由于水泥颗粒呈不规则形状而粉煤灰颗粒近似球形，为了接近真实情况，将水泥当作不规则颗粒，并采用中心生长法[1]构建三维非规则粒子，而粉煤灰则作为球形颗粒。硅灰的粒径范围为纳米级，CEMHYD3D 模型最小体素单元边长为 1 μm，这里采用最小体素单元作为硅灰的粒径，投放时随机选取未被水泥和粉煤灰颗粒占据的体素点作为硅灰颗粒。由于水泥中含有石膏相，颗粒投入系统空间后，随机划分一部分水泥颗粒作为石膏相，用于模拟石膏对 C_3A 等熟料水化的影响。根据以上方法，建立了水泥–粉煤灰–硅灰三元胶凝体系初始微结构如图 6.2 所示，模型水胶比为 0.16，水泥、粉煤灰和硅灰的质量比为 6:3:1。

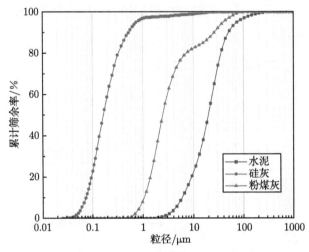

图 6.1 胶凝材料的粒径分布曲线

(a) 三元视图

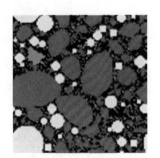

(b) 二元视图

图 6.2 水泥–粉煤灰–硅灰三元胶凝体系初始微结构 (其中，红色为水泥颗粒，黄色为粉煤灰颗粒，绿色为硅灰颗粒，灰色为石膏相)

6.2.2 分相后微结构

水泥的水化反应以及矿物掺合料之间的火山灰反应，本质上是不同矿物相的反应，因此需要对胶凝材料颗粒进行物相划分。投球步骤完成后，即对 6.2.1 节中建立的初始微结构进行物相划分，根据水泥的主要组分，将水泥颗粒划分成 C_3S、C_2S、C_3A 以及 C_4AF 四种矿物相，物相划分示意图如图 6.3 所示，具体步骤如下：

(1) 创建与微结构同样大小的三维高斯噪声图像；

(2) 结合矿物组分的自相关函数建立大小为 $30 \times 30 \times 30$ 的滤波器，并逐点对高斯噪声图像进行卷积处理；

(3) 根据各矿物相的体积分数以及体素单元卷积的高低，设定阈值，对系统空间中的水泥颗粒执行物相划分；

(4) 采用 "燃烧算法"[2]，调整颗粒局部形貌，使不同矿物相的表面积分数达到步骤 (3) 中的阈值。

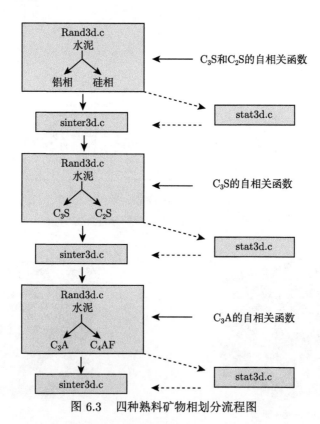

图 6.3 四种熟料矿物相划分流程图

水泥分相完毕后，即对粉煤灰颗粒进行物相划分。通常粉煤灰中活性物质包括 SiO_2、Al_2O_3、CaO 和 $CaSO_4$，其余为莫来石、石英等惰性物质。由于粉煤灰的 XRD 图谱形状呈典型的"馒头峰"状 (图 6.4)，基本不含晶相物质，说明本节所采用的粉煤灰组分基本为活性物质而不含惰性相，结合表 6.1 中粉煤灰的化学组成可知，所采用的粉煤灰基本为由 SiO_2、Al_2O_3 以及 CaO 三种氧化物组成的玻璃态物质。粉煤灰的分相方式采用"随机分相法"[3]，具体步骤如下：

(1) 首先根据 CaO、SiO_2 和 Al_2O_3 三种矿物相的质量分数和密度，计算出粉煤灰中 CaO、SiO_2 以及 Al_2O_3 的体积分数。

(2) 基于不同物相的体积分数，将 $[0, 1]$ 划分成不同区间：$[0, x_1)$、$[x_1, x_2)$ 以及 $[x_2, 1]$ 三个区间，并将这些区间分别定义为 CaO、SiO_2 以及 Al_2O_3 物质区间。

(3) 逐一判定容器空间中各体素单元的物相 ID，若物相 ID 值为粉煤灰的 ID 值，则系统自动生成一个 $[0, 1]$ 的随机数，根据该随机数值大小，确定该体素单元的物相种类，例如，当随机值落在 $[0, x_1)$ 区间中，则将体素点物相 ID 定义为 CaO 的 ID；当随机值落在 $[x_1, x_2)$ 区间中，则将体素点物相 ID 定义为 SiO_2 的 ID；当随机值落在 $[x_2, 1]$ 区间中，则将体素点物相 ID 定义为 Al_2O_3 的 ID。逐一判定过程中，若体素单元的 ID 值不是粉煤灰的 ID 值，则跳过该点，并对下一体素单元进行判定。

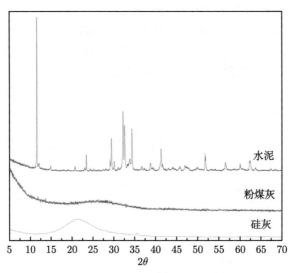

图 6.4　胶凝材料的 XRD 图谱

表 6.1　胶凝材料化学组分 (wt.%)

氧化物	CaO	Al_2O_3	SiO_2	Fe_2O_3	MgO	SO_3	K_2O	Na_2O	TiO_2	P_2O_5
水泥	63.62	4.45	19.70	2.93	1.28	2.93	0.68	0.12	0.27	
粉煤灰	17.60	6.84	65.67	0.06	0.08		0.04	0.035	0.015	0.021
硅灰	0.2	0.3	95.4	0.8	0.2					

(4) 循环步骤 (3) 对所有体素单元进行判定,最终可以实现粉煤灰的物相划分。

由硅灰的 XRD 图谱以及化学组成可知,硅灰中绝大部分物相为玻璃态的 SiO_2,因此模型中硅灰全部由活性 SiO_2 组成,不再执行分相步骤。分相后水泥-粉煤灰-硅灰三元胶凝体系的三维微结构与二维截面如图 6.5 所示。

(a) 三维视图　　　　　　　　　　　　　　(b) 二维视图

图 6.5　分相后的水泥–粉煤灰–硅灰三元胶凝体系微结构

6.2.3　水化微结构

CEMHYD3D 模型的水化程序基于元胞自动机原理,是一种在时间、空间和状态都离散且通过大量"元胞"之间相互作用来描述复杂系统演化的动力学模拟方法。具体来讲,分相后的矿物相执行固相溶解、溶解相扩散、扩散相成核以及反应四个步骤,从而实现水泥水化过程的数值重构。模型矿物相的演变过程如图 6.6 所示。

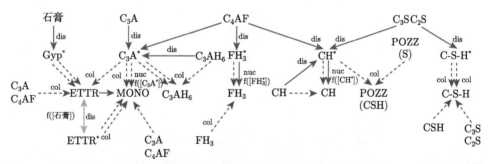

图 6.6　CEMHYD3D 模型矿物相演变过程 (*—扩散相,ETTR—钙矾石,MONO—单硫型水化硫铝酸钙,POZZ—火山灰材料,Gyp—石膏,col—碰撞作用,nuc—成核作用,dis—溶解作用)

CEMHYD3D 模型执行水泥水化步骤时,首先逐一对系统空间内各体素单元进行判断,若某一矿物体素单元在其周围 (X、Y 和 Z 方向共 26 个体素点) 存在孔隙单元,则允许该体素发生溶解。此外,对于每个矿物体素,赋予其两个溶解参数：可溶性标识与溶解概率。可溶性标识分为 0 和 1 两个值，反映物相的可溶性，其值为 0 表示物相不可以发生溶解，其值为 1 表示物相可以溶解。CEMHYD3D 模型规定，水泥初始矿物相均定义为可溶解的，对于钙矾石，初始不可以溶解，而随着石膏含量的降低则逐渐变为可溶解的。溶解概率是矿物相移动到相邻孔隙时该像素的相对溶解概率，通过调整该参数，可以控制水泥熟料如 C_3S、C_2S、C_3A 以及 C_4AF 的反应速率。CEMHYD3D 模型中水泥发生水化时，允许水泥颗粒表面的像素单元随机移动一步，若该单元移动到相邻孔隙中，则定义该像素对应的物相为可溶，随后系统生成一个随机数，规定：若随机数大于该物相所设定的溶解概率，则矿物相发生溶解，伴随着一种或多种扩散相的生成；若随机数小于该物相所设定的溶解概率，则矿物相不发生溶解，并保持固相不变，但在后续的水化过程中仍允许其发生溶解。

矿物相溶解后，产生的扩散相可以在连通的孔隙中进行 "随机行走"，行走过程中扩散相可以发生水化反应，模型中规定各扩散相的反应规则如下。

(1) 扩散相 C-S-H：移动过程中，当扩散相 C-S-H 遇到 C_3S、C_2S 和固相 C-S-H 时，立即转化为固相 C-S-H。

(2) 扩散相 CH：每移动一步，系统生成一个随机数，用于判定扩散相 CH 能否原位转化成固相 CH，当扩散相 CH 与固相 CH 发生碰撞时，其立即转化为固相 CH。

(3) 扩散相 FH_3：每移动一步，系统生成一个随机数，用于判定扩散相 FH_3 能否原位转化为固相 FH_3，当扩散相 FH_3 与固相 FH_3 发生碰撞时，其立即转化为固相 FH_3。

(4) 扩散相石膏：当扩散石膏与固相 C-S-H 发生碰撞时，若当前石膏的吸收量与剩余量的比值小于某固定值，则该扩散相石膏被固相 C-S-H 吸收；当扩散相石膏与 C_3A 发生碰撞时，二者反应生成固相钙矾石；当扩散相石膏与 C_4AF 发生碰撞时，二者发生反应生成固相 CH、FH_3 以及钙矾石。

(5) 扩散相钙矾石：当扩散相钙矾石与 C_3A 发生碰撞时，二者反应生成 AFm；当扩散相钙矾石与 C_4AF 发生碰撞时，生成 CH、FH_3 以及 AFm；当扩散相钙矾石与固相钙矾石发生碰撞时，系统生成一个随机数，用于判定扩散相钙矾石能否原位转化为固相钙矾石。

(6) 扩散相 C_3A：当扩散相 C_3A 与固相 C_3AH_6 发生碰撞时，系统自动生成一个随机数，用于判定能否反应生成固相 C_3AH_6；当扩散相 C_3A 与扩散相石膏发生碰撞时，二者反应生成钙矾石；当扩散相 C_3A 与钙矾石发生碰撞时，二者反应生成 AFm。

上述反应规则中，对于固相 CH、FH_3 以及 C_3AH_6 的成核生成，涉及一个成核概率参数——P_{nuc}，表达式如下：

$$P_{\text{nuc}}(C_i) = A_i \times \left(1 - e^{\frac{-[C_i]}{[B_i]}}\right) \tag{6.1}$$

式中，A_i 和 B_i 为常量，代表成核反应控制参数；C_i 为当前扩散相 i 的数量。

以上为 CEMHYD3D 模型中水泥的水化原理及规则，对于三元胶凝体系，还应考虑粉煤灰和硅灰的二次反应，因此需将经典的火山灰反应耦合入水化模型中。粉煤灰中的活性物质为 CaO、SiO_2 及 Al_2O_3，硅灰的组分为活性 SiO_2，三元体系中发生的二次反应如下：

$$CaO + H \longrightarrow CH \tag{6.2}$$

$$Al_2O_3 + 3CH + 3H \longrightarrow C_3AH_6 \tag{6.3}$$

$$SiO_2 + 1.1CH + 2.8H \longrightarrow C_{1.1}SH_{3.9} \tag{6.4}$$

对于以上火山灰反应，采用元胞自动机的方法将其耦合入水化模型中，规定如下：

(1) 粉煤灰中玻璃态的 CaO 和 Al_2O_3 体素单元可以溶解，溶解发生时，随机将这些扩散相投入微结构空间的孔体素单元中。

(2) 粉煤灰的玻璃态 SiO_2 体素单元可以溶解，溶解发生时，扩散相 SiO_2 移动至周围的孔体素单元中，并发生扩散与碰撞作用。

(3) 硅灰中的活性 SiO_2 体素单元不发生溶解，当其与扩散相 CH 发生碰撞时，可以发生反应；此外，当 SiO_2 与其他物相碰撞时，可以为其他物相提供成核位点。

(4) 粉煤灰中含有 Al 相，当水泥中的石膏与 Al 相发生碰撞时，直接反应生成 AFm 相。

(5) 二次反应导致微结构中水化产物的钙含量更低，模型中需引入 C_4AH_{19} 向 C_3AH_6 的反应，以及 $C_{1.7}SH_4$ 向 $C_{1.1}SH_{3.9}$ 的反应。

基于以上水化规则，执行水化步骤后得到水泥–粉煤灰–硅灰三元胶凝体系的水化微结构，如图 6.7 所示。

Jennings 等 [4,5] 提出，C-S-H 凝胶可以划分为高密度 C-S-H (HD C-S-H) 与低密度 C-S-H (LD C-S-H)。模型中，HD C-S-H 与 LD C-S-H 可以近似与 Richardson[6] 定义的 "内部水化产物" 和 "外部水化产物" 相对应：LD C-S-H 主要在水化早期和中期形成，生成位置为开放的毛细孔，而 HD C-S-H 主要发生在水化中后期，并在原胶凝材料颗粒的位置处生成，HD C-S-H 与 LD C-S-H 的划分示意图如图 6.8 所示。基于以上对应关系，将 CEMHYD3D 模拟生成的二维微结构中的 C-S-H 凝胶进行划分，结果如图 6.9 所示，其中黑色代表孔隙，黄色代表 HD C-S-H，蓝色代表 LD C-S-H，红色代表其他物相。

 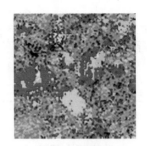

(a) 三维视图   (b) 二维视图

图 6.7 水泥–粉煤灰–硅灰三元胶凝体系水化 28d 后的微结构

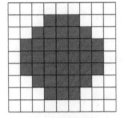 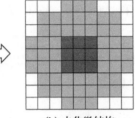 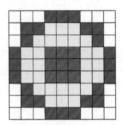

(a) 初始微结构   (b) 水化微结构   (c) HD C-S-H与LD C-S-H划分

图 6.8 HD C-S-H 与 LD C-S-H 的划分示意图 (红色：未水化水泥，黄色：HD C-S-H，蓝色：LD C-S-H)

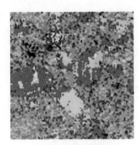 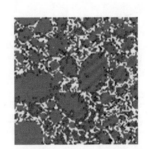

(a) 水化微结构   (b) 划分高低密C-S-H后的微结构

图 6.9 HD C-S-H 和 LD C-S-H 划分

6.3 水化模拟结果验证

    水化模拟结果的准确性是 UHPC 微观尺度力学性能分析的重要基础，为了验证模拟结果的可靠性，实验设计四组净浆配合比，用于验证水泥–粉煤灰–硅灰三元胶凝体系水化后物相含量的变化以及微结构的孔隙率特征，配合比如表 6.2 所示。

表 6.2　UHPC 的净浆配合比

编号	水泥	粉煤灰	硅灰	水	聚羧酸减水剂
p-Ref.	0.6	0.3	0.1	0.16	1.0%
p-1#	0.7	0.2	0.1	0.16	1.0%
p-2#	0.65	0.3	0.05	0.16	1.0%
p-3#	0.6	0.3	0.1	0.20	1.0%

注：相对于胶凝材料的质量比。

6.3.1　水泥矿物相含量验证

图 6.10 为不同配合比 UHPC 硬化净浆在各水化龄期的 XRD 图谱，可以看出，不同配合比硬化净浆的物相成分基本一致，主要包含未水化的 C_3S、C_2S、C_3A 和 C_4AF，以及水化产物 $Ca(OH)_2$ 和 AFt 等，此外，基体中还含有较高含量的

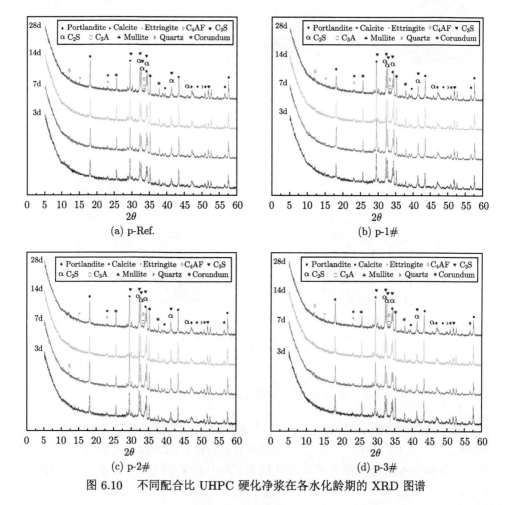

图 6.10　不同配合比 UHPC 硬化净浆在各水化龄期的 XRD 图谱

CaCO₃，这是由于水泥自身含有少量的 $CaCO_3$，并且部分 $Ca(OH)_2$ 可能发生了碳化所共同导致的。

为了确定体系中不同晶体物相的含量，采用 Rietveld 分析方法对不同配合比硬化净浆进行定量分析，主要物相随水化龄期的演变规律如图 6.11 所示。可以看出，水泥熟料如 C_3S、C_2S 在前 7 d 消耗较快，而 7 d 后趋于稳定，说明水泥水化反应主要发生在早期，后期反应量少且速度缓慢，与文献 [7, 8] 的结论相一致。由于 UHPC 水胶比极低，颗粒堆积体系致密程度高，水化过程中，水泥颗粒表面所溶解的矿物相向周围扩散的空间有限，因而水化产物紧紧包覆在水泥颗粒表面，导致水泥颗粒内部的矿物难以继续水化 [9,10]。各配合比 UHPC 净浆水化 28 d 后 C_3S、C_2S、C_3A 及 C_4AF 四种矿物相的 XRD 定量结果见表 6.3，将实验结果与 CEMHYD3D 水化模型模拟得到的物相含量进行对比，如图 6.12 所示，可以看出，模拟结果与实验结果吻合较好，说明所建立的水化模型能够反映出水泥–粉煤灰–硅灰三元胶凝体系水化后水泥主要矿物相的含量变化。

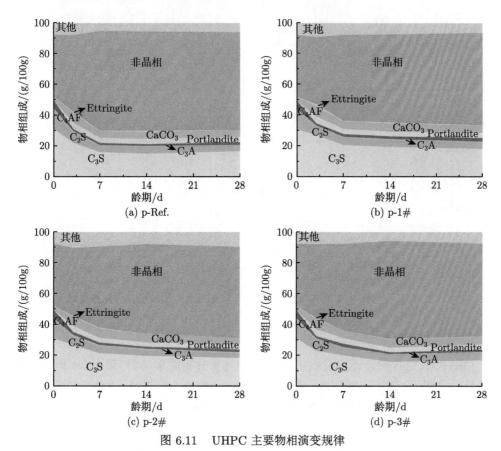

图 6.11　UHPC 主要物相演变规律

表 6.3　水化 28d 后不同配合比 UHPC 中四种矿物相的含量

样品	硅酸三钙/%	硅酸二钙 /%	铝酸三钙 /%	铁铝酸四钙 /%
p-Ref.	16.77	3.59	3.58	1.62
p-1#	18.38	3.50	4.47	2.23
p-2#	18.10	2.63	5.28	1.94
p-3#	15.71	4.43	3.38	1.08

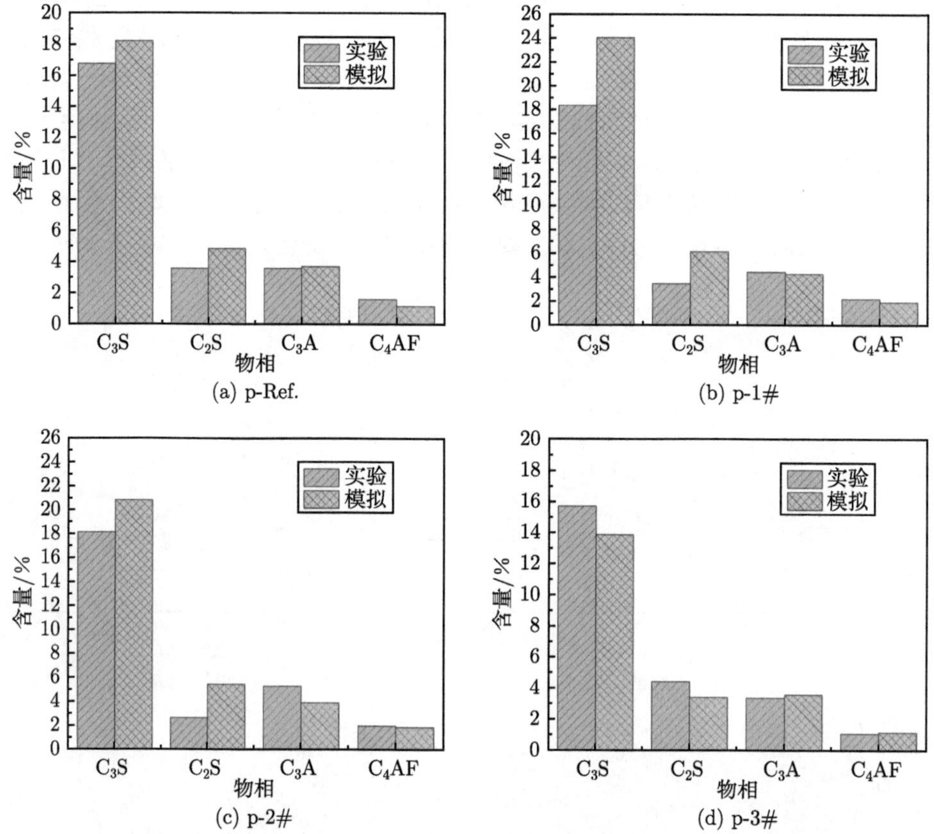

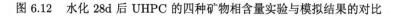

图 6.12　水化 28d 后 UHPC 的四种矿物相含量实验与模拟结果的对比

6.3.2　氢氧化钙含量验证

图 6.13 为各配合比净浆水化 28 d 后的热重分析结果，可以看出，不同 UHPC 的热重曲线 (DTG) 形状基本一致，表现为三个明显的吸热峰：100 ℃、400 ℃ 以及 700 ℃ 附近，三个峰分别对应 C-S-H 凝胶与钙矾石失水、Ca(OH)₂ 分解以及钙矾石的分解 [11,12]。此外，在 850 ℃ 附近存在一个较宽的吸热峰，该峰对应粉煤灰中未完全燃烧的碳颗粒等杂质的分解以及 C-S-H 凝胶在高温下由于脱羟基

效应而生成的硅灰石[13]。为了确定水化产物中 $Ca(OH)_2$ 的含量，对 400 ℃ 附近的吸热峰进行定量分析，计算得到水化 28 d 后四组 UHPC 的 $Ca(OH)_2$ 含量见表 6.4，结果表明，由于胶凝材料掺量接近，各配合比 $Ca(OH)_2$ 含量的差异较小，p-1# 配合比由于水泥含量较高，因此水化产物中 $Ca(OH)_2$ 的含量高于其余三组配合比。将实验与模拟结果进行对比，如图 6.14 所示，可以看出，水化模拟得到的 $Ca(OH)_2$ 含量与实验结果相接近。另一方面，模拟结果略高于热重 (TG) 分析结果，这可能是由于实验过程中基体内部分 $Ca(OH)_2$ 发生了碳化反应，因此增加了模拟与实验结果的差异。由分析结果可知，所建立的水化模型可以用于模拟分析 UHPC 中 $Ca(OH)_2$ 的含量。

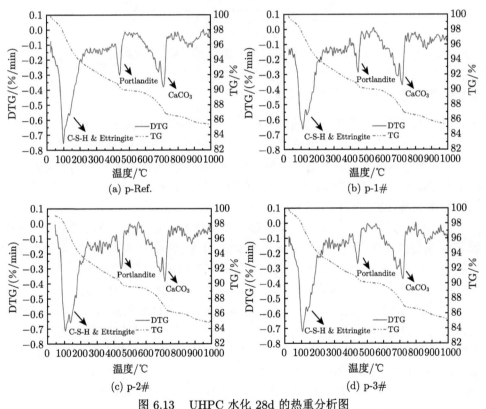

图 6.13　UHPC 水化 28d 的热重分析图

表 6.4　水化 28d 后不同配合比 UHPC 中氢氧化钙的含量

样品	p-Ref.	p-1#	p-2#	p-3#
质量分数 /%	3.78	4.15	3.86	3.74

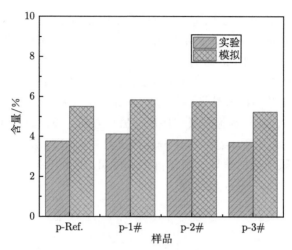

图 6.14   水化 28d 后 UHPC 的氢氧化钙含量

6.3.3 粉煤灰、硅灰水化程度验证

固体 NMR 技术是研究物质结构的一种有效手段，可以反映出物质中某些元素的化学环境，该技术不仅能够测定有序的晶体结构，还可以测定无序的凝胶物质，因此对于水泥基材料的物相分辨及结构测定有着重要意义。Si、Al 是硅酸盐水泥的基本元素，且 ^{29}Si 与 ^{27}Al 是具有核磁矩的原子核，因此可以利用 ^{29}Si 和 ^{27}Al 对水泥基材料进行结构分析。

在 NMR 图谱中，^{29}Si 的化学位移与其所处的环境相关，通常采用 Q^n 来表示 ^{29}Si 所处的化学环境，其中，n 为硅氧四面体 ($[SiO_4]$) 与其他 Si 原子相连的桥氧数。n 的范围为 0~4，Q^0 代表孤立的硅氧四面体。在硅酸盐水泥中，C_3S 与 C_2S 的 $[SiO_4]$ 以 Q^0 形式存在，其中，C_3S 的 Q^0 的化学位移约为 −69.1 ppm、−71.8 ppm、−72.8 ppm、−73.6 ppm 及 −74.6 ppm，C_2S 的晶型为 β-C_2S，化学位移约为 −71.5 ppm[14]；Q^1 代表与一个硅氧四面体相连的硅氧四面体，位于二聚体或多聚体直链末端的硅氧四面体；Q^2 代表与两个硅氧四面体相连的硅氧四面体，位于直链中间或环状多聚体中的硅氧四面体；Q^1 和 Q^2 主要存在于 C-S-H 凝胶中，其中，Q^1 表示 C-S-H 直链端部的 $[SiO_4]$，其化学位移约为 −78.3 ppm[15]，而 Q^2 表示 C-S-H 凝胶直链中间的 $[SiO_4]$，进一步地，Q^2 可以分为 Q^{2P} (双硅氧四面体) 与 Q^{2B}(桥硅氧四面体)，所对应的化学位移分别约为 −84.2 ppm 和 −82.2 ppm[16]。Q^3 代表与三个硅氧四面体相连的硅氧四面体，位于链的分枝、双链聚合结构以及层状结构中；Q^4 代表与四个硅氧四面体相连的硅氧四面体，位于三维网络结构中，Q^3、Q^4 通常位于粉煤灰和硅灰中。硅酸盐的 Q^n 结构示意图如图 6.15 所示，所处的化学位移区间见表 6.5。

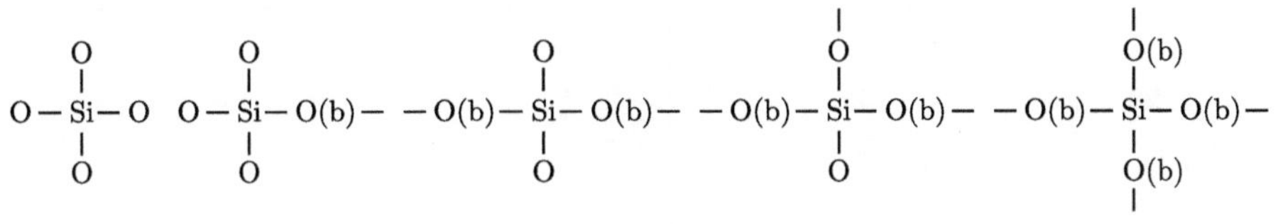

图 6.15 硅酸盐的 Q^n 结构示意图

表 6.5 硅酸盐的 Q^n 化学位移区间 [14,17,18]

Q^n	Q	Q^1	Q^2	$Q^2(1Al)$	Q^3	Q^4
δ/ppm	$-68 \sim -76$	$-76 \sim -82$	$-82 \sim -88$	-81.5	$-88 \sim -92$	$-92 \sim -129$

水泥、粉煤灰和硅灰原材料的 ^{29}Si NMR 图谱如图 6.16 (a)~(c) 所示,图 6.16 (d) 为按照 p-Ref. 配合比将三种胶凝材料干混均匀后的 ^{29}Si NMR 图谱,结果显示,未水化时,三元胶凝材料中 ^{29}Si 的存在形式为 Q^0 以及 Q^4,水化后,由于生成了 C-S-H 凝胶,^{29}Si NMR 图谱中出现 Q^1 和 Q^2,如图 6.16 (e)~(f) 所示,分别为 p-Ref. 配合比水化 3 d 和 28 d 后净浆的 ^{29}Si NMR 图谱。当水化龄期由 3 d 增至 28 d 时,Q^1 与 Q^2 的含量呈增长趋势,说明随着龄期的增长,C-S-H 凝胶含量逐渐增多。为了研究三元胶凝体系中粉煤灰和硅灰的水化程度,分别对粉煤灰和硅灰的 Q^4 峰进行定量分析:未水化时,体系中粉煤灰的 Q^4 (Q^4-FA) 峰面积和硅灰的 Q^4 (Q^4-SF) 峰面积分别占 ^{29}Si 总面积的 8.5% 与 21.5%;水化 3 d 后,Q^4-FA 与 Q^4-SF 的峰面积分别占 ^{29}Si 总面积的 8.4% 与 22.3%,粉煤灰的 Q^4 峰面积基本无变化,而硅灰的 Q^4 峰面积轻微的增长,这可能是由于实验误差导致,说明水化 3 d 时,粉煤灰、硅灰参与的二次水化反应程度非常低;当水化龄期达到 28 d 时,Q^4-FA 与 Q^4-SF 的峰面积分别占 ^{29}Si 总面积的 7.8% 与 16.7%,相比于干混料,Q^4-FA 的峰面积减少 8.2%,而 Q^4-SF 的峰强则明显降低,下降幅度达 22.3%。结合 Q^4 峰强的变化可知,三元胶凝体系水化 28 d 后,硅灰的反应程度为 22.3%,粉煤灰中硅相的反应程度为 8.2%。

原材料中,^{27}Al 的存在形式主要有四配位铝 (Al[4])、五配位铝 (Al[5]) 以及六配位铝 (Al[6])(图 6.17)。实验用水泥的 ^{27}Al 图谱如图 6.18 (a) 所示,其中,化学位移为 81.6 ppm 处代表 C_3A 中的 Al[4][19-21];化学位移为 63.4 ppm 处代表以铝酸盐形式存在的 ^{27}Al NMR,由于固溶了 Mg^{2+}、Fe^{3+} 以及 Na^+ 等,从而导致信号宽化[22];0~20 ppm 区间的峰指 C_4AF 中的 Al[6][18],因此,化学位移为 8.6 ppm 代表 C_4AF。实验用粉煤灰的 ^{27}Al NMR 图谱如图 6.18 (b) 所示,通过去卷积分峰拟合,可以看出,本节所用超细粉煤灰的 ^{27}Al NMR 由化学位移约为 51.0 ppm 的单峰构成。对比文献中普通粉煤灰的 ^{27}Al NMR 图谱 (图 6.17),实验

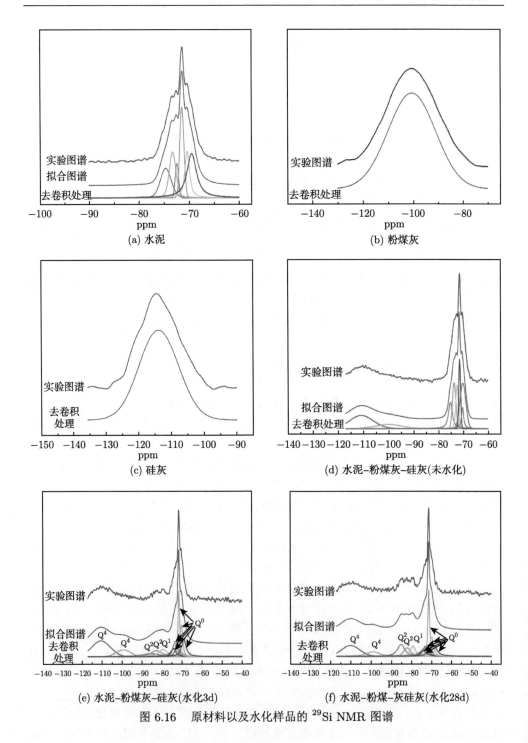

图 6.16　原材料以及水化样品的 ^{29}Si NMR 图谱

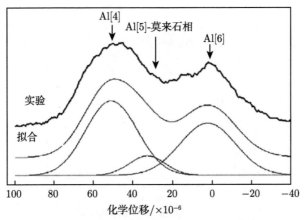

图 6.17 粉煤灰的 ^{27}Al NMR 图谱 [23]

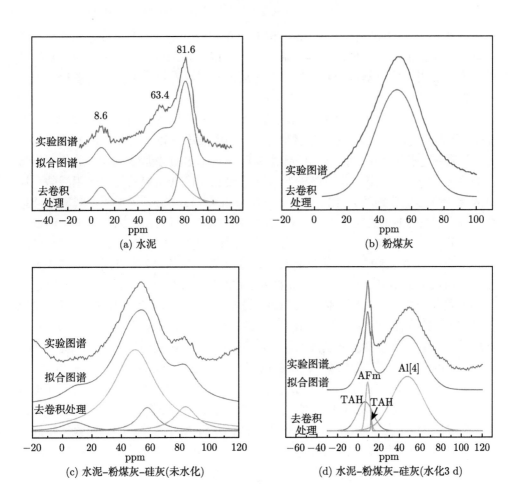

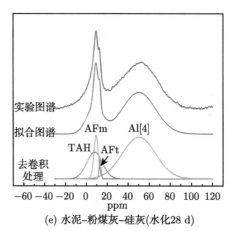

(e) 水泥–粉煤灰–硅灰(水化28 d)

图 6.18   原材料以及水化样品的 ^{27}Al NMR 图谱

用粉煤灰缺少化学位移在 35.0 ppm 和 (−6.0∼0) ppm 处的两个峰，由文献 [23] 可知，该位置的两个峰分别对应莫来石中的 Al[5] 和 Al[6]。结合粉煤灰 XRD 图谱，本节所用粉煤灰基本为非晶相，不含莫来石相，因此 ^{27}Al NMR 图谱表现为单峰特征。

图 6.18 (d)、(e) 分别为 p-Ref. 配合比净浆水化 3 d 和 28 d 后的 ^{27}Al NMR 图谱，可以看出，水化产物包括四配位铝 (Al[4]) 以及六配位铝 (Al[6])。研究 [24] 表明，水泥水化产物中，Al[4] 主要存在于 C-S-H 凝胶结构中，其化学位移值约为 67.2 ppm；Al[6] 分别存在于 AFt、AFm 和 TAH(第三类水化铝酸盐) 中，对应化学位移值分别约为 13.2 ppm、9.0 ppm 和 5.0 ppm[21,25−27]。观察分峰拟合曲线，包含 Al[6] 的物相为 AFm、TAH 以及 AFt，而 Al[4] 为粉煤灰中的四配位铝，说明 Al 基本未进入 C-S-H 凝胶结构取代内部的 Si。通常，在水泥–矿渣二元体系中，由于矿渣的高活性特征，矿渣水解产生的 Al 会以四配位形式置换 C-S-H 凝胶中的 Si[28,29]，而粉煤灰的活性相对矿渣比较低，因此 Al[4] 难以进入 C-S-H 凝胶结构中。对比水化前后 Al[4] 的相对强度，未发生水化时，水泥–粉煤灰–硅灰干混料 (图 6.18 (c)) 中 Al[4] 的相对强度为 73.8%，而水化 3 d、28 d 后，对应的 Al[4] 相对强度值分别降低至 71.4% 与 67.4%，说明当水化龄期分别为 3 d 和 28 d 时，三元胶凝体系中粉煤灰内铝相的反应程度分别为 2.4% 和 6.4%。

本节所建立的 CEMHYD3D 水化模型，粉煤灰的 Al 相存在形式为铝硅玻璃体 (ASG)，部分 Si 相存在于 ASG 中，而其余 Si 相存在形式为灿灰 (POZZ)；硅灰中的 Si 相均存在于 POZZ 中，与粉煤灰中的 Si 相不区分。因此在验证粉煤灰和硅灰的反应程度时，采用 POZZ 的反应程度来表征粉煤灰与硅灰中 Si 相总的反应程度，而对于粉煤灰中 Al 相的反应程度采用 ASG 的反应程度来进行表征。

需要注意的是，ASG 同样含有 Si 相，其溶解–反应过程包含 Si 相的反应，但由于本节所用粉煤灰中 Al 相含量较低，导致模型中 ASG 含量较少，因此不考虑 ASG 反应引起的 Si 相的反应程度。图 6.19 为 p-Ref. 配合比硬化净浆中粉煤灰和硅灰的 Al 相、Si 相反应程度的实验与模拟对比结果，根据结果可知，实验所得 Al 相及 Si 相的反应程度分别为 6.4％与 30.5％，模拟得到二者的反应程度分别为 3.5％与 20.8％，实验值略高于模拟值，考虑到模拟结果未考虑 ASG 中 Si 相的反应以及误差因素，因此该模型可以反映极低水胶比条件下三元胶凝体系中粉煤灰和硅灰的水化程度。

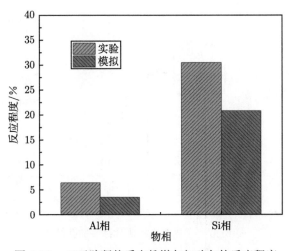

图 6.19 三元胶凝体系中粉煤灰与硅灰的反应程度

6.3.4 孔隙率验证

图 6.20 为不同配合比硬化净浆的孔结构，水化龄期为 28 d 时，p-Ref.、p-1#、p-2# 以及 p-3# 样品的孔隙率分别为 6.72％、8.43％、4.84％和 9.92％，文献 [30, 31] 表明，由于 UHPC 的水胶比非常低，其孔隙率通常低至 10％以下，本节测试结果与文献结论相一致。对比 p-Ref. 和 p-3# 配合比，当水胶比由 0.16 增至 0.20 时，基体的孔隙率随之增大；当保持水胶比为 0.16 不变而调整胶凝材料组分掺量时，p-1#、p-2# 基体的孔隙率分别为 8.43％以及 4.84％，相比 p-Ref. 样品，p-1# 净浆的孔隙率增大，而 p-2# 净浆的孔隙率降低，首先，水泥、粉煤灰和硅灰组分掺量发生变化时，三元体系的堆积密实度相应的改变，会对基体孔隙率造成影响；其次，胶凝材料的水化程度不同，同样影响了微结构的孔隙率。

将 CEMHYD3D 水化模型生成的微结构信息进行统计，计算得到 p-Ref.、p-1#、p-2# 以及 p-3# 微结构的孔隙率分别为 4.90％、5.09％、4.79％和 6.13％，与实验结果进行对比，如图 6.21 所示，可以看出模拟孔隙率低于实验测试结果。这是由于压汞仪测量的最小孔约为 5 nm，而该数量级范围包含了大量凝胶孔 (孔径小于 10 nm)；此外，净浆样品制备过程中掺入了高效减水剂，其引气作用可以增大基体的孔隙率 [32,33]，由孔径分布曲线 (图 6.20 (a)) 可知，硬化净浆内部甚至包括尺寸大于 100 μm 的气孔，而水化模型中未考虑减水剂的引气作用。因此，以上两方面综合效应导致孔隙率的实验结果高于模拟值，尽管如此，模拟孔隙率与实验孔隙率仍相接近，且模拟孔隙率小于 10%，处于 UHPC 孔隙率范围内，因此水化模拟结果可以用于预测 UHPC 净浆基体的孔隙率。

(a) 孔径分布　　(b) 累积孔隙率

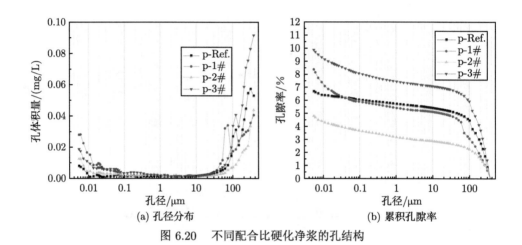

图 6.20　不同配合比硬化净浆的孔结构

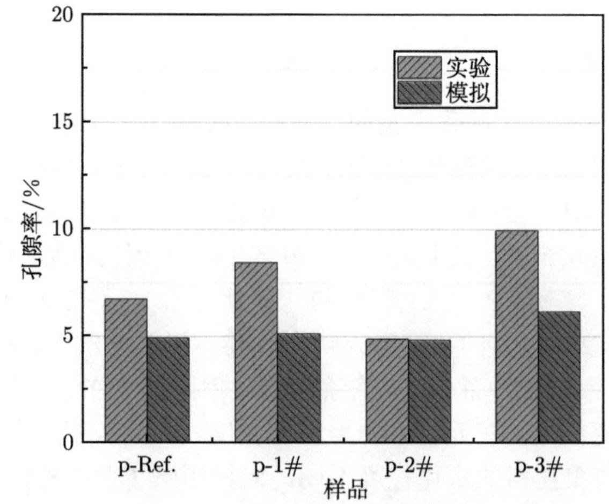

图 6.21　硬化净浆的孔隙率对比

6.4　水泥浆体力学性能数值模拟

6.4.1　拉伸力学性能实体单元数值模拟

　　利用有限元分析软件 ANSYS/LS-DYNA, 对 UHPC 水化微结构的拉伸力学性能进行模拟研究。尽管有限元中材料的本构模型主要用于宏观性能的数值分析, 但对于水泥基材料微观结构的力学计算仍有较好的适用性。高森[34] 开发了净浆微结构模型与有限元软件的接口, 实现了水化微结构力学性能的计算分析。黄宝华[35] 利用有限元软件 ABAQUS 对水泥石微观结构受拉力学性能进行了定量计算。Bernard 等[36] 采用 ABAQUS 软件分析了微观尺度水泥硬化净浆的抗压及抗拉力学性能, 与实验结果对应较好。Liu 等[37] 利用 CEMHYD3D 水化模型模拟了水泥净浆的三维微观结构, 并在此基础上, 使用有限元软件数值分析了单轴拉伸荷载下净浆的断裂过程。以上研究表明, 有限元实体单元数值分析方法是研究混凝土微结构力学性能的有效手段。

　　微结构有限元实体单元模型的建模方法如下: ①开发出水化微结构模拟文件与有限元软件的接口, 将微结构的物相组成及空间分布信息嵌入到有限元软件 ANSYS/LS-DYNA 中; ②根据水化微结构的物相信息, 建立与微结构对应的有限元实体单元模型, 模型尺寸为 100 μm × 100 μm × 100 μm; ③对有限元实体单元模型进行网格剖分, 特征单元尺寸为边长 1 μm 的立方体。按以上步骤, 建立了 p-Ref. 配合比 UHPC 微结构的实体单元模型, 共计空间六面体八节点单元 100 万个, 如图 6.22 所示。

(a) CEMHYD3D水化模型　　　　　　　　　　　(b) 有限元实体单元模型

图 6.22　微结构受拉有限元模型

　　根据文献[38] 可知, 在微观尺度下, 水泥基材料各物相的本构关系可视为线弹性, 因此选用 LS-DYNA 中的线弹性材料模型 (MAT_ELASTIC) 为各物相的本构关系。线弹性材料模型指当材料在外载下产生的应力低于材料的屈服极限时,材料表现为弹性行为，模型关系如下：

$$E = 3K(1 - 2\nu) \tag{6.5}$$

$$G = \frac{3(1 - 2\nu)}{2(1 + \nu)} \tag{6.6}$$

$$K = \frac{E}{2(1 + \nu)} \tag{6.7}$$

式中，E、G、K、ν 分别代表物相的弹性模量、剪切模量、体积模量以及泊松比。

有限元模拟分析时，净浆基体和压板的单元类型为 Solid 164 实体单元，其中，压板采用 MAT_ELASTIC 材料模型，模型参数如表 6.6 所示。上、下钢板与基体之间采用共节点的处理方式。

表 6.6　压板的模型参数

密度/(kg/m³)	弹性模量/GPa	泊松比
7830	210	0.28

在拉伸方向对有限元实体单元模型进行加载，可以计算出 UHPC 微结构的拉伸力学性能，单轴拉伸荷载作用下 UHPC 硬化净浆的应力–应变曲线如图 6.23 所示，结果显示微结构的峰值应力为 14.8 MPa，峰值应变为 0.34×10^{-3}，随着进一步加载，应力呈下降趋势。图 6.24 为微结构内部应力的演化过程，在拉伸荷载的持续作用下，基体应力逐渐增大，由于单元应变达到失效主应变，微结构内部形成一道裂缝并不断扩展，最终形成一条明显的主裂纹。

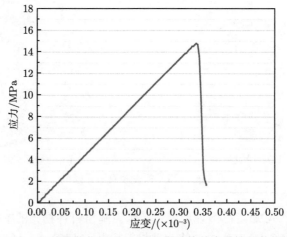

图 6.23　拉伸荷载作用下 UHPC 微结构的力学性能数值模拟

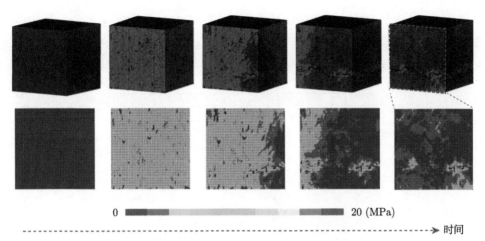

图 6.24 拉伸荷载作用下 UHPC 微结构有效应力演化过程

6.4.2 压缩力学性能实体单元数值模拟

6.2 节通过 CEMHYD3D 水化模型模拟得到 UHPC 的水化微结构信息，为了评价微观尺度净浆的压缩力学性能，本节拟基于有限元分析软件 ANSYS/LS-DYNA，对 UHPC 水化微结构的抗压强度进行模拟研究。压缩性能数值模拟与拉伸数值模拟基本一致，不同之处在于压板与微结构模型之间的接触方式采用 AU-TOMATIC_SURFACE_TO_SURFACE 接触，摩擦系数为 0.3。微结构压缩模拟有限元实体单元模型如图 6.25 所示。

图 6.25 微结构受压有限元模型

图 6.26 为压缩荷载作用下 UHPC 硬化净浆的应力–应变曲线，可以看出，微结构的应力随着加载的持续不断增长，当应力达到 90.2 MPa 时，对应的应变为 2.5×10^{-3}，应力–应变曲线开始出现下降段，应力逐渐减小。图 6.27 为硬化净浆的损伤演化过程，随着荷载的增大，基体内部应力逐渐增大，随着加载的持续进行，单

元应变达到失效主应变，网格随即被删除，单元不再继续承受荷载。由二维损伤形
貌可以看出，荷载作用下，微结构单元逐渐失效，并且随着荷载的持续作用，失效
单元数量越来越多，表现为缺陷的扩展与延伸，最终形成一条明显的裂缝。

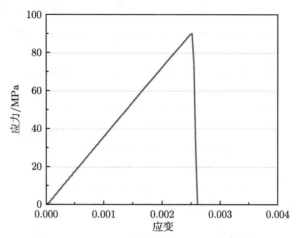

图 6.26　UHPC 微结构的受压应力–应变曲线

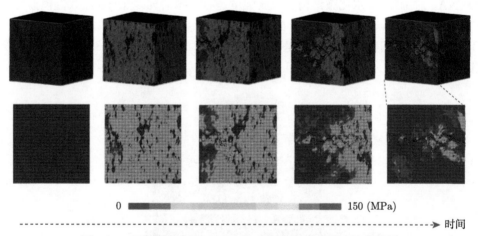

图 6.27　压缩荷载作用下 UHPC 微结构的有效应力演化过程

6.5　本章小结

　　本章主要介绍了 UHPC 胶凝体系的水化微结构演变模型，通过实验方法确
定了 UHPC 微结构的物相组成以及孔结构特征信息，此外，利用有限元数值分析
方法以及均匀化理论分别定量计算了 UHPC 微结构的拉、压力学性能。

利用 XRD-Rietveld、TG、NMR 以及 MIP 分析技术，测定了 UHPC 水化后微结构特征参数，如水泥熟料与 Ca(OH)$_2$ 的含量、粉煤灰和硅灰的反应程度以及基体的孔隙率。实验结果表明，水化反应主要发生在前 7 d，后期反应量少且速度缓慢；水化 3 d 时，粉煤灰和硅灰基本不发生反应，水化 28 d 后，硅灰反应程度较高而粉煤灰反应程度仍较低。

基于 CEMHYD3D 水化模型，建立了极低水胶比条件下水泥–粉煤灰–硅灰三元胶凝体系的水化微结构演变模型，实现了 UHPC 微结构的三维重构；微结构物相组成及孔隙率的数值模拟结果与实验结果对应良好，说明所建立的水化动力学模型可以较好地预测 UHPC 微结构的演变行为。开发出有限元分析软件 ANSYS/LS-DYNA 与 UHPC 微结构的接口，并建立了微结构有限元实体单元模型，计算得到 UHPC 微结构的拉伸以及压缩力学性能。

参 考 文 献

[1] Liu C, Xie D, She W, et al. Numerical modelling of elastic modulus and diffusion coefficient of concrete as a three-phase composite material [J]. Construction and Building Materials, 2018, 189: 1251-1263.

[2] Bentz D P, Pimienta P, Garboczi E J, et al. Cellular automaton simulations of surface mass transport due to curvature gradients: simulations of sintering in 3-D [J]. Mrs Proceedings, 1991, 249: 413.

[3] 刘诚. 多元水泥基材料微结构演变与传输性能的数值模拟 [D]. 南京: 东南大学, 2016.

[4] Paul D T, Hamlin M J. A model for two types of calcium silicate hydrate in the microstructure of Portland cement pastes [J]. Cement and Concrete Research, 2000, 30(6): 855-863.

[5] Jennings H M. Refinements to colloid model of C-S-H in cement: CM-II [J]. Cement and Concrete Research, 2008, 38(3): 275-289.

[6] Richardson I G. Tobermorite/jennite- and tobermorite/calcium hydroxide-based models for the structure of C-S-H: applicability to hardened pastes of tricalcium silicate, β-dicalcium silicate, Portland cement, and blends of Portland cement with blast-furnace slag, metakaolin, or silica fume [J]. Cement and Concrete Research, 2004, 34(9): 1733-1777.

[7] 黄伟. 矿物掺合料对超高性能混凝土的水化及微结构形成的影响 [D]. 南京: 东南大学, 2017.

[8] Korpa A, Kowald T, Trettin R. Phase development in normal and ultra high performance cementitious systems by quantitative X-ray analysis and thermoanalytical methods [J]. Cement and Concrete Research, 2009, 39(2): 69-76.

[9] Wang C, Yang C, Liu F, et al. Preparation of ultra-high performance concrete with common technology and materials [J]. Cement and Concrete Composites, 2012, 34(4): 538-544.

[10] He Z H, Du S G, Chen D. Microstructure of ultra high performance concrete containing lithium slag [J]. Journal of Hazardous Materials, 2018, 353: 35-43.

[11] Zhan B J, Xuan D X, Poon C S, et al. Mechanism for rapid hardening of cement pastes under coupled CO_2-water curing regime [J]. Cement and Concrete Composites, 2019, 97: 78-88.

[12] Wu M, Zhang Y, Jia Y, et al. The influence of chemical admixtures on the strength and hydration behavior of lime-based composite cementitious materials [J]. Cement and Concrete Composites, 2019, 103: 353-364.

[13] 吴萌. 石灰基低碳胶凝材料的设计制备与水化机理研究 [D]. 南京: 东南大学, 2021.

[14] 何永佳, 胡曙光. ^{29}Si 固体核磁共振技术在水泥化学研究中的应用 [J]. 材料科学与工程学报, 2007, 25(1): 147-153.

[15] Brough A R, Dobson C M, Richardson I G, et al. In-situ solid-state NMR-studies of Ca3SiO5 - hydration at room-temperature and at elevated-temperatures using SI-29 enrichment [J]. Journal of Materials Science, 1994, 29(15): 3926-3940.

[16] Richardson I G, Brough A R, Brydson R, et al. Location of aluminum in substituted calcium silicate hydrate (C-S-H) gels as determined by Si-29 and Al-27 NMR and EELS [J]. Journal of the American Ceramic Society, 1993, 76(9): 2285-2288.

[17] 弓子成. 高掺量矿渣的水泥浆体水化产物 C-S-H 聚合度研究 [D]. 武汉: 武汉理工大学, 2013.

[18] 张高展. 侵蚀性离子作用下矿渣水泥复合浆体 C-S-H 微结构形成与演变机理 [D]. 武汉: 武汉理工大学, 2016.

[19] Le Saout G, Lecolier E, Rivereau A, et al. Chemical structure of cement aged at normal and elevated temperatures and pressures: Part I. Class G oilwell cement [J]. Cement and Concrete Research, 2006, 36(1): 71-78.

[20] Andersen M D, Jakobsen H J, Skibsted J. Characterization of white Portland cement hydration and the C-S-H structure in the presence of sodium aluminate by Al-27 and Si-29 MAS NMR spectroscopy [J]. Cement and Concrete Research, 2004, 34(5): 857-868.

[21] Andersen M D, Jakobsen H J, Skibsted J. A new aluminium-hydrate species in hydrated Portland cements characterized by Al-27 and Si-29 MAS NMR spectroscopy [J]. Cement and Concrete Research, 2006, 36(1): 3-17.

[22] Sarma B, Chandran K S R. Accelerated kinetics of surface hardening by diffusion near phase transition temperature: mechanism of growth of boride layers on titanium [J]. Acta Materialia, 2011, 59(10): 4216-4228.

[23] 赵子远, 胡晨光, 白瑞英, 等. 蒸养和蒸压条件下粉煤灰水泥浆体中铝配位分布规律 [J]. 功能材料, 2018, 49(5): 5096-5102.

[24] Cong X, Kirkpatrick R J. Hydration of calcium aluminate cements: A solid-state ^{27}Al NMR study [J]. Journal of the American Ceramic Society, 2010, 76(2): 409-416.

[25] Rottstegge J, Wilhelm M, Spiess H W. Solid state NMR investigations on the role of organic admixtures on the hydration of cement pastes [J]. Cement and Concrete

Composites, 2006, 28(5): 417-426.

[26] Qu B, Martin A, Pastor J Y, et al. Characterisation of pre-industrial hybrid cement and effect of pre-curing temperature [J]. Cement and Concrete Composites, 2016, 73: 281-288.

[27] Brunet F, Charpentier T, Chao C N, et al. Characterization by solid-state NMR and selective dissolution techniques of anhydrous and hydrated CEM V cement pastes [J]. Cement and Concrete Research, 2010, 40(2): 208-219.

[28] Wang X Y. Analysis of hydration kinetics and strength progress in cement-slag binary composites [J]. Journal of Building Engineering, 2021, 35: 101810.

[29] Wang X Y, Lee H S, Park K B, et al. A multi-phase kinetic model to simulate hydration of slag-cement blends [J]. Cement and Concrete Composites, 2010, 32(6): 468-477.

[30] Wang D, Shi C, Wu Z, et al. A review on ultra high performance concrete: Part II. Hydration, microstructure and properties [J]. Construction and Building Materials, 2015, 96: 368-377.

[31] 陈宝春, 季韬, 黄卿维, 等. 超高性能混凝土研究综述 [J]. 建筑科学与工程学报, 2014, 31(3): 1-24.

[32] Huang H, Gao X, Jia D. Effects of rheological performance, antifoaming admixture, and mixing procedure on air bubbles and strength of UHPC [J]. Journal of Materials in Civil Engineering, 2019, 31(4): 04019016.

[33] Glotzbach C, Stephan D, Schmidt M. Measuring interparticle forces: evaluation of superplasticizers for microsilica via colloidal probe technique [J]. Cement and Concrete Composites, 2013, 36: 42-47.

[34] 高森. 拉应力作用下水泥基材料的氯离子传输性能研究 [D]. 徐州: 中国矿业大学, 2020.

[35] 黄宝华. 水泥石微观结构力学性能模拟 [D]. 武汉: 武汉理工大学, 2013.

[36] Bernard F, Kamali-Bemard S, Prince W. 3D multi-scale modelling of mechanical behaviour of sound and leached mortar [J]. Cement and Concrete Research, 2008, 38(4): 449-458.

[37] Liu C, Qian R, Wang Y, et al. Microscopic modelling of permeability in cementitious materials: effects of mechanical damage and moisture conditions [J]. Journal of Advanced Concrete Technology, 2021, 19(11): 1120-1132.

[38] Zhang H, Xu Y, Gan Y, et al. Experimentally validated meso-scale fracture modelling of mortar using output from micromechanical models [J]. Cement and Concrete Composites, 2020, 110: 103567.

第 7 章　基于深度学习的水泥净浆微结构表征 (上)

7.1　引　　言

　　水泥浆体微观结构对水泥的性能起着至关重要的作用，因此对其进行准确、可靠和快速地表征至关重要。前述章节已详细介绍了三种传统表征手段，或直接或间接地提供水泥浆体微结构的特征信息，是现阶段对水泥浆体性能优化和机理分析研究的重要方法。

　　然而，这些方法分析通常需要专业的知识，以传统的方式对结构的研究往往需要耗费大量的时间和人力，并且容易受到主观因素影响，使得研究结果存在一定的偏差。另一方面，随着水泥浆体向微纳米尺度的深入发展，这些表征手段针对纳米改性水泥基材料的结构分析仍存在诸多限制，难以直接识别纳米尺度信息的劣势被逐渐放大。

　　举例来说，针对纳米二氧化硅、氧化石墨烯等纳米材料强化水泥浆体已有大量研究，大多数分析聚焦于水泥浆体宏观性能的变化以及孔结构的增强，目前普遍认为是纳米材料促进水化反应从而密实了水泥浆体微观结构 [1-6]。然而，MIP 涉及对孔隙形状的假设，而孔结构信息是通过数学公式间接获取，另外 "墨水瓶" 效应是该方法最为普遍认同的会导致对孔结构误判的主要限制之一 [7,8]。相比之下，尽管基于 X-CT 图像的水泥浆体结构分析可以为整体空间特征提供更为直接的可视化方法，但是其主要限制是较低的分辨率 (一般检测范围在 1 cm～10 μm)，导致对纳米改性水泥浆体中较为重要的毛细孔信息的表征效率低下 [9,10]。相对而言，基于扫描电镜系列 (如 BSE) 的微结构图像可以达到纳米尺度，为纳米改性水泥浆体的微结构表征分析提供了一个重要且可行的途径，包括孔隙率、大小、形状、空间相关性和分形性等 [11-17]，相关分析已在第 5 章进行介绍。但是，由于水泥浆体自身充满碳、硅等元素，因此针对现在普遍的碳基、硅基纳米材料的直接识别仍是技术难题。

　　随着深度学习的发展，其在各种领域的应用也越来越广泛，比如在计算机视觉、自然语言处理等方面已经取得了很好的成果 [18-20]。深度学习技术的引入使得水泥浆体微观结构的表征变得更加简便、快速、准确，且免于受到主观因素的影响，为水泥浆体微观结构研究方面提供了一个全新的视角。与传统方法相比，深度学习能够更加全面、有效地捕捉水泥浆体的微观结构信息，而且能够自动化、快速地进行分析和剖析。与此同时，与传统方法相比，利用深度学习技术对水泥浆体微观结构进行表征也具有更低的成本和更快的速度，这使得其进一步应用得到了推广和普及。我们将分上下两章来详细举例分析如何采用深度学习对水泥浆体微结构进行表征分析。

本章将简单介绍深度学习及其关键模型框架——人工神经网络，包括神经网络基础构造、核心算法和模块等。另外，我们将基于第 5 章中的 OPC 和 GOS 水泥浆体微结构 BSE 图像数据进行更深入的分析，通过深度学习进行水泥浆体微结构代表性体积单元和关键特征的计算识别等，并且揭示了在传统表征分析中无法识别的微结构纳米强化机制。

7.2　深度学习与人工神经网络

深度学习，属于机器学习的一个分支，其主要基于模仿人脑数百万个相互关联的神经元来对数据，如图像、声音、文本，进行解释处理。由于深度学习在模型结构上往往由多层神经网络组成，相较于传统机器学习，可以应对更为庞大的数据量，因此，人们渐渐将这一概念独立出来，由此有了深度学习和传统机器学习的区分。此章对深度学习的关键模块——神经网络做简单介绍 [21,22]。

人工神经网络 (artificial neural network，ANN) 是由大量人工定义的神经处理单元个体相互连接组成的非线性、自适应数据信息处理网络系统。神经网络模型的建立主要考虑了网络连接的拓扑结构、神经元个体的特征及其学习规则等，属于并行分布式网络系统。人工神经网络采用了与传统人工智能和信息处理技术完全不同的运行机理，克服了传统信息技术处理手段中基于逻辑运算符号的简单人工智能在处理直觉和非结构化信息等方面的明显缺陷，具有自适应、自组织和实时学习的特点。

7.2.1　神经网络基础构造

人工神经网络由输入层 (input)、隐藏层 (hidden) 和输出层 (output) 组成，每层存在相应的神经元，层与层之间采用全互连的方式，同一层之间不存在相互连接，隐藏层可以有一层或多层。

神经元 (neuron) 是组成人工神经网络的基本单元，其主要是用于接收输入信号处理并输出信号，以模拟真实生物中的神经元功能结构。神经元基本结构如图 7.1 所示，每个神经元有多个输入和一个输出，不同的输入信号与神经元之间连接着不同的权重系数，权重值可正可负，正向表示信号激活，负向表示信号被抑制 [1]。不同权值的输入信号传入神经元后进行加权求和，另外在神经元中引入一个外部偏置，根据偏置的正负和大小相应调整激活函数的输入信号，在进行非线性变换后与神经元偏置阈值进行比较，从而判断是否激活该神经元，若超出阈值，则输出信号。

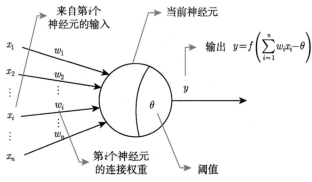

图 7.1　神经元基本结构示意图

　　激活函数 (activation function) 是使得神经元发生非线性变换的功能函数，它对加权求和后的神经元数值进行了非线性映射，并将映射后的数值作为神经元输出信号输出。激活函数通常具备以下特征：

(1) 连续可导的非线性函数，可数值优化求解；

(2) 尽可能简单，便于提高网络计算效率；

(3) 函数值域须在 [0, 1] 区间内，保证训练的稳定性。

　　理想激活函数为图 7.2(a) 所示的阶跃函数，无论输入信号为多少，输出值只映射为 "0" 或 "1"，"0" 对应神经元抑制，"1" 代表神经元兴奋。但阶跃函数不连续可导，图 7.2(b) 所示的 Sigmoid 函数更常用于作为神经元内的激活函数。Sigmoid 函数把输入信号值非线性映射至 (0, 1) 区间内，以限制神经元的输出振幅。在神经网络结构设置中，还有其他多种激活函数，如 tanh、relu 等，此处不过多介绍。

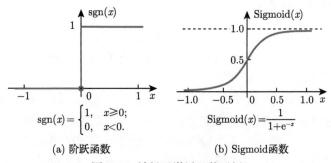

(a) 阶跃函数　　　　　　　　(b) Sigmoid函数

图 7.2　神经元激活函数示例

　　人工神经网络模型通过调整权值和偏置的大小，将抽象的逻辑推理问题转变成了包含许多参数求解的数学统计问题，如下公式所示：

$$u_k = \sum_{i=1}^{m} \omega_{ik} x_i \tag{7.1}$$

$$y_k = f\left(u_k + b_k\right) \tag{7.2}$$

式中，i 为第 i 个输入信号；m 为输入信号的个数；x_i 为输入信号 i 的值；ω_{ik} 为神经元 k 中输入信号 i 的权重值；b_k 为神经元 k 的偏置阈值；$f(\cdot)$ 为神经元 k 的激活函数；y_k 为神经元 k 的输出信号值。

7.2.2 反向传播与梯度下降

人工神经网络由大量上述的神经元连接而成，模型中信号不断向前反馈的网络也叫前馈神经网络，每层神经元接收上一层神经元的输入信号并有选择地输出给下一层神经元，整个网络模型为单向无闭环回路拓扑结构。神经网络的层数一般在三层或三层以上，包括输入层、输出层和中间的若干隐藏层，每层都由若干神经元组成。典型的神经网络模型结构如图 7.3 所示。神经网络模型的训练基于反向传播 (back propagation，BP)，即首先由输出层开始逐层计算各层神经元的输出误差，然后将各层输出误差反向传递至上一层，根据误差梯度下降法来调节各层的权值和阈值，使修改后网络的最终输出能接近期望值，采用梯度下降法计算目标函数的最小值，从而实现复杂模式分类和多维函数映射能力。

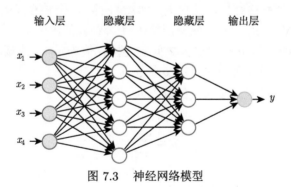

图 7.3 神经网络模型

梯度下降法 (gradient descent) 是一种常见的一阶优化方法，通常用于求解无约束优化问题。对于连续可导激活函数，当梯度不断下降时，可将函数逼近至局部极小值点，若目标函数为凸函数，则该方法可确保收敛至全局最优解。图 7.4 展示了梯度下降法中梯度的分布图，并示意了局部极小和全局最小所在位置。

神经网络算法包括两个方面：信号的前向传播和误差的反向传播，即计算实际输出时按从输入到输出的方向进行，而权值和阈值的修正从输出到输入的方向进行。当给网络提供一个输入模式时，该模式由输入层传送到隐藏层，经隐藏层神经元作用函数处理后传送到输出层，再经由输出层神经元作用函数处理后产生一个输出模式。如果输出模式与期望的输出模式有误差，就从输出层反向将误差逐层传送到输入层，把误差分摊给各神经元并修改连接权值，使网络实现从输入模式到输出模式的正确映射。对于一组训练模式，可以逐个用训练模式作为输入，反复进行误差检测和反向传播过程，直到不出现误差为止，最终完成学习阶段所需的映射能力，神经网络模型的运行流程图如图 7.5 所示。

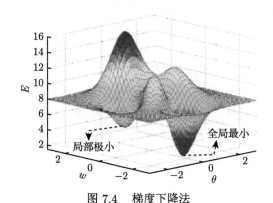

图 7.4　梯度下降法

假设一神经网络为拥有 d 个输入层神经元、l 个输出层神经元和 q 个隐藏层神经元的多层前馈网络结构，其中 b_h 为隐藏层第 h 个神经元的输出，输出层第 j 个神经元的阈值用 θ_j 表示，隐藏层第 h 个神经元的阈值用 γ_h 表示，输入层第 i 个神经元与隐藏层第 h 个神经元之间的连接权值为 ν_{ih}，隐藏层第 h 个神经元与输出层第 j 个神经元之间的连接权值为 ω_{hj}。

隐藏层第 h 个神经元接收到的输入为

$$\alpha_h = \sum_{i=1}^{d} \nu_{ih} x_i \tag{7.3}$$

输出层第 j 个神经元接收到的输入为

$$\beta_j = \sum_{h=1}^{q} \omega_{hj} b_h \tag{7.4}$$

则神经网络的输出为

$$\hat{y}_j^k = f\left(\beta_j - \theta_j\right) \tag{7.5}$$

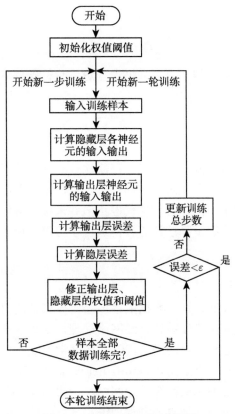

图 7.5 神经网络运行流程图

神经网络均方误差为

$$E_k = \frac{1}{2} \sum_{j=1}^{l} \left(\hat{y}_j^k - y_j^k \right)^2 \tag{7.6}$$

神经网络基于梯度下降法对参数进行调整，给定模型学习率 η，对均方误差求导可得

$$\Delta w_{hj} = -\eta \frac{\partial E_k}{\partial w_{hj}} \tag{7.7}$$

令 $\dfrac{\partial \beta_j}{\partial w_{hj}} = b_h$， $g_j = -\dfrac{\partial E_k}{\partial \hat{y}_j^k} \cdot \dfrac{\partial \hat{y}_j^k}{\partial \beta_j}$， $e_h = -\dfrac{\partial E_k}{\partial b_h} \cdot \dfrac{\partial b_h}{\partial \alpha_h}$，则调整后各神经网络参数为

$$\Delta w_{hj} = \eta g_j \, b_h \tag{7.8}$$

$$\Delta \theta_j = -\eta g_j \tag{7.9}$$

$$\Delta \nu_{ih} = \eta e_h x_i \tag{7.10}$$

$$\Delta \gamma_h = -\eta e_h \tag{7.11}$$

循环上述迭代计算过程，直至训练误差达到目标条件后中止训练，神经网络累积误差为

$$E = \frac{1}{m} \sum_{k=1}^{m} E_k \tag{7.12}$$

神经网络从初始解出发迭代寻优，每次迭代时先计算误差函数在当前点的梯度以确定搜索方向。因为存在若干个局部极小点，基于梯度下降法会有概率陷入局部极小而非全局最小，同样会使迭代停止但并未寻至最优解，此时应采用一定的手段，如选用随机梯度下降法计算、自适应学习率、加入动量项等，从而跳出局部最优陷阱。

7.2.3　卷积神经网络

当模型复杂度提高时，训练数据的增多会提升模型过拟合的风险，特别是对于图像数据，若仍采用全连接前馈神经网络处理，参数过多和局部不变等问题变得更加突出，因此以卷积神经网络为代表的深度学习逐渐受到人们的关注。

卷积神经网络 (convolutional neural network, CNN) 是一种具有局部连接、权重共享和汇聚等特点的深层前馈神经网络，一般由卷积层、汇聚层和全连接层交叉堆叠组成，采用反向传播算法进行训练，具有平移、缩放和旋转不变性，通常被用于处理图像和视频数据，典型的卷积神经网络模型结构如图 7.6 所示。

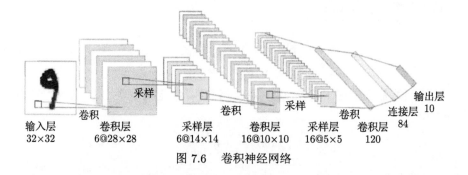

图 7.6　卷积神经网络

卷积 (convolution) 是数学分析中的重要运算，经常被用于计算信号处理中的累积延迟，采用如下公式表示：

$$y_t = \sum_{k=1}^{m} w_k \cdot x_{t-k+1} \tag{7.13}$$

$$y = w \otimes x \tag{7.14}$$

式中，ω_k 为滤波器或卷积核；x_t 为输入信号序列。图 7.7 为卷积操作的具体示例，其中第一个 5×5 矩阵为输入，中间 3×3 矩阵为卷积核，输出为 3×3 矩阵；标红区域是卷积操作前后所对应的一组输入和输出。

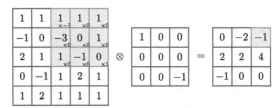

图 7.7 卷积操作示例

卷积层的作用是与下一层构成若干个局部连接网络，减少层与层之间的连接数，以准确提取局部区域特征，经过卷积后提取到的图像特征为特征映射。图 7.8 是卷积层神经元基本结构与流程示意图，输入特征映射 X^d，经过卷积核 $W^{p,d}$ 卷积后求和，加入标量偏置 b^p 可以得到卷积层的净输入 Z^p，再由激活函数 f 进行非线性变换后计算出输出特征映射 Y^p，公式如下：

$$Z^p = W^p \otimes X + b^p = \sum_{d=1}^{D} W^{p,d} \otimes X^d + b^p \tag{7.15}$$

$$Y^p = f(Z^p) \tag{7.16}$$

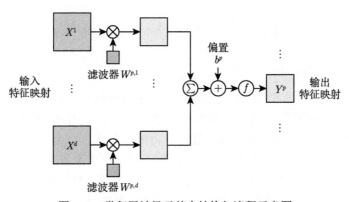

图 7.8 卷积层神经元基本结构与流程示意图

池化层 (pooling) 也叫汇聚层、子采样层，其作用为进行特征选择，降低特征数量，减少神经网络参数数量。虽然卷积层可以明显降低网络中的神经元连接数量，但神经元个数并没有减少，过高的特征维数依然会存在模型过拟合的风险，因此需要进行特征选择。汇聚指对每一个特征映射区域进行下采样，得到该区域的一个概括值，常用的汇聚函数包括最大汇聚和平均汇聚。汇聚层通过汇聚操作可以在有效降低神经元数量的同时维持局部形态不变，从而拥有更大的感受野。图 7.9 为一组输入和输出经采用最大汇聚处理后的变化示意图。

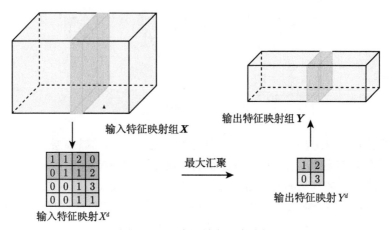

图 7.9　汇聚层最大汇聚过程

卷积神经网络中输入原始图像或视频数据后，通过卷积、汇聚和激活函数非线性映射等一系列操作，将输入特征映射逐层提取，最后借助反向传播算法将误差逐层向前反馈并修正参数，卷积神经网络参数为卷积核和偏置，采用链条法则计算卷积层中参数梯度，循环更新直至网络模型收敛，最终实现模型训练和预测的目的。

7.3　基于深度学习的水泥浆体代表性体积单元计算

7.3.1　方法概述与假设

代表性体积单元 (RVE) 是复合材料建模和理解材料特性的一个重要参数，它表示能代表整个材料样品代表性特征所需的最小体积，因此，选择 RVE 来进行材料研究可以有效避免冗余的数据信息，大幅提升计算与分析效率 [23]。值得注意的是，在 RVE 内的代表性微观结构特征不仅包括各种固相和孔隙相，还包括它们的统计分布和空间排列，导致 RVE 值往往比复合材料中的最大颗粒尺寸大几倍 [24]。通常，RVE 值是通过指定一个材料特征参数，并绘制不同材料尺寸下该参数的变化曲线，当参数值开始趋于不变或轻微波动时，该尺寸便被视为 RVE 值。然而，仅选择某一特定的材料特征参数可能导致计算得到的 RVE 仅对该特征参数有效，无法适用于其余的特征。

在本研究中，我们基于第 5 章中的水泥浆体微结构图像 (包含对照组 OPC 和两种纳米强化水泥净浆 GOS-10 和 GOS-30)，在不主观选取特征参数的前提下，提出一种基于深度学习的水泥浆体 RVE 计算以及关键特征捕捉方法，图 7.10 为方法示意图，具体概述与假设如下：

(1) 不同水泥浆体的微结构之间存在特征差异；

(2) 通过传统的分析手段 (即主观选择特征参数进行分析比较) 无法穷尽所有潜在特征，同时无法保证选取的特征是导致差异性的最主要原因；

(3) 基于卷积神经网络模型的深度学习可以用于图像的分类，在图像输入数据尺寸、模型架构与参数不变的情况下，通过调整图像的物理尺寸，模型的准确率会发生波动；

(4) 当模型分类准确率到达 100% 时，表示模型已经捕捉到了不同图像数据之间差异的决定性特征参数，即在该物理尺寸下，图像中的数据可以体现出该材料的代表性特征，因此该尺寸可被视为 RVE；

(5) 通过对神经网络模型进行可视化分析，可以获取图像中影响准确率的关键区域，该区域的特征即为关键特征。

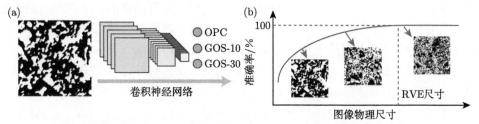

图 7.10　采用卷积神经网络模型用于水泥浆体分类 (a) 和基于深度学习计算水泥浆体 RVE 方法的示意图 (b)

7.3.2　数据获取和预处理

本节所用水泥浆体微结构图像为 5.5 节所用图像，即三种水泥净浆 (OPC、GOS-10、GOS-30) 的 BSE 图片，分辨率为 6144×4096，每个像素点代表物理尺寸为 45 nm。在用于深度学习之前，所获 BSE 图片先通过 Otsu 方法进行二值化处理，其中固体相表现为黑色，孔相表现为白色[25]。

用于深度学习训练的数据集包括作为输入的二值化图像数据和该图像对应的水泥浆体标签。图像数据集生成的基本原则是从图像中随机裁剪 200×200 像素点的图像数据，即固定几何尺寸。基于前述假设，采用一系列比例来调整二值化图像数据的分辨率，即改变原有的每像素点 45 nm，实现几何尺寸不变的前提下，调整图像物理尺寸和包含信息量。最终，所得图像的物理尺寸范围为 4.50~135.12 μm。

深度学习模型采用分类算法的卷积神经网络, 其结构简要示意图如图 7.10(a) 所示。输入层大小为 200×200, 随后是重复四次的含卷积层-批处理归一化层-非线性激活函数-平均池化层的模块。其中卷积层将其对应区域中的所有像素转换为单个值, 批处理归一化层稳定了隐藏状态动力学, ReLU(整流线性单元) 函数增加了模型的非线性特性, 平均池化层计算输入特征图的每个块的平均值, 从而在保留感兴趣信息的同时减小输入图像的大小。随后设置了一个比率为 0.7 的随机失活层 (dropout), 以消除过度拟合。然后, 它被两个完全连接层展开, 每个层有 10 个和 3 个单元, 以建立数学关系, 最后采用 SoftMax 函数将这三个单元舍入到一个预定义的范围内, 形成最终输出层, 该输出层设计为包含三个单元, 对应三种不同水泥浆体类别的预测结果。模型训练采用 128 最小批数和 120 次最大迭代数, 初始学习率为 0.01, 学习率下降系数为 0.1。

7.3.3　代表性体积单元结果比较

对于水泥浆体复合材料, 孔隙率是最常用的测量参数之一, 因为它与水泥包括力学、耐久性等各项性能有着很强的关联性[26]。图 7.11 显示了不同水泥样品孔隙率随着不同图像物理尺寸的变化趋势, 其中每张图像在不同的起始位置采样两次来消除偶然性。当图像采样物理体积较小时, 所有图像的孔隙率都会剧烈波动, 这是由于较小的单元具有较为明显的独特性。随着单元体积的增加, 不同水泥浆体的孔隙率均逐渐趋于稳定。根据图中曲线所得, 水泥浆体复合材料基于孔隙率的 RVE 约为 1500 个像素 (即 101.34μm), 该值与前述章节的建模结果以及报告文献中基于 3D 分析得出的 RVE 为 $100^3 μm^3$ 几乎完全一致[27]。

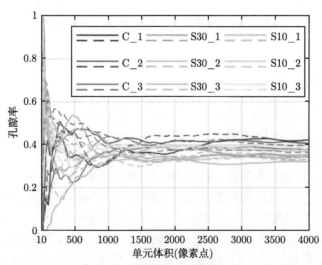

图 7.11　水泥浆体孔隙率随着不同图像物理尺寸的变化趋势

图 7.12 为采用深度学习对水泥浆体不同物理尺寸下分类准确率的结果，包括训练集、验证集和测试集。不难理解，随着图像物理尺寸的增加，图像包含的数据信息更多，CNN 模型可以从中获得更多的特征信息，因此对不同水泥浆体的类型识别准确性逐渐提升。根据之前的假设，当深度学习准确率为 100% 时，对应的图像物理尺寸即为水泥浆体的 RVE，此处约为 90.08 μm。值得注意的是，该值相较于基于孔隙率的 RVE(约 100 μm) 偏小，表明在深度学习中，能够体现水泥浆体微结构代表性特征的物理尺寸可以更小。一种合理的解释是，当基于某一特定的结构特征 (此处为孔隙率) 确定复合材料 RVE 尺寸时，额外的微结构特征将有助于结构代表性特征的具体化，从而减小 RVE 尺寸。

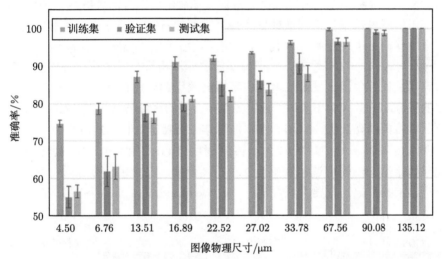

图 7.12　同一深度学习模型对不同水泥浆体识别准确率随着不同图像物理尺寸的变化趋势

基于 CNN 在图像特征自动捕捉的优异性能，表明 CNN 能够自动提取水泥浆体微结构中包括孔隙率在内的多项物理统计数据，而除孔隙率之外的特征，例如，固体和孔隙的形状以及在微结构中不同相的排列均可能在深度学习过程中被捕捉识别，从而导致 RVE 偏小。相比之下，该 RVE 值远大于第 5 章中基于两点相关函数获得的尺寸。我们认为 CNN 可以提取更高维度的信息，这更像是微结构中的 n 点相关性 (其中 n 远大于 2)，因此它需要比两点相关性更大的图像尺度。基于这些分析，我们在这里提出了一个关于 RVE 的假设，需要在未来进行更为深入的研究：由于低维统计信息 (如孔隙率) 需要相对较大的尺寸，而高维空间相关性存在于相对较短的范围内，因此对于整个复合材料，可能存在"最终"的、包含微结构中所有潜在特征在内的 RVE。

7.4　基于深度学习可视化的水泥浆体关键特征识别

在 7.3 节中, 采用深度学习可以成功地对不同水泥浆体类型进行高准确率的分辨。然而, 由于 CNN 模型在预测中更像是一个 "黑匣子", 并不知道其用于分类的判断依据是基于何种微结构特征。因此, 若是能对其潜在因素进行合理的解释, 将有助于更好地理解水泥浆体微结构。

7.4.1　遮挡敏感度法分析

这里我们采用了一种遮挡敏感度法 (occlusion sensitivity approach) 来尝试解析 CNN 模型在深度学习过程中对水泥浆体微结构图像的关键特征识别和提取, 并且基于敏感度结果剖析图像数据中最为重要的特征。该方法的基本原理是通过在图像中移动一小块蒙版, 使其替换原有的输入图像数据从而扰动该区域结构特征, 与此同时, CNN 模型对水泥浆体类型的预测概率会发生变化, 基于该变化大小即可通过计算生成区域敏感度图。蒙版会遍历图像进行移动, 在此过程中, 当模型的预测率分数大幅下降时, 表明图像中重要的区域被遮挡, 在后续研究中, 该重要区域将被高亮突出, 以便于对水泥浆体关键特征进行识别解析。

图 7.13 是基于 CNN 模型对 (a)、(b) 对照组 OPC 和 (c)、(d) 实验组 GOS-30 水泥浆体微结构图像的遮挡敏感度法分析图示例, 其中敏感度分数 >0.5 的区域被突出显示并标记为重要区域/加权区域 (weighted area)。在各图上方会显示基

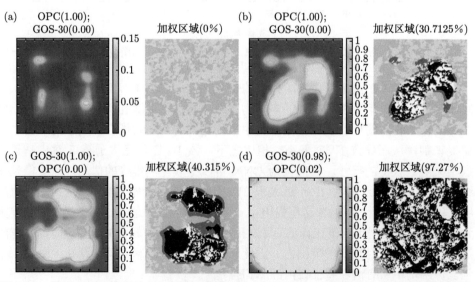

图 7.13　基于 CNN 模型对 (a) (b) OPC 和 (c) (d) GOS-30 水泥浆体微结构图像的遮挡敏感法分析

于该微结构图像，CNN 模型对不同类别的预测结果概率，以及加权面积占总图像面积的比例。值得注意的是，经研究发现，遮挡敏感性分析有三种情况。

第一种情况如图 7.13(a) 所示，图中所有区域的敏感度得分均较低，且没有得分大于 0.5 的加权区域。这种情况下，我们认为是因为该微结构图像中存在大量的可分辨特征信息，因此当蒙版扰动小区域内图像数据时，其余区域的图像数据仍涵盖了足以区分水泥浆体类型的特征，结果不影响 CNN 模型对该微结构图像的分类判断。第二种情况如图 7.13(b)、(c) 所示，敏感度分度图清晰地显示了微结构图像中相对重要的区域。然而，为何该区域具有较高的敏感度得分需要进一步的研究分析。第三种情况如图 7.13(d) 所示，几乎所有的图像区域均被高亮突出，且敏感度得分普遍大于 0.8。一种合理的解释是在该类图像中，水泥浆体微结构之间存在某种高维的相关性，并且这种相关性是 CNN 模型用于判断水泥浆体类型的重要依据。因此当任意一块图像区域遭到扰动时，该种空间相关性便会受到影响或者失去，从而导致 CNN 模型的预测概率大幅波动。

有趣的是，结果显示，相比较于对照组 OPC 水泥浆体，GOS-30 水泥浆体的微结构图像较多属于第三种情况，而较少属于第一种情况。这可能是由于纳米材料对水泥浆体微结构的强化效应，导致 GOS-30 水泥浆体微结构中的空间相关性比 OPC 要复杂得多。

7.4.2　基于敏感度法的关键特征分析

基于敏感度分析结果，我们进一步研究了深度学习与常用物理特征描述 (如本例中选用孔隙率) 之间的潜在关系。图 7.14 比较了 OPC 对照组和 GOS-30 两种水泥浆体样品微结构整个图像和加权区域的孔隙率分布情况。从散点图中可以得出至少三个重要的发现，如下所述。

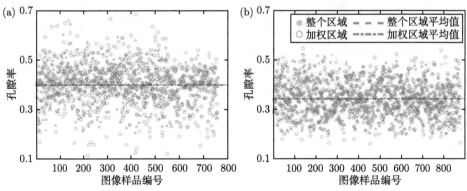

图 7.14　(a) OPC 和 (b) GOS-30 水泥浆体微结构图像中整个区域与加权区域的孔隙率比较

(1) 在对照组 OPC 的微结构孔隙率结果中，存在个别几个单独的图像样品在整个区域和加权区域的孔隙率存在较大差异，例如，可以观测到加权区域具有极高的孔隙率 (高达约 0.7) 或极低的孔隙率 (低至约 0.1)，但是该现象并未出现在 GOS 水泥的微结构孔隙率结果中。该结果表明在 OPC 的微结构中存在可识别区分的特征模式，而该特征在 GOS 水泥微结构中通常不明显。最为直观的例子，高孔隙率的加权区域代表着该区域存在着连通的大孔，低孔隙率的加权区域表示具有较大尺寸的未水化颗粒，这些往往都存在于 OPC 水泥样品中，而在 GOS 水泥样品中由于纳米材料对微结构的增强作用，导致很少观察到上述两种微结构特征模式。这点已在第 5 章中的孔径分析结果得到证实，纳米材料的加入减小了水泥浆体微结构中的最大孔径，并且降低了大孔的占比。另外，先前的研究均表明纳米材料会加速水泥水化反应 [28,29]，因此在 GOS 水泥样品中未水化颗粒的尺寸预计会相对较小，这一点虽然通常可以在多数水泥样品中检测到，但是仍难以轻易地区分。这一发现表明，CNN 模型可以有效地捕捉不同水泥样品之间的特殊微观结构特征模式并且进行准确的类型判断，基于此可以进一步验证传统分析方法所报告的水泥纳米强化机理。

(2) 在基于 OPC 对照组样品得到的多张图片个体中，大多数的加权区域孔隙率值与整个区域的孔隙率值相近，这一现象在 GOS 样品中更为明显。图 7.14 中的虚线是所有图片个体的孔隙率平均值，加权区域和整个区域的孔隙率平均值几乎相同。这一结果表明孔隙率是 CNN 模型在深度学习后检测到的重要特征之一，也揭示了孔隙率在多种水泥浆体微结构物理特征中的重要性。

(3) 在散点图中，大多数来自对照组 OPC 水泥样品和 GOS 水泥样品的图片个体的分散模式表现出了较大的范围的重叠区域，即孔隙率范围在 0.3~0.5 之间。然而，尽管在孔隙率不具备明显区分度的情况下，CNN 模型仍能在训练后准确地对水泥浆体类型进行判断，这表明在深度学习过程中 CNN 模型检测到了其他的优先级更高的微结构特征。此前已经提到，CNN 模型可以从微结构图像中提取到更高维度的信息，如可以反映水泥微结构中不同物相空间分布和排列规律的 n 点相关性。这说明 GOS 的加入会改变水泥微结构中的高维空间相关性，并且该空间性被 CNN 模型作为判断水泥样品类型的关键因素。基于这些结果，我们推断水泥浆体微结构中，能反映物相排列的空间相关性等高维信息相较于孔隙率等传统低维物理特征更具代表性，因此会与水泥复合材料的宏观特性具有更强的关联性。这种相关性在未来需要更进一步的研究。

7.5 本 章 小 结

本章简单介绍了深度学习中的基础架构——人工神经网络 (ANN) 和用于图像分析的核心模块——卷积神经网络 (CNN)。基于不同水泥浆体微结构 BSE 图片，我们提出了一种通过深度学习计算水泥浆体微结构代表性体积单元的方法，充分发挥深度学习智能捕捉图像关键信息的优势，根据输入图片不同物理尺寸对 CNN 模型分类准确率的影响分析来深度学习过程中微结构关键特征的提取和识别。

结果表明，相较于传统的低维物理特征描述和两点相关函数等分析手段，深度学习同时涵盖了低维信息和高维空间相关性等数据，不仅避免了传统方法只能用特定特征来计算的代表性体积单元大小的主观性和专业性影响，而且基于深度学习可以更全面地对微结构代表性特征进行智能提取，所测得的水泥浆体代表性体积单元约为 90 μm。

另外，通过对训练模型进行遮挡敏感度法分析，成功提取到了深度学习所依据的微结构图像中关键特征，并将该加权区域可视化表现。通过比较区域内和整个图像的物理特征，不仅验证了 GOS 纳米材料对水泥浆体微结构在孔隙率等物理特征方面的影响，而且揭示了纳米材料对于水泥浆体中物相空间分布相关性的纳米强化机理，同时表明了后者是作为微结构中更具代表性的特征，在后续的研究中值得关注。

这一系列方法同时也为纳米增强水泥复合材料的微观结构表征及工艺设计方面的策略带来了新的见解。本章中提出空间相关性与复合材料宏观属性的关系可能更为密切，因此，后续对水泥复合材料中不同物相的排列和潜在的高维空间分布特征需要更加重视。此外，这也暗示了在孔隙率整体不变甚至增加的情况下，通过纳米强化改善空间相关性这一机制来实现水泥复合材料的性能强化的可行性。从更广泛的角度来看，该策略也可以应用于超轻质和超高性能水泥基复合材料的研究。

参 考 文 献

[1] Torabian I F, Li W, Redaelli E. Dispersion of multi-walled carbon nanotubes and its effects on the properties of cement composites [J]. Cem Concr Compos, 2016, 74: 154-163.

[2] Ghazizadeh S, Duffour P, Skipper N T, et al. Understanding the behaviour of graphene oxide in Portland cement paste [J]. Cem Concr Res, 2018, 111: 169-182.

[3] Zhou J, Zheng K, Liu Z, et al. Chemical effect of nano-alumina on early-age hydration of Portland cement [J]. Cem Concr Res, 2019, 116: 159-167.

[4] Zhao L, Guo X, Song L, et al. An intensive review on the role of graphene oxide in cement-based materials [J]. Constr Build Mater, 2020, 241: 117939.

[5] Qureshi T S, Panesar D K. Nano reinforced cement paste composite with functionalized graphene and pristine graphene nanoplatelets [J]. Compos Part B, 2020, 197: 108063.

[6]   Birenboim M, Nadiv R, Alatawna A, et al. Reinforcement and workability aspects of graphene-oxidereinforced cement nanocomposites [J]. Compos Part B, 2019, 161: 68-76.

[7]   Chen S J, Li W G, Ruan C K, et al. Pore shape analysis using centrifuge driven metal intrusion: indication on porosimetry equations, hydration and packing [J]. Constr Build Mater, 2017, 154: 95-104.

[8]   Diamond S. Mercury porosimetry: an inappropriate method for the measurement of pore size distributions in cement-based materials [J]. Cem Concr Res, 2000, 30(10): 1517-1525.

[9]   Chung S Y, Kim J S, Stephan D, et al. Overview of the use of microcomputed tomography (micro-CT) to investigate the relation between the material characteristics and properties of cement-based materials [J]. Constr Build Mater, 2019, 229: 116843.

[10] Kim J S, Kim J H, Han T S. Microstructure characterization of cement paste from micro-CT and correlations with mechanical properties evaluated from virtual and real experiments [J]. Mater Charact, 2019, 155: 109807.

[11] Scrivener K L, Patel H, Pratt P, et al. Analysis of Phases in Cement Paste using Backscattered Electron Images, Methanol Adsorption and Thermogravimetric Analysis [M].MRS Online Proceedings Library, 1986, 85: 67.

[12] Scrivener K L, Backscattered electron imaging of cementitious microstructures: understanding and quantification [J]. Cem Concr Compos, 2004, 26(8): 935-945.

[13] Lange D A, Jennings H M, Shah S P. Image analysis techniques for characterization of pore structure of cement-based materials [J]. Cem Concr Res, 1994, 24(5): 841-853.

[14] Willis K L, Abell A B, Lange D A. Image-based characterization of cement pore structure using wood's metal intrusion [J]. Cem Concr Res, 1998, 28(12): 1695-1705.

[15] Diamond S. The microstructure of cement paste and concrete—a visual primer [J]. Cem Concr Compos, 2004, 26(8): 919-933.

[16] Igarashi S, Kawamura M, Watanabe A. Analysis of cement pastes and mortars by a combination of backscatter-based SEM image analysis and calculations based on the powers model [J]. Cem Concr Compos, 2004, 26(8): 977-985.

[17] Ruan C, Lin J, Chen S, et al. Effect of graphene oxide on the pore structure of cement paste: implications for performance enhancement [J]. ACS Appl Nano Mater, 2021, 4(10): 10623-10633

[18] Krizhevsky A, Sutskever I, Hinton G E. Imagenet classification with deep convolutional neural networks [C]. Adv Neural Inf Proces Syst, 2012: 1097-1105.

[19] Deng L, Yu D. Deep learning: methods and applications. Foundations and Trends®[J]. Signal Process, 2014, 7(3-4): 197-387.

[20] Lin J, Chen S, Wang W, et al. Transregional spatial correlation revealed by deep learning and implications for material characterisation and reconstruction [J]. Mater Charact, 2021, 178: 111268

[21] 周志华. 机器学习 [M]. 北京: 清华大学出版社, 2016.

[22] 邱锡鹏. 神经网络与深度学习 [M]. 北京: 机械工业出版社, 2020.

[23] Bostanabad R, Zhang Y, Li X, et al. Computational microstructure characterization and reconstruction: review of the state-of-the-art techniques [J]. Prog Mater Sci, 2018, 95: 1-41.

[24] Wu Q, Rougelot T, Burlion N, et al. Representative volume element estimation for desorption isotherm of concrete with sliced samples [J]. Cem Concr Res, 2015, 76: 1-9.

[25] Otsu N. A threshold selection method from gray-level histograms [J]. IEEE Trans Syst Man Cybern, 1979, 9(1): 62-66.

[26] Chen X, Wu S, Zhou J. Influence of porosity on compressive and tensile strength of cement mortar [J]. Constr Build Mater, 2013, 40: 869-874.

[27] Yio M H N, Wong H S, Buenfeld N R. Representative elementary volume (REV) of cementitious materials from three-dimensional pore structure analysis [J]. Cem Concr Res, 2017, 102: 187-202.

[28] Mowlaei R, Lin J, de Souza F B, et al. Duan, The effects of graphene oxide-silica nanohybrids on the workability, hydration, and mechanical properties of Portland cement paste [J]. Constr Build Mater, 2021, 266: 121016.

[29] Nguyen H D, Zhang Q, Lin J, et al. Dispersion of silane functionalized GO and its reinforcing effects in cement composites [J]. J Build Eng, 2021, 43: 103228.

第 8 章　基于深度学习的水泥净浆微结构表征 (下)

8.1　引　　言

在计算材料科学中，建立稳健的处理-结构-性能关联性是材料合成和性能评估的核心任务[1]，其中，微结构的表征和重构是这一过程的重要组成部分，它为材料提供了最为基础且重要的认知，有助于极具敏感性的材料设计[2,3]。如何针对水泥浆体微结构选择具有代表性的空间尺度和进行准确的表征与重构已困扰了研究人员多年。

在水泥浆体微结构传统分析方法中，往往需要对水泥材料本身有一定的专业知识，同时对所需要研究的特征对象有着明确的定义，如通过孔径分布曲线去分析孔结构在尺寸分布上的规律，通过密实度去分析孔结构在形貌上的规律等[4-8]。然而，水泥浆体微结构极其复杂，仅依靠现有的分析手段会导致无法对未知的特征进行描述，甚至无法选取微结构中真正的最为重要的特征。另一方面，尽管采用了多种物理描述符来对水泥浆体微结构进行表征，但其中只有少数描述了如空间排列等微结构中的高维信息，而低维特征在对精确的结构重构和性能预测方面的能力较弱，特别是对于水泥浆体这类具有不规则多种物相的材料体系[9,10]。

在第 7 章中，我们介绍了深度学习方法及其对于水泥浆体微结构纳米强化机制的分析研究应用，并且明确了深度学习可以有效捕捉水泥浆体微结构空间相关性。在本章中，我们对水泥浆体微结构空间相关性进行了进一步分析，基于最为常见的水泥浆体样品，在多个空间尺度上捕捉了传统分析方法无法识别的微结构高维空间相关性，并对其与低维物理特征关联机制进行深入探索，首次揭示了其在微观结构不同特征中的分布，发现了该性质的尺度效应和分形特性，最终，提出了基于高维空间相关性的图像表征和重构新手段，介绍如何通过深度学习对水泥浆体微结构中不同区域之间的相关性特征进行自动化、智能化捕捉追踪，以及探讨该捕捉到的特性对水泥基材料微结构表征与重构方面的潜在应用。

8.2　深度学习应用假设与方法

8.2.1　方法概述与假设

水泥浆体微结构是由水泥熟料水化反应后形成的复杂多相结构，其相邻区域存在一定的跨区域空间相关性，然而该相关性难以用常规的特征描述。如果可以通过深度学习建立跨区域之间的关联性，则该相关性的重要程度可以由深度学习模型的预测表现来反映，即区域间相关性越强，深度学习模型越容易建立关联性，模型的预测准确度也越高。因此，基于深度学习模型准确度的变化，可以分析水泥浆体中不同微结构的特性对空间相关性的影响规律。

8.2.2 数据获取和预处理

本节所用微结构图像为水泥净浆的 BSE 图片，所用样品为水灰比 0.45 的 28 d 龄期普通硅酸盐水泥净浆，经第 5 章中所述方式处理后，采用 Nova 450 扫描电镜拍摄，共得 16 张 BSE 图片，分辨率为 6144×4096，每个像素点代表物理尺寸为 45 nm。

研究的主要流程如图 8.1 所示。首先，在图片中选择任意区域作两个同心圆，利用两圆半径差得到圆环。在后续研究中，内圆区域被称为“中心区”，环形区域被称为“邻区”。一对中心区和邻区的数据组合即一个样本，两个区域的大小由两个可调参数决定：中心区内圆的直径 (CD) 和环形厚度 (两圆即半径差)。对于每批指定的参数，从各 BSE 图像中随机且不重复地采集相同数量的样本，同时确保圆不超过图像边缘以避免后续分析中的边界效应。另外，BSE 图像在样本采集过程中会经过一系列角度的旋转来实现数据增强。最终，每批参数所得到的样本总数大于 15000，并按 10:4:1 的比例随机分为训练集、验证集和测试集。

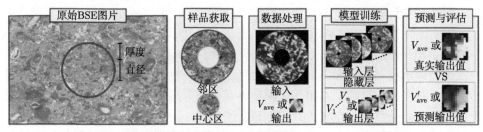

图 8.1　基于深度学习方法研究水泥浆体微结构相关性的流程示意

所获取的图像样本根据研究需求进行一定的预处理。图 8.2 为经过预处理后的邻区数据可视化图像。其中，邻区内的像素点数据得到保留，即原始 BSE 图像中的灰度值，而邻区外的像素点被赋值为 0 来避免对数据计算的干扰。对于不同参数的样本而言，直接基于原始的物理尺寸会导致不同批次之间样本大小不同，无法采用相同结构的深度学习模型。因此，在模型训练之前，所有样本进行了尺寸均一化的预处理，使不同批次的样本数据具有相同大小的几何尺寸，即 100×100 像素点。值得注意的是，此时不同批次下图像的单个像素点所代表的物理尺寸则不同。

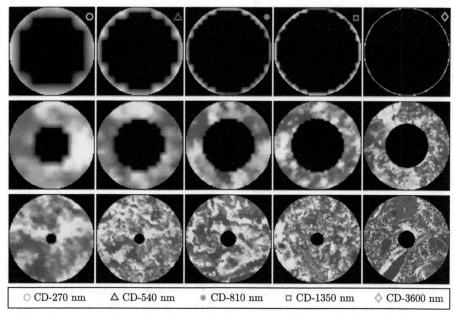

| ○ CD-270 nm | △ CD-540 nm | ✳ CD-810 nm | □ CD-1350 nm | ◇ CD-3600 nm |

图 8.2　不同设置参数下的邻区数据经预处理后的可视化图像示例

8.2.3　深度学习框架设计与模型结构

基于已有图像数据, 本节设计了两种深度学习训练模式, 分别为统计信息预测和原始图案预测。

在统计信息预测模式中, 总数据集共有五个批次 (CD 具体物理尺寸为 270 nm、540 nm、810 nm、1350 nm、3600 nm), 每组 CD 含有一系列不同的邻区厚度。根据原始的水泥浆体 BSE 图像的灰度值分布, 共设置五个统计类别, 使各个类别所含的灰度值的总数基本相等。深度学习模型采用分类算法, 输入数据为预处理后的邻区图像数据 (100×100), 输出数据为中心区平均灰度值所在的统计类别, 原理是使用邻区作为输入来直接预测中心区的类别标签。所构建的神经网络结构如图 8.3 所示, 具有 1 个输入、5 个卷积 (Conv)、批处理归一化 (bN) 和非线性、4 个最大池 (mP)、1 个完全连接 (FC) 层、1 个 SoftMax 层和 1 个类输出层。ReLU(整流线性单元) 函数用于提供非线性。图像输入层的大小为 100×100, 随后是 4 个 Conv–bN–ReLU–mP 层块和另一个没有池化层的块。5 个 Conv 层的过滤器深度分别为 8、16、32、64 和 64, 而每个过滤器的尺寸为 3×3。最大池化层的过滤器大小为 3×3 和 [2 2] 的步幅。之后, 使用 5 个节点的 FC 层, 然后使用 SoftMax 函数给出输出类别。模型训练采用 360 最小批数和 40 次最大迭代数, 并选择带动量的随机梯度下降 (MSGD) 作为求解器, 动量为 0.9, L2 正则化为 0.0001, 初始学习率为 0.001, 学习率下降系数为 0.1, 学习率下降周期为 10。

模型预测值是基于最终概率最高的类别编号。预测准确性通过未包含在训练数据库中的单独数据集进行测试。

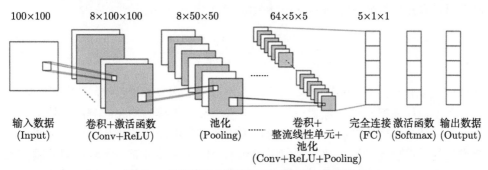

图 8.3 统计信息预测模式的深度学习模型结构

　　在原始图案预测模式中，考虑到尺寸过小导致的图案难以识别问题，总数据集共设置后四个批次 (CD 具体物理尺寸为 540 nm、810 nm、1350 nm、3600 nm)，每组 CD 含有相同的邻区厚度比例，以消除距离影响。深度学习模型采用回归算法，输入数据为预处理后的邻区图像数据 (100×100)，输出数据为相同预处理后的中心区图像数据 (12×2)，原理是使用邻区作为输入来直接预测中心区的像素值作为输出。所构建的神经网络结构如图 8.4 所示，输入数据大小为 100×100，输出数据大小为 12×12。对于编码部分，我们重复了两次 Conv–bN–leakyReLU，然后是 mP 层，并将其视为单个模块 (7 层)，随后使用该模块重复了四次。至于解码部分，我们将转置的 Conv–bN–leakyReLU 模块重复了五次。在连接到 FC 层之前，添加一个随机失活层 (dropout)，漏失比为 0.15。Conv 层滤波器的深度从 8 增加到 256，而转置 Conv 层的滤波器深度从 128 减少到 1。最大池层的筛选器大小为 2×2 和 [2 2] 的步幅。模型训练采用 128 最小批数和 100 次最大迭代数，同样选择 SGDM 作为求解器，动量为 0.9，L2 正则化为 0.0001，初始学习率为 0.001，学习率下降系数为 0.5，学习率下降周期为 50。

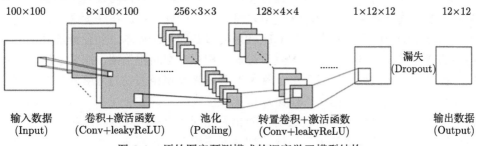

图 8.4 原始图案预测模式的深度学习模型结构

8.2.4　模型预测准确性评判标准

对于统计信息预测，每个样本都有对应的真实标记类别，因此，模型预测准确性可以直接由准确率 (accuracy) 表示，公式如下：

$$准确率 = \frac{所有预测正确的样本}{总样本} \tag{8.1}$$

此外，预测评估还有召回率、精确率等，并不适用于本节所论示例，因此不再赘述。

对于原始图案预测，像素点的灰度值大小和位置排列均会影响图案构造，因此本示例并未采用比较统计等效性的相关函数等常用评估方法[11]，而是更强调单个像素的精确重建，以了解各种邻区多相的空间相关性分布。预测图案的精度通过计算每个像素的灰度值偏差 (即预测像素值与实际像素值之间的大小差异) 来定量描述，这可以被视为常见的损失函数的一种变换，如均方误差 (MSE)。在本示例中，偏差 >20 的像素 (相当于灰度值从 0 到 255 的可容忍误差率约为 10%) 被识别为 "偏差像素"，一个样本中 "偏差像素的总数" 被计算为 "偏差数" (biased number, BN)，其公式计算如下：

$$B = \left\{ n | |V_{\mathrm{p}}^n - V_{\mathrm{r}}^n | > 20, n \in N_{\mathrm{out}} \right\} \tag{8.2}$$

$$\mathrm{BN} = |B| \tag{8.3}$$

其中 n 是像素的标签，N_{out} 是输出的整个像素，而 V_{p} 和 V_{r} 分别是像素的预测值和实际值。BN 越低，预测精度越好。

8.3　基于深度学习的水泥浆体空间相关性分析

8.3.1　空间相关性的范围及强度

通过深度学习基于邻区数据预测中心区统计信息的结果如图 8.5(a) 所示，对每批数据样本均进行至少三次的训练和测试，并以标准差作为误差条绘制了不同参数下的平均准确率，以消除深度学习可能存在的偶然性。在深度学习模型结构参数均不变的情况下，具有不同 CD 和厚度参数的数据样本之间预测准确率有着明显的变化差异。这证实了水泥浆体微观结构存在空间相关性，深度学习模型可以捕捉该空间相关性，并且可基于预测准确率来反映相关性的强度变化。预测结果显示，当所选区域数据在 CD 或厚度上发生变化时，中心区和邻区之间的空间相关性的强度会发生变化，这表明空间相关性同时取决于尺度和距离。为消除模型结构、参数、超参数等因素导致的神经网络模型的敏感性，本研究额外设置了两个具有不同卷积层数、过滤器数量和深度的神经网络模型，结果表明，即使模型存在差异，不同批次数据样本的预测准确率仍有着明显区分，且变化趋势整体一致，这进一步证实了所述空间相关性的存在。

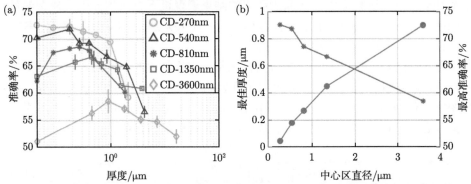

图 8.5 神经网络模型对于不同 CD 和厚度参数的数据样本中心区统计信息预测的准确率 (a) 和对于不同 CD 数据样本的最高预测准确率及对应的最佳厚度 (b)

不同批次的数据样本随着厚度的变化，虽然其预测准确率变化趋势不同，但均表明对于特定 CD 的样本，存在一个最佳厚度使深度学习预测准确率达到最高，这代表在特定的 CD 和厚度参数下中心区与邻区之间的空间相关性最强。图 8.5(b) 总结了所有五个批次的最佳厚度和最高预测准确率。值得注意的是，不同 CD 及其对应的最佳厚度的曲线呈现出一个近似线性关系，厚度与 CD 的比率约为 0.3。同时，随着 CD 的增加，最大预测准确率呈现下降趋势，这意味着捕捉到的微观结构之间相关强度随着尺度的增加而逐渐降低。

在先前的文献中 [12]，研究人员采用了一种类似的数据采集手段 (一个正方形邻区 N 和中心像素 X) 和分类树算法，并表明根据马尔可夫假设，当邻区 N 足够大时，额外的信息无法再进一步提升 X 的可预测性。另外，他们报道了基于不同邻区 N 尺寸对于 X 的重构表现几乎一样，因此预测表现对邻区尺寸的敏感性不高。然而，在本研究中，当邻区厚度超过最佳厚度进一步增加时，对于中心区的预测准确率会逐渐降低，这表明随着邻区尺寸的增大，空间相关性反而会变弱。两者间主要的区别在于，文献中的中心区只有一个像素点且所有数据均被二值化，而本研究中的中心区含有多个像素点且使用范围更广的灰度值，因此采用文献中的方法捕捉到的空间相关性强度会远大于本研究中的相关性。

结合文献与本研究结果，一个合理的假设是，基于深度学习方法进行的微结构重构主要取决于中心区及其邻区之间的空间相关性强度。因此，只要有足够强的空间相关性，即使未达到该条件下最强的空间相关性，也可以实现较好的重构表现。这一发现揭示了空间相关性的重要性，并为后续微结构的表征和重构等研究中如何选择合适的数据样本尺寸提供了一种策略。

8.3.2　空间相关性的分形性

　　深度学习方法在捕捉水泥浆体微结构的空间相关性方面展现出优异的性能，本节基于通过邻区预测中心区原始图案的结果表现进行进一步分析。模型的预测准确率评判标准已在 7.3.4 节进行详细说明，主要是通过 BN 进行比较，BN 越高，说明准确率越低，即相关性越弱。

　　图 8.6 比较了四组不同 CD 数据样本基于深度学习的原始图案预测结果，以 BN 分布直方图的形式呈现，并且每组样本附上了一个可视化示例来直观比较实际图案与预测图案之间的差异。其中偏差像素 (真实与预测差值大于 10) 中，预测值过高的像素显示为红色，预测值过低的像素显示为蓝色。

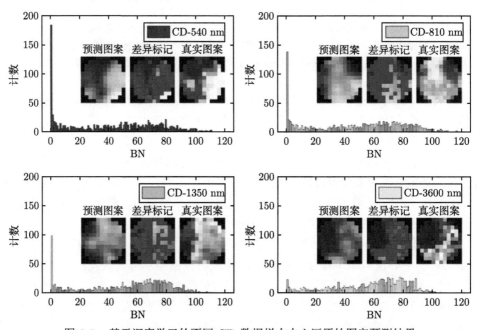

图 8.6　基于深度学习的不同 CD 数据样本中心区原始图案预测结果

　　预测结果呈现出一个明显的趋势：随着 CD 的增加，BN 的主要分布向更大的值移动，这表明空间相关强度的降低和精确预测的难度增加。这与图 8.5 所示的结果一致，即水泥浆体微观结构中可识别的空间相关强度随着尺度的增加而逐渐降低。

　　考虑到不同 CD 的数据样本均经过预处理后具有相同的数值矩阵尺寸，唯一改变的条件是从不同尺度获得的微观结构信息。在本研究中，所涉及信息的物理范围从 45 nm (最小尺度中的一个像素) 到 30 μm (最大尺度中的最大距离) 不等，涵盖了大孔隙 (孔隙 >50 nm 的毛细孔对水泥强度和渗透性有害)、水化产物和未

水化颗粒 [13]。部分研究人员基于扫描电子显微镜 (SEM) 对水泥浆体微结构进行表征分析，发现了水泥浆体在可识别范围内存在着依赖于尺度的分形特性 [14,15]。本研究揭示了水泥浆体微结构在多个尺度上检测到的空间相关性的变化，还可以作为其在图像分析中展现出多重分形特性的一种潜在解释。

8.4　空间相关性分布特征

8.4.1　空间相关性的分布初步识别

在本章的前几节具体讲述了如何揭示水泥浆体微结构中存在与依赖于距离和尺度性质的空间相关性。除此之外，认识到具有不同特征的邻区信息如何影响空间相关性的捕捉和微观结构的可预测性也至关重要。

区域孔隙率作为最为常见的物理描述符之一，可以用于代表邻区数据的统计学信息，在此作为对微结构特征与空间相关性关联影响的初步研究。图 8.7(a) 散点图包含了不同 CD 的所有数据样本的邻区孔隙率与其对应的预测准确率的分布情况。可以看出，散点的分布呈现出明显的趋势，表明样本的预测准确率一定程度上与邻区孔隙率和其他潜在特征有关，确认了水泥浆体微观结构特征与空间相关性分布存在一定关联机制。在后续的研究中，通过对邻区结构信息进行多种物理描述表征分析，并绘制不同描述符与结构预测准确率的变化趋势，可以揭示影响空间相关性的重要微观结构特征。

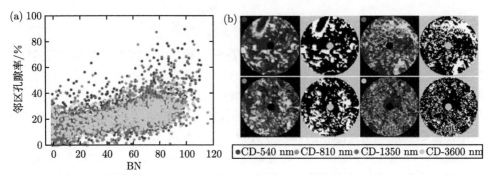

图 8.7　邻区孔隙率与 BN 分布散点图 (a) 和不同 CD 数据样本的原始图像和二值化图像示例 (b)

在对邻区数据进行量化之前，按照文献中普遍采用的表征步骤，采用 Otsu 方法对不同 CD 的所有数据样本中邻区的原始图像进行二值化，示例如图 8.7(b) 所示。其中左侧图像是作为输入数据用于深度学习训练的 BSE 图像，右侧图像是用于定量表征的二值化图像。在二值化图像中，水泥浆体微结构以黑色 (固相) 和白

色 (孔相) 区分，而灰色区域仅是可视化的背景，不代表任何物相。8.4.2 节 ～8.4.4 节将具体介绍关于水泥浆体微结构空间相关性与传统物理特征之间的系统研究。

8.4.2　与孔隙特征关联机制

本小节首先对邻区微结构进行量化表征，并基于深度学习模型预测准确率的变化，系统研究微结构的多种物理特征对空间相关性的影响。模型预测准确率主要反映在 BN 值，为满足统计意义，将 BN 值从 0 开始以 10 为间隔，设置了 12 个区间；对于任一 CD 的数据样本，只有当落在区间内的样本数量至少为 10 个时，该区间的样本采用统计学上的物理特征描述分析，并用平均值和标准偏差来表示该 BN 区间内的样本特征。值得注意的是，使用不同 CD 参数采集的数据样本在输入深度学习训练模型之前进行了预处理，使所有样本都具有相同的输入矩阵大小 (即从几何方面保持一致)，但 CD 较大的样本包含更多物理信息 (即具有更大的物理尺度)。

图 8.8(a)～(c) 分别是邻区孔隙率、孔径中位数、孔密实度三种不同的孔隙结构物理特征与空间相关性之间的关联关系，具体计算公式如下。

$$孔隙率 = \frac{\sum_{n=1}^{N} 面积_n}{总面积} \times 100\% \tag{8.4}$$

$$\exists m \in N, \quad \sum_{n=1}^{m} 面积_n = \sum_{n=m}^{N} 面积_n, \quad D50 = d_m = \sqrt{\frac{4 \times 面积_m}{\pi}} \tag{8.5}$$

$$孔密实度 = \frac{孔隙面积}{孔隙凸面积} \tag{8.6}$$

孔隙率是水泥浆体微结构分析中最常用的测量参数之一，因为它与水泥的其他性质有密切关系 [16]。图 8.8(a) 显示了不同 CD 的所有数据样本的孔隙率均随 BN 的增加而增加，这意味着孔隙率较高的区域更难预测，即孔隙体积分数的增加 (即固体体积分数的减少) 降低了空间相关性的强度。在第 5 章所提及的两点相关函数中，概率曲线与感兴趣相的体积分数相关，分数越小，概率越低 [17]。这里的结果表明，卷积神经网络模型自动提取固相作为感兴趣的相，该相控制水泥微结构内空间相关性的强度。同时，CD 较高的组显示出更为平坦的孔隙率变化趋势，这是由于 CD 较高的数据样本具有更大的物理尺度，因此在统计信息上更为均一化。另外，具有相同孔隙率但来自不同 CD 组的样本仍表现出不同的空间相关性强度，表现为预测准确率度 BN 的差异，这表明基于同种材料、同种特性检测到的空间相关性会随着观测尺度的变化而变化，这与 8.3 节中显示的结果一致，即空间相关性是与尺度相关的。这一发现也支持了文献中的说法，即孔隙率作为单一的物理描述符不足以用于材料的微结构重构 [10]。

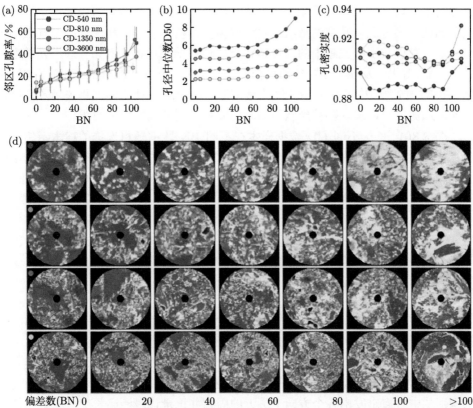

图 8.8 不同 CD 数据样本中心区信息预测准确率与 (a) 邻区孔隙率、(b) D50 和 (c) 孔密实度的分布情况; (d) 不同 CD 数据样本作为输入图像的示例, 从左往右预测准确率逐渐降低

D50 可以被理解为孔径累积分布中 50% 处的孔径值大小, 这意味着一个样品所有的孔隙中有一半的孔大于该尺寸而另一半小于该尺寸。D50 是表征尺寸的重要参数, 它反映了孔隙的平均尺寸 [18]。如图 8.8(b) 所示, 随着 BN 的增加, 不同 CD 组的数据样本的 D50 值均逐渐增加, 并且上升速率不同。该结果表明, 与小孔相比, 预测大孔更具挑战性, 因此出现 D50 更大的样品往往 BN 更大的现象。研究对象尺寸大小对空间相关性的影响已在现有文献中被报道, 如采用其他的相关描述符方法 (如光谱密度函数 (SDF)), 在相同的体积分数下, 当研究对象尺寸较大时, 通过 SDF 曲线只能对其相关性进行简单的参数化, 而当用更小的尺度时, SDF 曲线可以对其进行完全地表征描述 [19]。此外, 不难推断出, CD 较高的数据样本具有较低的 D50 值和较平坦的曲线, 这是由于采集时的物理尺寸较大。

密实度是一个根据孔隙壁上的特征和孔隙的延伸率来描述孔隙形状的参数。公式 (8.6) 中的凸面积是指可以完全包围孔隙的凸壳面积, 也就是当孔隙壁上没有粗糙特征时的孔隙面积 [6]。如图 8.8(c) 所示, 不同 CD 组数据样本在各个 BN

段的密实度均存在无规律波动，这表明孔隙密实度不是深度学习模型用于预测的主要属性。换言之，孔隙的形状对水泥浆体微结构内的空间相关性的影响微不足道。这一发现与现在文献中的计算材料学中观察结果一致。例如，通过光谱密度函数，Yu 等 [19] 发现，当颗粒的堆积算法类似时，不同颗粒形状 (如圆形与三角形) 组成的微观结构的空间相关性非常接近。Bentz[20] 使用两点相关函数来比较不同的水泥体系，发现颗粒形状不同时仍能观察到类似的相关曲线。

图 8.8(d) 是从不同 CD 数据样本在不同 BN 段中随机选择的样本示例。从可视化的角度来看，在相同的 BN 段内，CD 较大的样本往往具有更多的较小的固体相和孔隙，因为这会导致样本整体具有更为复杂的空间排列。而在相同 CD 的数据样本中，预测准确率较差 (即 BN 较高) 的样本通常含有较大的孔隙面积。这与我们之前的结论一致，即对于具有大量孔隙或较大孔隙的样品，其中水化产物或未水化颗粒较少，而深度学习模型需要从固相中捕捉空间相关性，对于仅具有弱空间相关性的孔相无法实现特征提取，因此预测模型准确率较差。

8.4.3 与物相分布关联机制

水泥浆体微结构中不同物相对空间相关性的影响不同，同时固相与孔相的空间分布也影响相关性的变化。图 8.9(a) 是所有数据样本的模型预测准确率与中心区至邻区最近固相分布平均距离的关系。图 8.9(b) 是距离计算的示意图，其中黑色区域表示固相，白色区域表示孔相，灰色区域仅为背景色不具任何意义，通过算法识别从中心点出发沿各个方向上最近的固相并记录该段距离长度，如紫色带箭头线段所示，红色边界为示意各个方向到固相的距离波动。在图 8.9(a) 中所有数据样本的距离值均以散点形式表示，同时，对于不同 CD 组的不同 BN 段，计算了

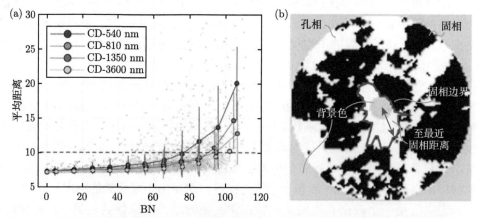

图 8.9 不同 CD 数据样本中心区信息预测准确率与中心区至邻区最近固相平均距离的分布情况 (a) 和平均距离大小计算示意图 (b)

该区域内样本的距离值的平均值与方差。结果表明,当中心点到邻区最近固相的平均距离越短时,BN 值越小,这表明跨区域之间空间相关性的强度取决于到邻区固相的距离。另外,对于不同 CD 组的数据样本,即使当平均距离值相等时 (如图 8.9(a) 中红色虚线所示),得到的预测准确率仍存在差异。由此推测中心区的图案模式不仅取决于最近的固相,同时还受邻区内区域固相分布的影响,这两者都具有跨区域之间的空间相关性。这一发现与 Yang 等的发现一致 [21],即最近的邻区具有最显著的影响,同时距离不是决定重要性的唯一因素。

8.4.4 不同空间相关性下的孔相特征

图 8.10 是不同空间相关性下各个 CD 组内数据样本的孔径大小与占比分布情况,根据 BN 间隔计算所有处于该范围内的样本并分别绘制曲线,其中 X 轴表示孔隙的等效直径 D_e,Y 轴表示该大小孔隙的占比。不同 CD 组均表现出相同的整体趋势,预测准确率的降低 (BN 增大) 是由于小孔隙的比例减少,大孔隙的比例增加,这与前述的结论一致,即较大的孔隙更难预测。不同 CD 组之间的结果比较表明,CD 较大的组内的数据样本具有更多的小孔 ($D_e \leqslant 2$),而大孔较少

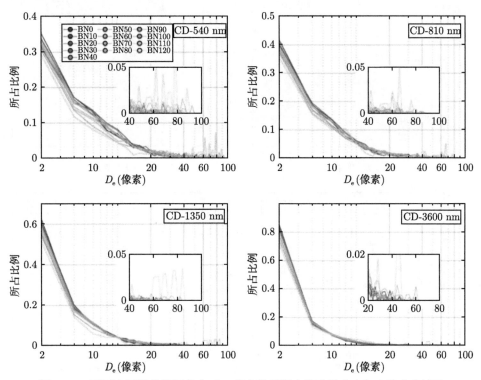

图 8.10 不同空间相关性下各个 CD 组内数据样本的孔径大小与占比分布情况

($D_e \geqslant 20$)。这是因为从较大物理尺度 (具有较大 CD) 收集的样品具有较大的物理面积，其中包含更多的结构信息和更高的均一性，并且在数据预处理后物理意义上的大孔将在几何意义上显示为小孔。这也可以解释图 8.8 中的结果，即 CD 较大的组具有相对更恒定的孔隙率和更低的 D50。

　　图 8.11 进一步研究了不同空间相关性下孔密实度和等效孔径之间的关系，以证明孔形状对水泥浆体微结构空间相关性的影响甚微。各个 CD 组内的数据样本均以散点所示，并且根据其所处 BN 间段着色以便于区分。此外，按间隔 [1，2，4，8，16，32，64] 划分等效孔径，对于每个 BN 段，计算孔径范围内的所有数据样本，并计算平均密实度与标准差。结果表明，对于每一 CD 组，不同 BN 段内数据样本孔隙的密实度与孔径的分布呈现出相似的趋势，这表明微结构中心区的图案模式预测对邻区孔相的密实度分布不敏感。整体而言，随着孔径大小的增加，密实度有下降的趋势，这是因为较小孔隙的凸面积受到像素限制 (例如，像素为 1 的孔隙的凸区域只能为 1 像素)。相比之下，较大的孔隙更可能具有不规则的形状，从而导致较低的密实度。

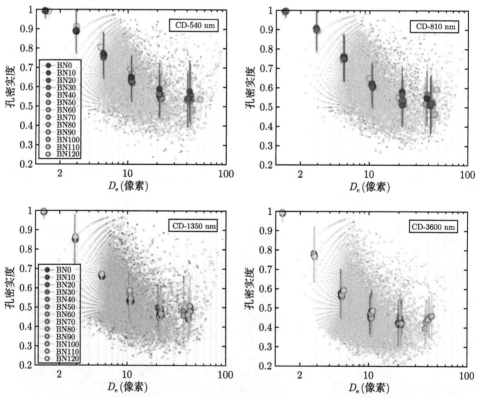

图 8.11　不同空间相关性下各个 CD 组内数据样本的孔密实度和等效孔径分布情况

然而，图 8.11 中结果表明 CD 较大的组中的孔相在等效直径相同时往往具有较低的密实度，且该差异在等效直径较大时更为明显。例如，在等效直径为 20 像素的情况下，CD-540 nm 组的最低平均密实度为 >0.5，而 CD-3600 nm 组的平均密实度降至 0.4 左右。这是因为尽管从几何角度观测到的孔相具有相同的等效直径，但它们在物理意义上代表的面积实则不同。属于 CD 较大的组中孔隙的实际物理面积大于 CD 较小的组，并且由于处在更大的物理尺度上更可能呈不规则形状，这导致在调整尺寸后，孔隙具有更低密实度的概率变得更高。

8.5　表征与重构潜在应用的见解

根据所呈现的结果，深度学习揭示出水泥微观结构中存在空间相关性，其分布依赖于微观结构特征。通过对微观结构进行定量表征，两个区域之间的空间相关性强度主要由相关像素 (代表具有内在属性的相) 的数值及其分布决定。此外，对相关强度的估计应考虑检测尺度和范围，因为空间相关强度在不同尺度和距离上变化。

8.5.1　空间相关性方程

我们在此提出了空间相关函数，可视为估计空间相关性的原型。值得注意的是，这些函数仅总结了本研究中检测到的相关性，其他潜在参数和系数值需要进一步研究。基于空间相关函数，可以估计两个区域之间的相关强度，从而直观地指示基于周围区域预测中心位置的可行性。

用 $X_{r1,L}$ 表示中心区域 (centre) ，相关参数包括半径 r_1 和观测尺度，用 $Y_{r2,L}$ 表示邻区 (neighbourhood)，相关参数包括厚度 r_2。所有的像素点可用 (ρ, θ) 在极坐标中表示，其中 θ 为角度，ρ 为该角度下到中心点的距离。$X_{r1,L}$、$Y_{r2,L}$ 可以被表示为

$$X_{r1,L} = \{(\rho, \theta) \mid \rho \in [0, r_1], \theta \in [0, 2\pi)\} \tag{8.7}$$

$$Y_{r2,L} = \{(\rho, \theta) \mid \rho \in (r_1, r_2], \theta \in [0, 2\pi)\} \tag{8.8}$$

在水泥浆体的原始 BSE 照片中，不同的物相可以由灰度值 V 来反映，范围为 0~255。因此，水泥浆体微结构 X 和 Y 可以被表示为

$$X_{\rho, \theta} = V_{\rho, \theta}, \quad Y_{\rho, \theta} = V_{\rho, \theta} \tag{8.9}$$

中心区和邻区的空间相关性方程可以表示为

$$S_L(r_1, r_2) = \langle X_{r1,L}, Y_{r2,L} \rangle \tag{8.10}$$

其中，$\langle \cdot \rangle$ 表示 X 和 Y 两个区域之间的相关性，可以由深度学习捕捉。

如果需要将邻区转换为二值化图像，通过选定一个阈值 V_t，微结构 Y 可被表示为

$$Y_{\rho,\theta} = \begin{cases} 1, & V_{\rho,\theta} \geqslant V_t \\ 0, & V_{\rho,\theta} < V_t \end{cases} \tag{8.11}$$

根据当前的结果，水泥微结构中某一特定区域的相关强度函数可以近似描述如下：

$$E\left(Y_{\rho,\theta}\right) = \begin{cases} S_\rho, & Y_{\rho,\theta} = 1 \\ P_\rho, & Y_{\rho,\theta} = 0 \end{cases} \tag{8.12}$$

$$S_L\left(r_1, r_2\right) = \int_{\rho=r_1}^{r_2} \int_{\theta=0}^{2\pi} L_s E\left(Y_{\rho,\theta}\right) \mathrm{d}\rho\, \mathrm{d}\theta \tag{8.13}$$

其中 L_s 是不同物理尺度 L 的系数，S_ρ 和 P_ρ 分别表示固相和孔相在距离 ρ 处的相关性系数。

8.5.2　水泥微结构空间相关性可视化

基于深度学习捕捉的空间相关性，其中一个潜在应用是从空间相关性角度对微观结构进行可视化表征，从而提示需要关注的区域。图 8.12 是水泥的原始 BSE 图像及其由深度学习模型准确度反映的空间相关性分布可视化图。可以看到，未水化颗粒 (BSE 图像中的黑色部分) 具有最强的相关性，而含有水化产物和孔隙的区域显示不同的相关强度。该图是水泥微观结构中空间相关性的可视化概览，清晰地显示了不同水泥结构模式之间的相关变化。这一发现揭示了水泥水化机制的一种内部机理，并表明当前分类下的扩散、生长和成核等过程可能以复杂的组合方式发生 [22]，导致水化产物和未水化颗粒之间存在长程空间相关性。此外，应用二值图像 (即仅考虑固相和孔隙相) 可以提高计算效率，并降低捕获空间相关性的难度。此外，BSE 图像可以保留水泥微观结构中的各种特征，从而有助于获得更可靠的相关性分布结果。

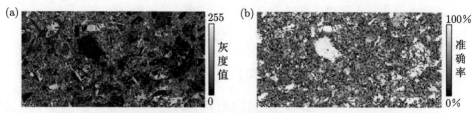

图 8.12　水泥浆体 BSE 图像 (a) 和对应的空间相关性分布可视化图 (b)

8.5.3 水泥微结构图像重构

基于深度学习捕捉的空间相关性的另一个潜在应用是可以用于微结构图像的重构，并且保留区域内的图案模式，而这一点是传统基于统计学等效特征信息的重构无法实现的 [2]。图 8.13 是选自不同 CD 组的数据样本微结构真实图案模式与重构结果的可视化比较，其中 (a)~(d) 的 CD 分别为 540 nm、810 nm、1350 nm 和 3600 nm，示例均选自该 CD 组下 BN 值为 40~50 的样本，以保持类似的预测准确度。左侧三个小图比较了真实和重构的图案，并且将偏差像素点进行着色，其中红色表示预测值偏大 (即更白)，蓝色表示预测值偏小 (即更黑)。

结果表明重构的图案模式具有与真实图案类似的整体轮廓特征，但是过渡部分稍模糊，尚未达到真实图案的清晰程度，参考左侧的三个子图。当用相应邻区的信息覆盖真实和预测的中心区图案时，两个图像 (图 8.13 中的 (i) 和 (ii)) 在可视化中几乎相同。预测的图案模式在某种程度上可以被视为 "平滑的"，同时无法准确预测实体区域中灰度值较低的像素。当 BSE 图像被转换为二值图像 (图 8.13 中的 (iii) 和 (iv)) 时，这种现象会被放大，其中小孔隙和固体将消失，而大孔隙将保留。在未来的研究中可以通过更新模型和算法来进一步提升图像重构的准确率。

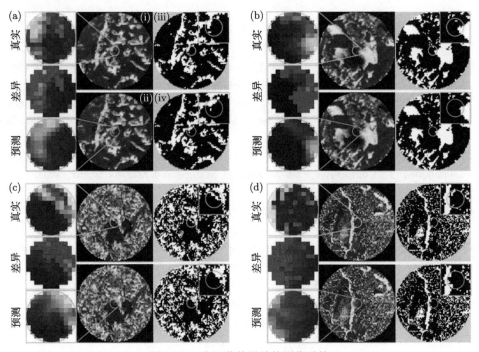

图 8.13　水泥浆体微结构图像重构

8.6   本章小结

本章进一步介绍了深度学习在水泥浆体微结构表征中的应用,围绕空间相关性详细研究了其性质特征和潜在的应用。通过采用创新的同心圆采样方法,基于深度学习模型的准确率变化揭示了水泥浆体微结构中存在各向同性的空间相关性,并且该相关性具有分形性,表现出与尺度和距离相关的特性。在多个尺度上检测到的空间相关性变化暗示了基于图像分析对水泥浆体微结构观察到的多重分形性质的潜在解释。通过定量表征,展示了水泥浆体微结构的各种特征之间的空间相关性分布,这表明水泥的不同组分之间存在着各种相互关联。我们推测整个水泥体系中的水化过程可能以更复杂的组合方式进行,并且无法完全预测分离的步骤。此外,我们提出了一种相关强度函数,对水泥浆体微结构的研究和代表性确定以及微观结构重建提供了新的见解。我们还预见这种方法可以应用于其他多孔材料的基于图像的分析研究。

深度学习在水泥浆体微结构表征方面具有广阔的应用前景。深度学习技术的引入将为水泥浆体微结构的研究提供更加准确、全面和自动化的解决方案。随着深度学习技术在水泥浆体微结构表征方面的不断深入应用,相信会为水泥结构研究带来更多的突破和创新,推动建筑材料领域的进一步发展。

参 考 文 献

[1] Hundi P, Shahsavari R. Deep learning to speed up the development of structure-property relations for hexagonal boron nitride and graphene [J]. Small, 2019, 15(19): e1900656.

[2] Bostanabad R, Zhang Y, Li X, et al. Computational microstructure characterization and reconstruction: review of the state-of-the-art techniques [J]. Progress in Materials Science, 2018, 95: 1-41.

[3] Wei Y, Zhang J. Characterization of microstructure in stitched unidirectional composite laminates [J]. Composites Part A: Applied Science and Manufacturing, 2008, 39(5): 815-824.

[4] Gao Y, Jiang J, De Schutter G, et al. Fractal and multifractal analysis on pore structure in cement paste [J]. Construction and Building Materials, 2014, 69: 253-261.

[5] Lyu K, She W, Miao C, et al. Quantitative characterization of pore morphology in hardened cement paste via SEM-BSE image analysis [J]. Construction and Building Materials, 2019, 202: 589-602.

[6] Hu Y, Li Y A, Ruan C K, Transformation of pore structure in consolidated silty clay: new insights from quantitative pore profile analysis [J]. Construction and Building Materials, 2018, 186: 615-625.

[7] Winslow D N. The fractal nature of the surface of cement paste [J]. Cement and Concrete Research, 1985, 15: 817-824.

[8] Swetlana S, Khatavkar N, Singh A K. Development of Vickers hardness prediction models via microstructural analysis and machine learning [J]. Journal of Materials Science, 2020, 55(33): 15845-15856.

[9] Falchetto A C, Montepara A, Tebaldi G, et al. Microstructural and rheological investigation of asphalt mixtures containing recycled asphalt materials [J]. Construction and Building Materials, 2012, 35: 321-329.

[10] Karsanina M V, Gerke K M, Skvortsova E B, et al. Universal spatial correlation functions for describing and reconstructing soil microstructure [J]. PLoS One, 2015, 10(5): e0126515.

[11] Liu Y, Greene M S, Chen W, et al. Computational microstructure characterization and reconstruction for stochastic multiscale material design [J]. Computer-Aided Design, 2013, 45(1): 65-76.

[12] Bostanabad R, Bui A T, Xie W, et al. Stochastic microstructure characterization and reconstruction via supervised learning [J]. Acta Materialia, 2016, 103: 89-102.

[13] Mehta P K, Monteiro P J. Concrete Microstructure, Properties and Materials[M]. New York: McGraw-Hill, 2006.

[14] Mindess S D S. Sem investigations of fracture surfaces using stereo pairs I. fracture surfaces of rock and of cement paste [J]. Cement and Concrete Research, 1992, 22: 67-78.

[15] Diamond Y W S. A fractal study of the fracture surfaces of cement pastes and mortars using a stereoscopic SEM method [J]. Cement and Concrete Research, 2001, 31: 1385-1392.

[16] Chen X, Wu S, Zhou J. Influence of porosity on compressive and tensile strength of cement mortar [J]. Construction and Building Materials, 2013, 40: 869-874.

[17] Berryman J G, Blair S C. Use of digital image analysis to estimate fluid permeability of porous materials: application of two-point correlation functions [J]. Journal of applied Physics, 1986, 60(6): 1930-1938.

[18] NeithAlAth N, Bentz D P, Sumanasooriya M S. Predicting the permeability of pervious concrete [J]. Concrete International, 2010, 32(5): 35-40.

[19] Yu S, Zhang Y, Wang C, et al. Characterization and design of functional quasi-random nanostructured materials using spectral density function [J]. Journal of Mechanical Design, 2017, 139(7): 071401.

[20] Bentz D P. Quantitative comparison of real and CEMHYD3D model microstructures using correlation functions [J]. Cement and Concrete Research, 2006, 36(2): 259-263.

[21] Yang Z, Yabansu Y C, Jha D, et al. Establishing structure-property localization linkages for elastic deformation of three-dimensional high contrast composites using deep learning approaches [J]. Acta Materialia, 2019, 166: 335-345.

[22] Bullard J W, Jennings H M, Livingston R A, et al. Mechanisms of cement hydration [J]. Cement and Concrete Research, 2011, 41(12): 1208-1223.